暗号の数学的基礎

数論とRSA暗号入門

S.C.コウチーニョ 著

林 彬 訳

丸善出版

Original English edition:
The Mathematics of Ciphers: Number Theory and RSA Cryptography
© 1999 A K Peters, Ltd. ALL RIGHTS RESERVED.

読者には，また，このことにもご注意をお願いします．すなわち，これを書くに際して，私は，一つの楽しみからもう一つの楽しみを作り出したということです．読者にもそうあってほしいと願っております．また，読んで退屈なさらないように，ところどころに下品ではない，無邪気で害のない余興をはさみました．堅苦しい気難しい方から，あれこれ批判されることはご免こうむりたいと思います．そのような方には，このようなことについて判断する力はないと思っております．神学に造詣の深い人たちが申されているように，人を怒らせるのには相手の感情を害する場合と，こちらに傷つける気はないのに先方が勝手にそう思い込む場合があるのです．

アイザック・ウォルトン『釣魚大全』[1]

---

[1] [訳注] アイザック・ウォルトン著，飯田操訳,『完訳 釣魚大全 I』, 平凡社.

まえがき

　本書は有名なリベスト，シャミア，エイドルマン (RSA) の暗号系を最終の目的地とする旅へと，読者諸氏を案内するものである．しかしそれはのんびりした旅であって，しばしば立ち止って風景を堪能し，歴史的に興味のある場所を熟視する．

　事実本書は暗号よりは数学の方により関心が向いている．RSA 暗号系の機能は詳しく記述するが，その実装の詳細には関わらない．代わりにそれが呈する数学的問題に集中する．その問題は，整数の素因数分解および与えられた整数が素数か合成数かの決定に関連する．これらは事実，**数論**として知られる数学の分野におけるもっとも古い問題であって，数論は古代からきわめて挑戦的な問題のすばらしい源泉でありつづけた．数論の分野で研究した数学者には，ユークリッド，フェルマー，オイラー，ラグランジュ，ルジャンドル，ガウス，リーマン，さらにもっと最近ではヴェイユ，ドリーニュおよびワイルスなどがいる．

　数論を展開する本書の方法は，これまでのほとんどの本の古典的扱いとはいくつかの重要な点で異なっている．こういうわけでいたるところでアルゴリズム的側面を強調し，本書に現れるすべてのアルゴリズムの完全な数学的証明を与えることを忘れないようにした．もちろん数論にはユークリッドの時代以来アルゴリズムが浸透していたが，しかしそれはごく最近まで時代遅れであったのである．われわれは本気でアルゴリズム的アプローチを採る．ゆえにユークリッドの素数の無限性の証明に先立って素数のための素数階乗公式を議論し，またガウスが考案した根を計算するためのアルゴリズムを使っ

て素数を法とする原始根の存在を証明する．

ゆえにこれは実はアルゴリズム的数論とその RSA 暗号への応用に関する本である．しかし本書は非常に焦点を絞ってはいるが，書き表わし方は決して狭くはない．実際必ずしももっとも直接的な道を辿ったわけではなく，主題に一番光があたることを約束する道を選んだ．群の導入もそのためで，そうすることで第 9 章と第 10 章のいくつかの素因数分解と素数判定の方法に統一的扱いを与えることができる．群論への寄り道はラグランジュの定理までいき，対称の群の議論をも含んでいる．

本書は計算機科学の 1 年生を対象にした講義ノートから生まれ育ったものである．本書の特色の幾分かは学生の基礎となる知識の乏しさの結果である．したがって数学の予備知識はほとんど必要ない．実際幾何数列と 2 項定理以上のことは何も使わない．また本書の主な関心はアルゴリズムにあるが，プログラミングの知識はまったく仮定しない．しかしながら本書の題材が与えられるとき，読者の多くは計算機を一通り使えるものと期待される．そこですべての章は，本文中に示したアルゴリズムを例示する（随意の）プログラミング問題で終わっている．問題の多くは数論の周知の予想や公式と比べるための数値データを作ることを目指している．こうしてこれらの問題はしばしば**数学実験**と呼ばれる種類のものである．

書き方について一言申しておこう．数学の本は定義，定理および証明の羅列として書かれることが多い．このスタイルはユークリッドの『原論』にまで遡り，20 世紀後半には数学を提示する標準のしかたになった．しかしこの威厳あるも冷たさを感じさせるスタイルは，ギリシャの数学者のあいだでさえ広くゆきわたったものではないことを忘れるべきではない．こうしてアルキメデスは読者に彼のたどってきた困難さと紆余曲折について語り，彼が使った後で偽と分かった命題に対して読者に注意を喚起しさえしている．本書で私が好むのはユークリッドではなくアルキメデスの範に倣うことである．この選択は多くの点で記述の仕方に影響した．第 1 に歴史的コメントは本文の一部であって，分離した覚書ではない，そして群論の起源から単なる風変わりなお話にまで及ぶ．第 2 にアルゴリズムは平易な言葉による指示として記述してあり，理解しやすくなるのでない限り最適化しようとはしなかった．この教材を 5 年間教えてみて，必要な基礎を備えた人であれば，このことはア

ルゴリズムをプログラムする妨げにはならないと確信した．

　述べておきたい本書のもう1つの特徴は，もっとも重要な定理とアルゴリズムを番号を使わずに名前で参照していることである．その名前のほとんどは古典的であって，それら諸結果を指すために何十年いや何世紀にもわたり使われてきた．名前がまだ用意されていないときには私自身が作った．あるものは**原始根定理**のように，主題になじみのある人にはすぐにそれとわかり，またあるものは分かりにくいかもしれない．これは拾い読みを難しくするので，すべての**主要な**定理とアルゴリズムの索引を別に用意し，その内容を手短に記述した．特別の名前をもたない結果は，章と節で参照してあるのでそこに見出すことができる．

　これは最初1997年にポルトガル語で出版された本の改訂版で，リオデジャネイロ連邦大学における計算機科学の1年生向けの私の講義ノートから生まれ育ったものである．過去5年間にこの科目を受講した学生諸君には感謝しすぎるということはない．彼らは説明のスタイルと内容の双方に影響を及ぼし，その示唆と批評のお陰で誤りを訂正し，多くの証明の記述を簡単化することができた．特にジョナス・デミランダ・ゴメスに感謝したい．本書が英語版を出すに値すると最初に考えたのは彼であり，また必要な連絡をすべて行ってくれた．本書は彼なくして考えられもしなかったであろう．アミルカール・パチェコとマルチン・ホランドにも示唆とコメントに感謝すること大である．

　最後に本書の出版までに接触したA K Peters社の皆様に感謝したい．非常に落胆したこともあったが，彼らの支援と忍耐のお陰で最後まで仕事を遂行することができた．

リオデジャネイロ，1998年7月18日

目　次

序　章　　　　　　　　　　　　　　　　　　　　　　　　　　　　*1*
　1　暗号 *1*
　2　RSA 暗号系 *4*
　3　計算機代数 *7*
　4　ギリシャ人と整数 *10*
　5　フェルマー，オイラー，ガウス *11*
　6　数論の問題 *14*
　7　定理と証明 *16*

第 1 章　基本アルゴリズム　　　　　　　　　　　　　　　　　　*21*
　1　アルゴリズム *21*
　2　除算アルゴリズム *24*
　3　除算定理 *27*
　4　ユークリッドアルゴリズム *29*
　5　ユークリッドアルゴリズムの証明 *32*
　6　拡張ユークリッドアルゴリズム *34*
　7　練習問題 *39*

第 2 章　一意素因数分解　　　　　　　　　　　　　　　　　　　*41*
　1　一意素因数分解定理 *41*
　2　素因数分解の存在 *43*
　3　試行除算アルゴリズムの効率 *46*
　4　フェルマーの素因数分解アルゴリズム *47*
　5　フェルマーのアルゴリズムの証明 *49*
　6　素数の基本性質 *51*
　7　ギリシャ人と無理数 *53*
　8　素因数分解の一意性 *56*

目次

   9 練習問題 59

第3章 素数   63
   1 多項式公式 63
   2 指数公式：メルセンヌ数 66
   3 指数公式：フェルマー数 68
   4 素数階乗型公式 70
   5 素数が無限にあること 71
   6 エラトステネスのふるい 74
   7 練習問題 79

第4章 法演算   83
   1 同値関係 83
   2 合同関係 87
   3 法演算 91
   4 整除性規準 94
   5 べき 96
   6 ディオファントス方程式 98
   7 n を法とする除算 99
   8 練習問題 102

第5章 帰納法とフェルマー   105
   1 ハノイ！ハノイ！ 105
   2 有限帰納法 111
   3 フェルマーの定理 116
   4 根を数える 119
   5 練習問題 123

第6章 擬素数   129
   1 擬素数 129
   2 カーマイケル数 132
   3 ミラーの判定法 137
   4 素数判定と計算機代数 140
   5 練習問題 143

第7章 連立合同式   145
   1 線形方程式 145
   2 天文学の例 147
   3 中国式剰余アルゴリズム：互いに素な法 149
   4 中国式剰余アルゴリズム：一般の場合 154
   5 べき，再び 155

6	秘密分散について	*158*
7	練習問題	*161*

第8章 群　　*163*

1	定義と例	*163*
2	対称性	*165*
3	エピソード	*169*
4	算術群	*173*
5	部分群	*177*
6	巡回部分群	*179*
7	部分群を見出す	*181*
8	ラグランジュの定理	*184*
9	練習問題	*186*

第9章 メルセンヌとフェルマー　　*191*

1	メルセンヌ数	*191*
2	フェルマー数	*194*
3	フェルマー再び	*197*
4	リュカ–レーマーの判定法	*199*
5	練習問題	*203*

第10章 素数判定と原始根　　*207*

1	リュカの判定法	*207*
2	もう一つの素数判定法	*211*
3	カーマイケル数	*214*
4	準備	*214*
5	原始根	*217*
6	位数を数える	*218*
7	練習問題	*221*

第11章 RSA暗号系　　*223*

1	総論	*223*
2	暗号化および復号	*225*
3	それはなぜ機能するのか	*227*
4	それはなぜ安全か	*229*
5	素数の選択	*231*
6	署名	*233*
7	練習問題	*235*

終　章　　*239*

付録　根とべき	**245**
1 平方根	245
2 べき乗アルゴリズム	247

参考文献　　　　　　　　　　　　　　　　　　　　　　**249**

訳者あとがき　　　　　　　　　　　　　　　　　　　**253**

主なアルゴリズムの索引　　　　　　　　　　　　　**255**

主な結果の索引　　　　　　　　　　　　　　　　　**256**

索　引　　　　　　　　　　　　　　　　　　　　　　**257**

序章

本書が語る話題の主役は RSA として知られる公開鍵暗号系である．これから学ぶ数学はすべて直接に間接に RSA に関わっている．序章は RSA の簡潔な(そしていくぶん不完全な)記述と，その基礎となる数学の分野すなわち数論の手短な歴史を含んでいる．

1 暗号

ギリシャ語では，$cryptos$ は"秘密の，隠された"を意味する．暗号は正当な受信者だけが理解できるようにメッセージを偽装する技法である．この過程には 2 つの側面がある．第 1 は元のメッセージすなわち**平文**を偽装する手続きである．これは**暗号化**と呼ばれ，暗号化されたメッセージは**暗号文**として知られる．メッセージの正当な受信者は暗号文を元のメッセージに戻す逆の過程を知らなければならない．これを**復号**という．

我々はたいてい子供の頃簡単な暗号で遊んだものだ．その最もありふれているのはアルファベットの各文字をその次の文字に置き換え，そして Z を A に置き換えてつくるものである．これはもともとシーザーがヨーロッパ中にいるローマの将軍たちと秘密のメッセージを交換するために用いた種類の暗号である．

暗号には**暗号解析**と呼ばれる双子の姉妹がいるが，これは暗号を破る技法である．もちろん暗号を"破る"ということは，復号鍵を持たないで復号する方法を見つけることであり，これが盗聴者のなすべきことである．シーザー

暗号のようなものは簡単に破られる．実はアルファベットの文字を他の記号で系統的に置き換える暗号化手続きは，同じ弱点を抱えている．これは与えられた言語における各文字の平均頻度は，大体同じであるという事実による．たとえば英語で最も頻繁に使用される文字は E, T, A である．こういうわけで換字式暗号で暗号化された暗号文で，最も頻繁に使われている記号に対応する文字を推定することが可能である．さらに英語で最も頻繁に使用される単語は the と and である．そこで暗号文に一番よく現れる3文字のグループはおそらくこの2つの単語の1つに対応することになる，などなど．この戦略は**頻度解析**として知られる．

こうしたコメントはメッセージが相当長いことを仮定していることに注意しよう．短いメッセージなら文字と単語の度数が普通とは違うように望みどおりに書ける．しかしながら長いメッセージについてはこれはほぼ不可能である．なぜなら度数は言語そのものの特性であるからである．

暗号解析は暗号を破ること以外にも用途があり，この点でもまた頻度解析が重要である．その応用の1つは古代の碑文の解読である．最も有名なのはおそらく 1822 年の J.-F. シャンポリオンによるエジプト語のヒエログリフの解読であろう．解読の鍵はロゼッタストーンであったが，これは 1799 年に発見され現在はロンドンの大英博物館にある黒色玄武岩のブロックである．石には3種の異なる文字，すなわちヒエログリフ，民衆文字およびギリシャ文字で書かれた同じテキストが刻まれている．

シャンポリオンの時代にはエジプト語のヒエログリフは語標による書字体系であると広く信じられていた．この体系ではすべての記号は1つの概念に対応する．現用の書字体系の中で，中国語が語標系に最も近い．シャンポリオンの時代の賢人たちが語標論を信ずるに十分の理由があった．ヒエログリフの性質の最も古くになされた詳細な検討によって，結局絵文字の一形式であると仮定されたのである．この仕事は紀元4ないし5世紀のニロポリスのホラポロという人が編纂した．このときには古文書の読み書きの知識は事実上消滅していた．

シャンポリオンはホラポロの仮定を検討することに決めた．ロゼッタストーンのテキストにおける頻度解析をすることにより，まずギリシャ語のテキストの単語数を数え，486 であることを見出した．こうしてもしヒエログリフ

のそれぞれが1つの概念(あるいは単語)に対応するなら,ヒエログリフテキストにはほぼ同数の記号があるはずである.しかしシャンポリオンの計数では 1419 文字で,予想をはるかに上まわることを明らかにした.したがって結局のところヒエログリフは語標系を構成しなかったのである.

シャンポリオンの仕事はそこで止まることなく,1822 年ついに古代エジプト語の書字体系の解読への鍵を見出したのである.いまはこの体系は極めて複雑であることがわかっている.それは本質的に語標音節的であり,記号は単語かあるいは単語の始まりの音節を表す.しかしこれがすべてではない.記号は決定詞[2]として使うこともできる.たとえば人の名前の後にエジプト人は男性か女性の像を付け加えてその名前が男のものか女のものかを記述できたのである.ヒエログリフ系とその解読の歴史の詳細については,Davies 1987 を参照していただきたい.

頻度解析はもちろん計算機を使うことにより大幅に高速化できる.これが古い暗号化の方法の多くが,いまでは時代遅れである理由である.初期の計算機のあるものは,第2次世界大戦で使われたドイツの暗号を破るために作られたことを忘れないでおこう.

今日インターネットを使った計算機間通信は,暗号研究者に新しい挑戦を課している.メッセージは電話線を通して送られるから,少しでも重要な情報を含むなら暗号化することが必要になる.それはなにも政府の重大機密である必要はない.クレジットカードの番号でもそうである!会社が銀行取引をこのように行うと考えてみよう.2つの問題が直ちに表面化してくる.第1にメッセージは盗聴者に傍聴されたとしても,読むことが不可能であることを確実にする必要がある.第2にメッセージはその会社の正当な利用者が発したものであることを知るための何らかの方法を銀行は持っていなければならない.言い換えると,電子メッセージに署名することができなければならない.

この新しい環境で使われる暗号の多くは,**公開鍵暗号系**として知られる種類のものである.これは 1976 年スタンフォード大学の W. ディフィーと M. E. ヘルマン,およびカリフォルニア大学の R. C. マークルによって独立

---

[2] [訳注] 漢字の部首に相当.

に導入された．公開鍵暗号系においてはメッセージの暗号化の仕方を知っているという事実は，それが容易に復号できることを意味しない．であるからある銀行に送られるメッセージが，どのように暗号化されるかを誰にでも教えることができる．そうしても系の安全性に何らの危険も生じない．これは商取引上の明らかな利点である．

一見これは不可能な考えに思われる．たとえば各文字をすぐ後の文字で置き換えるような暗号を考えてみよう．この場合暗号文はその各文字をアルファベットにおける直前の文字で置き換えて復号される．こうしてこの暗号に対しては，暗号化過程の知識は直ちに復号手続きへのアクセスを与える．この暗号と異なり，公開鍵暗号系は"落し戸"，すなわち実行するのは容易であるが元に戻すのは困難であるような演算を有する．落し戸の例を次の節で考え，最も普及している公開鍵暗号系である RSA の大まかな記述をする．

2 RSA 暗号系

最も有名で広く使用されている公開鍵暗号系の 1 つは RSA である．それは 1978 年 MIT の R. L. リベスト，A. シャミア，L. エイドルマンによって発明された(Rivest et al. 1978 を参照していただきたい)．RSA の詳しい記述は最終章になってはじめて与える．というのは，RSA は本書全体を通して展開される概念と手法に依存するからである．しかしながら，RSA の暗号化手続きの知識が，そのまま復号過程へのアクセスを与えることがない理由を，少し理解しておくと都合が良い．これは前の節の終わりに触れた落し戸の概念の例である．

与えられた利用者のための RSA 暗号系を実装したいものとしよう．基本の素材は 2 個の異なる奇素数であり，これらを p および q と呼ぼう．n をこれら素数の積とする．したがって $n = pq$ である．RSA のこの利用者の**公開鍵**あるいは**暗号化鍵**は数 n（と今は気にしなくともよい別の数)である．**秘密鍵**あるいは**復号鍵**は実質的に素数 p と q とからなる．こうしてすべての利用者は秘密にしなければならない個人専用の素数の対を持つ．しかしながらこれら素数の積(数 n)は公開される．こうして銀行が RSA を使えば，誰でも暗号化されたメッセージを銀行へ送ることができる．なぜならその暗号化鍵

はすべての利用者に知られているからである．

　ではなぜRSAを破るのが困難なのか．つまるところnを素因数分解してpとqを見つければよい．しかしながら素数がそれぞれ100桁以上のとき，nを分解するには多大な時間と資源を要し，系を破るのが非常に困難になるのである．こうしてRSAの落し戸はpとqを掛けnを得るのは易しいが，nをpとqに分解することは不可能に近いという事実にある．言い換えると，RSAをいかにして破るかを述べることは概念的には至極簡単であるが，実際にそれを実行するのはほぼ不可能にすることができる．しかし忘れてならないのは，障害は本質的に技術的種類のものであることである．別の言葉でいうと，ハードウェアの進歩と整数の素因数分解のより良い方法によって，RSAがいつの日か使い物にならなくなることが十分考えられる．この点はRSA-129が破られたとき劇的に示された．これはRSAの発明者たちが1977年に暗号化したテストメッセージであり，暗号化鍵が129桁であったことによってそう命名された．鍵を素因数分解しメッセージを復号するには，当時利用できた方法で4京年(4×10^{16}年)必要であると計算された．ハードウェアの進歩と新しい素因数分解の方法とインターネットの到来の組合せによって，この129桁数の素因数分解が1986年に可能になった．これは8ヶ月に及ぶ作業の結果であり，その間に25カ国の600台の計算機が使われた．各計算機は計算機の空きサイクルの間に，問題の小さな部分を担当した．すべての部分が後でスーパーコンピュータによってまとめられた．この分野は，1996年にはさらに大きなRSA-130が，RSA-129の分解に要した計算機時間の僅か15%の時間で素因数分解されるほどに進歩したのである．

　これまでの議論をまとめると，次のようになる．

(1) RSAを実装するには2つの大きな素数pとqが要る．

(2) RSAを使ってメッセージを暗号化するため$n = pq$を用いる．

(3) RSA暗号文を復号するにはpとqを知らねばならない．

(4) RSAの安全性はnを素因数分解しpとqを見出すことが困難であるという事実に依っている．困難である理由は数が大きいことによる．

第11章でついにRSAを完全に理解するときには，今述べたことで主要な点

にすべて触れてはいるが，完全に正確とはいえないことがわかる．

上の(1)と(4)は互いに矛盾することに気づかれたであろうか．確かにRSA暗号系の安全性はnの素因数分解の困難性に依拠している．さてnは非常に大きいがゆえに分解が難しい．しかし$n = pq$はpとqが大きいとき大きい．ところでpとqが素数であることを証明しなければならないが，素数とは1とそれ自身以外には因数を持たない数である．だとすればpが素数であることを証明するために，pに対して素因数分解アルゴリズムを適用し，1とp以外に因数が見つからないことを検証することが必要になる．しかしそうするとnについて持ったのと同じ問題に直面するのではないだろうか．nを分解するために素因数分解アルゴリズムが余りに長い時間かかるなら，pが素数であることを証明するにも時間がかかり過ぎるのではないであろうか．

確かにその通りなのであるが，それは大きな数が素数であることを証明する方法がない，ということを必ずしも意味しない．というのは数の素因数分解を試みて，素数であることを証明しようというのでないからである．数が素数であるか合成数であるかを素因数分解を試みないで検査する方法がある．たとえば$2^{2^{14}}+1$は合成数であることがわかっている．がその因数は全くわからない．これは驚くにあたらない．というのはこれは4933桁の数であるからである．素数であるか合成数であるかの間接的検査法は，第6章と第10章で議論する．

前の議論によってRSA暗号系を説明し実装するためには，整数の性質の十分な知識が必要であることが明らかになった．2つの問題が本質的に関わっている．

- 与えられた整数を効率的に素因数分解する方法は？
- ある整数が素数であることを証明する方法は？

これまで見てきたように2つの問題は密接に関連してはいるが，第2の問題は第1の問題の帰結ではない．整数の性質に関わる数学の分野は**数論**と呼ばれる．それは数学の最も古い分野の1つであり，上に述べた問題は人類が考えた最も初期の数論の問題である．

数論をもっと詳しく論ずる前に考えるべき実用的性質の疑問がある．RSA暗号系で用いられる公開鍵は非常に大きな数であり，実際の応用においてこ

の数は 200 桁以上である．このように大きな数をどのように計算するのであろうか．もちろん計算機を必要とする．しかしほとんどのプログラミング言語ではそのような巨大数を直接扱うことができない．最も簡単な解決策は計算機代数系 (数式処理システム) を使うことである．

3 計算機代数

　計算機代数は，非常に大きな整数や分数などの数の正確な計算，および多項式，正弦，余弦などの関数の記号計算に関わる．"正確な計算"とは，断らない限り浮動小数点演算を使わないことを意味する．たとえば計算機代数では分数は「分母」分の「分子」という形で表され，分数での計算はちょうど筆算と同じように行われる．

　我々の観点では，計算機代数系の最も重要な特徴は巨大整数の計算ができることである．本書の大部分でそのような計算が可能であることを仮定するのみとする．事実大きな数を表現し計算する方法の実装の詳細に立ち入ることは，本書のような初等的な本の限度内でできることではない．一方でこの点に関して全く無知というわけにもいかない．なぜならそれは我々がしようとしていることのまさに背景になっているからである．本節では中間的立場をとる．すなわち，大きな正の整数がどのように表現されるかを説明し，2 つの大きな数を加えるため計算機をどのようにプログラムできるかを議論する．

　ここは読者諸氏が計算機プログラミングに通じていることを仮定する，本書の数少ない個所の 1 つである．本節の結果は本書の他の場所では使わないから，安心してこの節の残りはとばしても構わない．

　ほとんどの計算機言語は整数で計算するプログラムを書くことを許している．欠点は整数がある大きさを越えることができない，ということである．言い換えると標準プログラミング言語は，あたかも整数の集合が有限でしかも小さいかのように振舞う．もちろんこれでは我々の目的には適わない．巨大整数の計算ができなくてはならない．さらに扱う数の最大の大きさがどれだけかを前もって知る方法がない．大きな整数を表現し計算するための特別のソフトウェアを書いて，この問題に対処する．このソフトウェアは標準プログラミング言語の 1 つで書かれる．そこで整数をある上限まで表現し計算す

ることのできる計算機を持っていると仮定する．ただしその上限は使用言語に依存し，**単精度整数**と呼ばれる．書きたいソフトウェアは単精度整数の演算を使って，**多倍精度整数**と呼ばれる大きさに制限のない整数を表現し計算するものである．

いうまでもないが，計算機の記憶はすべて有限であるから，扱うことのできる整数の大きさは常に制限される．"大きさに制限のない"整数というとき，実際に意味するのは，プログラムはあらゆる実際的目的に対してこの上限が無視できるほどに十分大きな整数を扱うことができる，ということである．

整数を単精度で扱うことができるプログラミング言語を実行する計算機を有する，と仮定していることを思い出していただきたい．b を単精度整数としてこの言語がサポートする 10 の最大べきとする．すると b は多倍精度整数を表現するための数体系の**基数**である．$n > 0$ が整数なら，0 と $b-1$ の間に次のような整数 $a_0, a_1, \ldots, a_k$ が一意的に存在する．

$$n = a_k \cdot b^k + \cdots + a_2 \cdot b^2 + a_1 \cdot b + a_0$$

b を基数とする n の位取り表現とは

$$n = (a_k \ldots a_1 a_0)_b$$

と表わすことである．整数 $a_0, \ldots, a_k$ は b を基数とする n の表現の各桁の数字である．計算機の内部では n は 1 つのリストに対応するが，リストの各節点は n の基数 b での桁を保持している．これらの桁は単精度整数であるから，計算機はすでにそれについての計算の仕方はわかっていることを想い起こそう．リストの節点数は n の大きさに依る．

もちろん計算機内部で大きな整数を表現したいだけでなく，数の計算をしたいのである．基数 b で書いた整数の加算は，10 進数系で書かれた整数の加算と同じように実行することができる．気にしなければならないのは，**桁上げ**だけである．

2 つの正の整数

$$c = (c_k \ldots c_1 c_0)_b \quad \text{と} \quad d = (d_k \ldots d_1 d_0)_b$$

を加えたいとしよう．言い換えると，それらの和の b を基数とする表現の各

桁 $s_0, s_1, \ldots$ を見出したい．まず $c_0 + d_0$ を計算するが，これは単に 2 つの単精度整数の和である．さて $c + d$ の最下位桁 s_0 は $c_0 + d_0$ を b で割った余りである．もし $c_0 + d_0 < b$ なら桁上げはなく，次の桁へと進むことができる．しかし $c_0 + d_0 \geq b$ であるとしよう．c_0 と d_0 はともに b より小さいから，

$$c_0 + d_0 \leq 2b - 2 < b^2$$

である．特に $c_0 + d_0$ の b による除算の商は 1 を越えることがない．であるから桁上げは 0 でなければ常に 1 である．s_1 を計算するために同じように進むが，前の b 進桁からの桁上げを忘れてはならない．こうして s_1 は $c_1 + d_1 +$ 桁上げの b による除算の余りである．さらに $c_1 + d_1 +$ 桁上げ $\geq b$ なら，s_2 を計算するときには 1 の桁上げがある．そしてすべての b 進桁が加算されるまで同じように進む．

リストを使って基数 b の整数の位取り表現と加算を実装するソフトウェアを書くことはたいそう易しい．乗算もまたほぼ通常の筆算の通りである．しかしながら除算は第 1 章 2 節に手短かに議論するような興味ある問題を孕んでいる．

整数の計算をする良いソフトウェアを書くことは，算術演算を実行する手続きのプログラミングのみに留まるものではないことにも留意すべきである．2 つの整数を掛けるとき起こることを考えてみよう．通常の方法では，積が得られてしまえば実は不要な中間的な数がたくさん生ずる．これらの数を特定し除去しなければ，それは計算機の内部に残ってしまい貴重な記憶空間を占めてしまう．もし数が大きければそんな "ごみ" が加速度的に溜まりシステムを急速に停止に追い込んでしまいかねない．こういうわけで不要な数を自動的に見つけ除去する方法が必要である．

以上のコメントは，極めて重要で急成長する計算機科学と数学の境界領域を僅か触れただけである．大きな整数の計算で使う方法の徹底した勉強には，Knuth 1981 を参照していただきたい．もう少し簡略であるが，整数のリストとしての表現のさらに詳しい議論をも含む説明が，Akritas 1989 にある．

4 ギリシャ人と整数

整数とその基本演算の知識はあらゆる古代文明に共通であった．彼らの知識はほぼ純粋に直感的なものであったが，数を使ったのはほとんどが数えたり計算するためであったから，それで十分であった．ギリシャ人はいささか哲学的性向があったので，整数を単なる数えるための助けとしてでなく，自ら生命を持つ独立した実在として考えはじめた．こうして**計算術**(logistics)と**数論**(arithmetic)とを区別しだした．前者は"数ではなく番号づけられたものを扱う科学"であったのに対し，後者は"思惟そのものによって数の本性"を観察することを目指した．第2の引用語句はプラトンの『国家』からで，ここでも次のように書いてある．

> それ(arithmetic)は何処か上の方へ魂を力強く導いていって，数そのものについて対話するように強いるのだ．そしてもし人が見られる，あるいは触れられ物体に結びついている数を，魂の前にさし出して対話をするなら，断じてこれを承知しないようにするのだ．[3]

Plato 1982, vii.525 を参照していただきたい．皮肉にも今日，英語の *arithmetic*(算術)という言葉はギリシャ人が *logistics*(計算術)と呼んだものに対して使われている．しかし彼らの arithmetic は死滅したわけではない．変容して今日の数論となっているのである．

ギリシャ人が研究した数論的問題の中には，次のものがある．

- 2つの整数の最大公約数を計算する方法．
- 与えられた数よりも小さい正の素数を見出す方法．
- 素数が無限に多く存在すること．

これらの問題はギリシャ人が我々に遺してくれた最も有名な数学書，紀元前300年ころアレクサンドリアで書かれたユークリッドの『原論』に詳細に議論されている．

『原論』は13巻に分かれている．そのうち3巻が数論を扱っている．他の

---

[3] [訳注] 山本光雄編『プラトン全集7』，400頁，角川書店，1973年．

巻は平面と立体の幾何学，および実数の構成と性質に関わっている．数論の問題の議論は巻 VII に始まる．そこには素数と合成数の定義や，次々と割り算して最大公約数を求める計算方法がある．巻 VIII は主に幾何数列に関わる．巻 IX は無限に多くの素数があることの証明，および完全数の公式を含んでいる．なお前者は本書第 3 章 5 節で議論し，また後者は第 2 章の練習問題にある．

　他にも多くのギリシャ人数学者が本質的に数論的な問題を研究した．中で最も重要なのはディオファントスである．彼の『数論』(*Arithmetica*) は紀元 250 年頃著されたがその中で，整数係数の不定方程式を解く問題を詳しく考察している．詳しくは第 4 章 6 節を参照していただきたい．ディオファントスの後，ギリシャ数学は数論から離れていった．またアラブ，インド，ルネッサンスのヨーロッパに優れた数学者が多くいたものの，直接数論に関わった者はない．実にこの主題は，17 世紀になってギリシャの原典から直接再発見されるまで，眠ったも同然であった．

5　フェルマー，オイラー，ガウス

　ルネッサンスは多くのギリシャ人著者の作品が再発見され，編集され発刊された時代であった．しかしギリシャ人数学者の多くについては，そうではなかった．たとえばバシェがディオファントスの原著『数論』をラテン語訳と一緒に出版したのは，ようやく 1621 年のことであった．1636 年以前のあるとき，トゥールーズの裁判所顧問だったピエール・ド・フェルマーはこの本を 1 部入手した．フェルマーは暇の時間に数学を勉強し，バシェ版の写しを読み，注意深く注釈をつけた．ディオファントスの著作によってフェルマーの心に芽生えたアイディアは，ヨーロッパの数論の再生を記すものとなった．

　フェルマーは 1601 年に生まれ，数学者を職業としてはいなかった．実は当時は数学で生計をたてる人はほとんどいなかった．また自分の考えを他の数学者に知ってもらうことも難しかった．なぜなら専門誌がなかったからである．全面的に数学だけのための最初の雑誌が現れたのは，1794 年になってからである．しかしながらフェルマーの同時代人パスカルは，たぶん誇張をまじえていっている．数学者は "数としては非常に少ないので，人類の中で

フェルマー (1601〜1665).

も長い年月にわたってもユニークである". というわけで当時の数学者が自身のアイディアを多少なりとも有効に伝え合うことが可能であったのは文通によってである. 仲介者の役を果たした人物の存在によって, これはより容易になった. 仲介者たちは最新情報を聞くやいなや, 文通相手に知らせたのである. フェルマーの時代に仲介者の中で最も有名であったのは, 修道士マラン・メルセンヌである. 彼の文通仲間にはフェルマー自身以外に, パスカル, デカルト, ロベルバルのようなすぐれた人たちがいた.

フェルマーの仕事として残されているのは, ほとんどがメルセンヌと当時の他の数学者宛ての手紙であった. フェルマーの死後, 息子のサミュエルは父の論文で見つかったものすべてを収集して出版しようとした. 最初に出版された本はディオファントスのバシェ版で, フェルマーの余白への注釈を含むものであった. すべての書き込みの中で最も有名なのが, 後年フェルマーの最終定理として知られるようになった言明に関するものである. 現代の言葉でいえば, もし x, y, z, n が, $x^n + y^n = z^n$ かつ $n \geq 3$ であるような整数なら, $xyz = 0$ である. 彼の注釈の中で, フェルマーはこの結果の"驚くべき証明"を得たと宣言し, しかし"余白はそれを書くには十分ではない"とつけくわえている. フェルマーの最終定理は 1995 年ついに証明された——最

オイラー (1707〜1783).

初に言明されてから300年以上もたっていた．詳細と文献については，第2章8節を参照していただきたい．

　フェルマーの数学の研究は数論に限らない．解析幾何と微積分学にも重要な寄与を成している．さらにパスカルとともに確率の計算法を発見している．フェルマーは数論の愛好者ではあったが，同時代人の興味をひきつけることには成功を収めなかった．この方面での彼の後継者はレオンハルト・オイラーであった．彼はフェルマーの死から42年後の1707年に生まれた．

　オイラーは古今を通じて最も多作の数学者であった．そして18世紀に存在した純粋数学および応用数学のほとんどの分野に貢献した．フェルマーとは違い，彼は数学研究者として報酬を得，ベルリンとセントペテルブルグのアカデミーに地位を占めていた．両アカデミーは事実上研究所であり，その紀要は会員の投稿を出版した．

　オイラーの数論における興味はクリスチャン・ゴールドバッハとの文通によってひきおこされた．以前のメルセンヌと同じく，ゴールドバッハは偉大な数学者ではなく，数学は彼の趣味であった．しかしながらオイラーがフェルマーの数論の仕事に行き着いたのは，彼をとおしてであった．オイラーへの最初の手紙は1729年であったが，ゴールドバッハは次のような追伸を書

いている．

> $2^{2^n}+1$ なる数はすべて素数である，というフェルマーの意見をご存じですか．彼は証明できなかったといっているし，また私の知る限り他の誰も証明していません．

オイラーは反射的に疑わしいと感じ，大して興味を示したようでもない．しかしゴールドバッハが促し 1730 年にはオイラーはフェルマーの研究を読み始めている．そして数年のうちにフェルマーが述べた結果のかなりの部分を証明し拡張した．オイラーがゴールドバッハの提起した問題を（否定的に！）解決した方法を，第 9 章で勉強する．$2^{2^n}+1$ の形の数の歴史の詳細は第 3 章 3 節に見ることができる．

オイラーの研究以降，数論はそれまでとは比較にならぬほど人気がでてきた．しかしその系統的発展はようやく 1801 年に刊行された C. F. ガウスの『ガウス整数論』[4]とともに始まった．ガウスの著書の影響は甚大であって，それはその主題に関するほとんどの本が，本書も含めて今なお彼のアプローチに従っている，という事実に示されている．我々がこれから学ぼうとしている結果と技法の多くは直接『ガウス整数論』に由来する．

ガウスは手職人の子供であったが，神童としてその数学的才能は幼児期から注目されていた．彼の数学への寄与は深くかつ多岐に渡り，微分幾何や天体力学などのさまざまな分野までをも含んだ．測地学と物理学にも重要な寄与をなし遂げている．その仕事の重要性のゆえに，同時代人から"数学者の王子"の称号を得た．

フェルマー，オイラー，ガウスは本書のヒーローである．本書で学ぶ概念のほとんどは，古代ギリシャかこれら 3 人の数学者いずれかの仕事に源がある．

6　数論の問題

ガウスが数論を"数学の女王"と呼んだほど魅惑的なのはなぜかを説明せ

---

[4] [訳注] 原著名は *Disquitiones Arithmeticæ* である．本書では参考文献にある邦訳書名『ガウス整数論』を採った．ガウスの名が明らかな所では目障りかもしれないが，ご了解をお願いする．

ずに数論への入門を終えることはできない．この分野の魅力について印象をつかむには，その問題のいくつかを記すのが最も良い．これらの問題は簡潔に述べられるが，その証明は独創的で名人芸ともいえることがしばしばある．

下に数論の問題をいくつか列挙する．読んだ後でどれが最も解き難いか，どれが最も易しいか，推量してみていただきたい．後ほど各問題の現況を読めば，多分いくらか驚かれるであろう．

(1) p を素数とすると，p は常に $2^{p-1}-1$ を割り切るか．

(2) p^3 が $2^{p-1}-1$ を割り切るような素数 p はあるか．

(3) 2 よりも大きい各偶数は 2 つの素数の和として書けるか．

(4) 8 と 9 以外に整数のべきである 2 つの連続した整数はあるか．

(5) すべての奇素数は 2 つの整数の平方の和として書けるか．

(6) $p, p+2$ の形の素数の対は無限に多くあるか．

(7) $2^p - 1$ もまた素数であるような素数 p は無限に多くあるか．

問題(1)と(2)は非常に類似している．比べてみると(2)の方が(1)よりも易しいという結論に達するかもしれない．結局のところ(2)を解決するためには，ある性質を満たす**素数を 1 つ見つける**だけで良い．しかし(1)を証明するには，非常に類似の性質が**すべての素数**に対して成り立つことを，示さなければならない．真実はしかし，(1)への答えは肯定的であることが，17 世紀にフェルマーによって証明されたとき以来知られている．一方(2)はなお未解決の問題である．

3 番目の問題は有名なゴールドバッハの予想で，かれこれ 200 年以上も考えられてきたが，だれも証明できていない．問題(4)は**カタランの予想**として知られ，これも未解決問題である．しかしながら，もし立方数と平方数の差が ±1 なら，立方数は 8 で平方数は 9 であることがわかっている．これはオイラーによって示され，証明は大して難しいわけではない．カタランの予想の詳細については，Ribenboim 1994 を参照していただきたい．

問題(5)への答えは否である．奇素数 p が 4 で割って余り 3 となるなら，

$x^2 + y^2 = p$ となるような整数 x と y を見出すことはできない．これはフェルマーによって示され，証明は第 4 章の問題 13 にある．ところで，フェルマーはまた，4 で割るとき余り 1 となる素数なら，問題は肯定的答えを持つことをも示した．より詳しくは第 5 章の問題 14 にある．この問題の歴史は Weil 1987, 第 II 章 VIII 節に議論されている．

問題 (6) は有名な**双子素数予想**であり，真偽のほどは知られていない．もちろん素数が無限に多くあるという事実は，ユークリッドにも知られていた．そして彼の証明が第 3 章 5 節にある．a と r がその最大公約数が 1 であるような整数なら，$a + kr$ の形の素数が無限に多くあることも知られている．ここで k は正の整数である．これは L. ディリクレによって 1837 年に証明された．この結果の非常に特殊な場合を第 3 章の問題 3 から 7 で証明する．もう一つの関連した予想は，$p+2$ と $p+6$ がまた素数であるような素数 p が無限に多くあるかどうかを問うものである．この場合もまた答えは知られていない．しかしながら $p+2$ と $p+4$ もまた素数であるような素数 p は，ただ 1 つしかない．第 3 章の問題 9 を参照していただきたい．

最後の問題もまた未解決問題である．$2^n - 1$ の形の数は，第 3 章 2 節で説明する理由で**メルセンヌ数**と呼ばれる．指数 n が合成数なら，数 $2^n - 1$ も合成数である．しかし指数が素数のとき，対応するメルセンヌ数は素数にも合成数にもなり得る．第 9 章 4 節でメルセンヌ数の非常に効率的な素数判定法を学ぶ．既知の最大の素数はこの形のもので，それが素数であることは，まさにこの判定法を使って証明された．

7 定理と証明

前にいったように，本書の目的は RSA 暗号系の基礎にある数学を詳細に述べることである．理論的背景は古代ギリシャの数学者たちと，フェルマー，オイラー，ガウスによって発展し，19 世紀末までには万端準備が整っていた．しかしながら応用のほとんどは 20 年前まで知られていなかった．また後述の結果のあるものは，数年前にようやく証明されたものである．

本書にある多くの結果は読者諸氏には目新しいものではなく，逐次除算による最大公約数を計算する方法，および整数の素数への分解の一番単純な手

続きが含まれる．しかしアプローチは新しいかもしれない．というのは本書のどの結果も，計算を実行する手続きを含めて，第1原理から証明しようと計画しているからである．

　古代エジプトとメソポタミアでは，数学は実際問題を解くために使われる目の子算の収集であった．数学は，ギリシャ哲学と結びつくことによって，今日のような理論的学問となった．実際最初のギリシャ人数学者はターレスやピタゴラスのように有名な哲学者でもあった．**数学的事実**が**証明**できるという考えは，この哲学との相互作用から育っていった．結局のところ，証明とはある事実がすでにわかっていることから，どのようにして導かれるかを示すための議論である．そして議論は確かにギリシャの哲学者が好んだことに違いないのである！

　紀元前400年頃ギリシャの数学者たちは，自らの研究の基礎をなす仮説を多少とも系統だった方法ではっきり説明する必要を感じた．こうしてユークリッドは彼の『原論』を，証明が基礎をおく定義と公理を明確に述べることから始める．たとえば巻Iの冒頭で点，直線，平面，面などが何を意味するかを定義する．次に公理を述べ，これらは自明の真理であると仮定する．公理によって前述の概念が相互にどのように関係しているかが説明される．それからこれらの概念についてのより複雑な事実が，論理的議論によりこれら公理へどこまで帰着できるかを示すことへと進む．このアプローチの大きな利点は，体系構築の企て全体に確実さを増すことである．基礎をより合理的なものすることにより，全体系を自身の重さで崩壊してしまうという危険を冒すことなく，さらに高くしていくことができる．

　数学的事実は通常**定理**と呼ばれる．これはギリシャ語に由来する単語で，もともと"光景，考察，理論"を意味した．"証明さるべき命題"という現在の意味は，少なくともユークリッドの『原論』と同じくらい古い．定理の言明はしばしば条件付き命題の形をとる．

　　　　　　ある**仮定**が成り立つなら，**結論**が導かれる．

こういう定理の証明は，結論がどのように仮定から導かれるかを説明する論理的な議論である．例を示す．

定理 1 a が偶数なら a^2 もまた偶数である.

この場合,仮定は「a は**偶数である**」であり,結論は「a^2 は**偶数である**」である.もちろん結論が仮定からでることを示すには,整数の基本的性質を使わなければならない.証明を本当に水も漏らさぬようにするには,これらの性質をすべて詳細にわたって列挙することが必要であろう.いうまでもなく,これは本書のような初等的入門書では不可能であろう.かわりにこれらの "基本的性質" は,まさにすでに知っている初等的なものであるということにしておこう.これには整数の加算と乗算の規則と,任意に与えられた 2 つ数の間には有限個の整数しかないという事実を含む.上の定理の証明を与えるためこれらの性質を使おう.

定理 1 の証明 仮定は a は偶数,つまり 2 の倍数であるとしている.第 2 章 1 節を参照していただきたい.であるから $a = 2b$ となる整数 b が存在しなければならない.この最後の式を平方すれば,

$$a^2 = (2b)^2 = 4b^2 = 2 \cdot (2b^2)$$

となる.ゆえに a^2 もまた 2 の倍数である.言い換えると a^2 は偶数であり,これは定理の結論である.

定理 1 において,整数が偶数であるという事実はその平方もまた偶数であることを**含意する**ことをみた.条件付き言明「A は B を含意する」の逆とは,言明「B は A を含意する」である.よって定理 1 の逆は,「もし a^2 が**偶数なら,a もまた偶数である**」である.言明が真であるという事実は,その逆の真偽について何も言ってくれないことに注意しよう.たとえば**数が 4 の倍数なら,それは偶数である**,の逆は偽である.事実,6 は偶数であるが 4 の倍数ではない.「A は B を含意する」と「B は A を含意する」の両方が真であるとき,A と B は同値であるという.これは通常,「A が成り立つのは B が成り立つときかつそのときに限る」という形で述べられる.こうして 2 番目の定理に到達する.

定理 2 整数 a は,a^2 が偶数であるときかつそのときに限り偶数である.

a が偶数なら a^2 も偶数であることはすでに証明した．ここでその逆を証明しなければならない．その前に扱うべき論理に関する 1 つの要点がある．言明 P の否定を $\neg P$ で表わそう．たとえばもし P が「a **は偶数である**」なら，$\neg P$ は「a **は偶数ではない**」である．さて 2 つの言明 P と Q があるとしよう．命題「$\neg Q$ が $\neg P$ **を含意する**」は，「P **は Q を含意する**」の対偶と呼ばれる．さらに言明が真であるのは，その対偶が真であるときかつそのときに限る．これはなじみのない言葉で間接的に表現されているので，奇妙に思われるだけである．しかし次の話を考えてみよう．パーティに招待した友人が"車が故障したけど，間に合うように修理できたらパーティに行きます"という．さてもし友人がパーティにこないなら，車の修理が間に合わなかった——これはまさに友人の言明の対偶である——と結論するだろう．定理 2 の証明に戻ろう．

定理 2 の証明 a が偶数なら a^2 は偶数であることはすでに見た．そこで a^2 が偶数なら a は偶数であることを示さなければならない．かわりにその対偶，すなわち a が偶数でないなら a^2 は偶数でない，を示そう．しかし整数は偶数でないなら奇数である．さらに奇数は常に"偶数 $+\,1$"の形である．よって a が奇数なら，$a = 2b + 1$ のような別の整数 b が存在しなければならない．この式の両辺を 2 乗すれば

$$a^2 = (2b+1)^2 = 4b^2 + 4b + 1 = 2 \cdot (2b^2 + 2b) + 1$$

となり，これはまた奇数である．こうして証明したかった言明の対偶は真である．対偶は元の言明が真のときかつそのときに限り真であるから，a^2 が偶数なら a は偶数であることを証明した．

定理 1 を a が偶数なら a^2 は偶数である，という形で述べた．これが本当に意味することは，すべての偶数の平方は偶数である，ということである．言い換えるとこの言明は，すべての偶数について成り立つ，といっているのである．ここですべての偶数は 4 の倍数である，という言明を考えよう．ここでもすべての偶数について何かが成り立つことを主張している．ただこの場合主張は偽なのであるが．なぜ？ たとえば 6 は偶数であるが，4 の倍数ではないから．こうして，もしある集合のすべての元についてある性質が成り立

つという主張に対し，それが成り立たない1つの元を集合の中に見出せば，その主張は偽である．そのような元を主張に対する**反例**という．

定理の言明はいつも上に述べたような条件付きの形をとるわけではない．ときには単にある性質を有する"対象"が存在する，というだけのこともある．たとえば与えられた実数xに対し，$n > x$となる整数nがつねに存在する．このような言明を証明する最も明らかな方法は，その対象を見出す具体的方法を与えることである．上の例ではmがxの整数部分なら，$m+1$はxより大きい整数である．そこで$n = m+1$にとれば良い．さてxの10進展開がわかっていると仮定すれば，この方法を使って簡単にnを見出すことができる．しかしこの種の言明を対象を構成する方法を示すことなく証明することができることもある．これは**非構成的存在証明**と呼ばれる．これは見掛けほど不思議ではない．たとえば任意の400人の集合はつねに同じ誕生日の2人を含むことを知っている．$400 > 365$であるからである．この議論が正しいことはわかるが，この2人を見出す手続きを与えるものではない．それゆえこれは非構成的存在証明である．

数論のほとんどの本は，構成的議論ができる場合でも非構成的議論を広範に使う．これは単に趣味の問題ではない．構成的証明は純粋な存在的証明に比べ，説明がしばしば不恰好である．そして数学者は芸術家のように優雅さを好む．本書ではしかし，できるだけ非構成的証明を避けよう．我々が暗号への応用に関心を持っている，というのがその主な理由である．つまり，たとえば合成数が因数を持つことがわかるだけでは真に満足できず，それを見出すことができなければならない．

以上の簡潔なノートで十分に本書を読みはじめることができる．証明の方法については後で，特に第2章7節と第5章2節で，さらに述べよう．しかし定理を証明する能力は注意深く養う必要があること，またその最良の方法は繰り返し練習することであることを，出発にあたって自覚しなければならない．エジプト王プトレマイオスが，幾何学を学ぶに『原論』を読むより易しい道がないかと問うたとき，数学者ユークリッドは，"学問に王道なし"と答えた．それはユークリッドの時代に真であったし，今日においてもなお真である．

第1章 基本アルゴリズム

2つの基本アルゴリズムがある．除算アルゴリズムとユークリッドアルゴリズムである．両方とも古代ギリシャの数学者には周知であった．実際両者ともに紀元前300年頃書かれたユークリッドの『原論』に現れる．除算アルゴリズムは，2つの整数の除算において商と剰余を計算するために使われる．ユークリッドアルゴリズムは，2つの整数の最大公約数を計算するために使われる．これらが確かに基本であることは，本書を読めば理解できるであろう．

1 アルゴリズム

本書でアルゴリズムという言葉を使うときの意味は，オックスフォード英語辞典で次のように定義されている．

> 手続きすなわち規則の集合で，通常代数的記法で表現され，現今は特に計算，機械翻訳，言語学において使われる．

回りくどい言い方を避ければ，アルゴリズムは本質的にある種の問題を解く**調理法**である，ということができる．簡単な調理法をすこし詳しく解析することから始めてみると良いだろう．ケーキを作りたいとしよう．良い料理の本では，ケーキの名前の次に必ず使う**材料**の一覧が続く．ついでケーキを作るために，材料をどうすべきかを伝える指示が書かれている．それはふるいにかける，混ぜる，撹拌する，焼くなどのことである．最後にケーキが出来上がり，食べるばかりである．

すべてのアルゴリズムは同様のパターンをとる．つまり，アルゴリズムを記述するとき，その**入力**と**出力**を述べなければならない．入力は調理法の材料に対応する．出力は成したい仕事であり，上の例では，作りたいケーキがそれである．アルゴリズム自体は，出力を得るため，入力に対しなすべきことを伝える一組の指示である．

十分注意をしてケーキの調理法に従ったとしよう．もちろんオーブンを開けるとき，ローストビーフやビスケットではなくケーキができていることを期待する．調理法としては，有限の時間，それもできれば短時間でケーキが出来上がるようなものを選択することをも仮定している．同様にどのアルゴリズムについても，予告した通りの出力と合致する結果を生じることを期待する．またアルゴリズムは有限時間で，望むべくは短時間で停止することを期待する．もちろん永久に実行され続ける一組の指示はある．簡単な例をみよう．整数(入力)が与えられるとき，それに1を加え，ついでその結果の数に1を加え，と続ける．無限に多くの整数があるから，これらの指示に基づくプログラムは永久に実行され続ける．もちろんこのような一組の指示に使い道はない．

他方非常に遅いかもしれないが，それでも非常に有用なアルゴリズムもある．より速いアルゴリズムが知られていない場合もあれば，規則が単純で，ある問題が解を持つことを示すために使われる場合もある．もちろん，すべての問題が，一組の指示に従うことで解くことができる，というのは真実ではない．それどころか驚くべきことに，アルゴリズムでは解くことができない数学的問題がある．残念ながら，これについて簡単に議論することでさえ，我々の目指す道からは遠く離れてしまう．その詳細は Davis 1980 を参照していただきたい．

1つのアルゴリズムから，これこれの入力が与えられるとき，一定の出力を得る方法(そのアルゴリズム)がある，というような事実あるいは定理を導くことができるかもしれない．定理はしばしば "**もしこれこれの仮定が成り立てば，この結論が成り立つ**" という形で述べられる．アルゴリズムから導かれる定理についていえば，アルゴリズムの入力は定理の仮定に，出力は結論に対応する．

以上の注釈が多少あいまいに響いたとしても気にすることはない．ただ用

語の準備をしているだけであるから．応用するときになれば，よりはっきりとしてくる．要するに，アルゴリズムは調理法，すなわち一組の指示であって，決まった材料(入力)をある出来上がりの品(出力)に変える．一組の指示が与えられたとしよう．それがアルゴリズムであるかどうかを，どのようにして決めるのであろうか．まずこのアルゴリズムと考えられるものの入力と出力が，何であるかを教えられていると仮定することができる．こうして問わねばならない問題は，

- 指示を実行するとき，ある有限時間の後には必ずある結果に到達するか．
- それは期待した結果であるか．

である．

ここまで調理法の比喩できたが，ケーキの調理法に関してこの2つの問題に答えることは，実際は期待できない，という事実に直面する．なぜなら与えられた指示の列がアルゴリズムであると宣言するためには，両方の問題とも肯定的な答えを有することが証明できなくてはならない．それを解き明かす言葉が**証明**である．これが意味するものは，前もって同意した基本的事実，すなわち公理を出発点とする論理的推論である．我々のほとんどのアルゴリズムでは，公理は整数の周知の初等的性質からなる．いうまでもなく，ケーキの調理法がこの意味で機能することを実際証明することはできない．

アルゴリズム(algorithm)という語の語源は特異であるから，注目にあたいする．もともとこの語は *algorism* と書かれたのであって，これはアラビア語 *Al-Khowarazmi* のラテン語化した形に由来する．これは "Khowarazm 出身の人" を意味し，9世紀のアラビアの数学者ベン・ムサの姓であった．アラビア数字がヨーロッパで一般に知られるようになったのは，彼の本『復元と対比の整理』(Al-jabr wa'l muqabalah)によってであった．こういうわけで *algorism* は元来 "数" を意味した．これはギリシャ語では "arithmos" である．2つの語はそれから "学術的に混乱" して，オックスフォード英語辞典の適切な表現によればアルゴリズムとなった．

アルゴリズムがどのようにして "計算をするための処方箋(調理法)" を意味するようになったのか明らかではないが，この意味で用いられるようになったのははごく最近のことのように思われる．英語では1812年頃初めて現れ

る．しかしながらこの語は既に 17 世紀にもっと一般的な意味を持っていたことがわかる．もともとアルゴリズムは "数" を意味したことをみたが，拡張されて数の計算の意味でも使われた．

数学者にして哲学者である G. W. ライプニッツは，この語を算術の分野以外で使った最初の人のようである．1684 年に出版されたライプニッツの最初に発表した微積分では，新しい微積分の規則のことをアルゴリズムといっている．その 1 世紀後にこの語は今日の意味となった．ガウスは著書をラテン語で書いたが，彼の『ガウス整数論』の中で，ある算術問題の解を見出す方法を構成する一組の公式に言及するとき，$algoritmus$ という語を何度も使っている．

ベン・ムサは数学の用語にすくなくとももう 1 つの貢献をしている．**代数**（algebra）という語は前述した彼の有名な本の題名に由来する．

2 除算アルゴリズム

前の節で設定した方式に関して，除算アルゴリズムを解析しよう．整数の除算に関心があるから，我々の仕事は 2 つの正整数の除算における商と剰余を見出すことからなる．ほとんどの人は "商と剰余" から次のような絵を思い浮かべるであろう．

$$
\begin{array}{r}
22 \\
54{\overline{\smash{\big)}\,1234}} \\
\underline{108} \\
154 \\
\underline{108} \\
46
\end{array}
$$

この例では 1234 を 54 で割っていて，商は 22 で剰余は 46 であることを見出した．1 節の用語でいえばこのアルゴリズムの入力は被除数と除数である．この例ではそれぞれ 1234 と 54 である．出力は商と剰余とからなり，この例ではそれぞれ 22 と 46 である．

一般に除算アルゴリズムの入力は，2 つの正の整数 a と b からなる．アルゴリズムは a の b による除算を計算し，出力は 2 つの整数 q と r で，これは

a と b に次のように関係する.

$$a = bq + r \quad かつ \quad 0 \leq r < b$$

もちろん q は除算の商,そして r は剰余である.これにはいつでも思い出せるような簡単な解釈がある.長さ a の板チョコレートを長さ b の片に分けたいとしよう.アルゴリズムが教えることは,長さ b の q 個の片と b より小さい長さ r の片になるということである.この定理を純粋に数学的な場面で適用するときにも,このことを思い出すと良い.

たしかに,板チョコレートは a と b が与えられるとき,q と r を見出すための最も単純なアルゴリズムへの着想を与えてくれる.非常に簡単とはいえ,このアルゴリズムは極めて非効率的である.

除算アルゴリズム

入力:正の整数 a と b.
出力:$a = bq + r$, $0 \leq r < b$ となるような非負整数 q と r.

Step 1 $Q = 0$ および $R = a$ とおいて始める.
Step 2 もし $R < b$ なら,"商は Q で剰余は R である"と書いて停止.そうでないなら Step 3 へいく.
Step 3 もし $R \geq b$ なら,R から b だけ引き,Q を 1 だけ増し,Step 2 へ戻る.

本書を通してアルゴリズムはしばしば上のような形で表現する.指示を正確に読むために,いくつかの簡単な決まりに従わなければならない.アルゴリズムが Q と R という 2 つの**変数**を使用していることに注意しよう.この変数はアルゴリズムが最終的に停止するとき,a の b による除算の商 (quotient) と剰余 (remainder) に対応する値をとるので,そのように名づけられている.これらの数を計算するために,Step 2 と 3 の指示を何度か繰り返さなければならない.これを**ループ**と呼ぶ.各ループの終わりに,変数 Q と R は以前とは異なる値をとる.まさにそれが変数と呼ばれる理由である.ループ内では,Step 3 が実行されるとき,変数の値が変わる.R から b を引けという指

示が意味するのは正確には，変数 R が前のループの終わりでの値から b を引いたものに等しい新しい値をとることを意味する．同様に Q を 1 だけ**増す**ということは，Q が前のループの終わりでの値に 1 を加えたものに等しい新しい値を持つことを意味する．

たとえば $a > b$ とする．すると Step 3 を一度通ると，$Q = 1$ および $R = a - b$ となる．もし $a - b \geq b$ なら，アルゴリズムに従って，Step 3 をもう一度適用しなければならない．こうした後で $Q = 2$ および $R = a - 2b$ を得る．などなど．なぜ永久に続くことがないのか．言い換えるとなぜアルゴリズムは停止するのであろうか．Step 3 を何度か，各ループにつき一度ずつ適用すると，変数 R の値の次のような列を得ることに注意しよう．

初期値	第 1 ループ	第 2 ループ	第 3 ループ	...
a	$a-b$	$a-2b$	$a-3b$	...

これは整数の減少列である．a と 0 の間には有限個の整数しかないから，数列はそのうちに b より小さい数に到達しなければならない．そうなれば Step 2 は停止して，R と Q の値を表示するよう指示する．こういうわけでアルゴリズムはつねに停止する．

これからアルゴリズムの最終結果が，なぜ出力において指定された性質を満たす数に対応するのか，を見なければならない．まずもし q と r が，アルゴリズムが停止したときの変数 Q と R がとる数値であるなら，明らかに $r = a - bq$ かつ $r < b$ であることに注意しよう．最初の式は直ちに $a = bq + r$ を与える．後は $r \geq 0$ を示すだけで良い．アルゴリズムが q 回目のループで停止したと仮定しているので，前の（$(q-1)$ 回目の）ループでは，$a - b(q-1) \geq b$ である．そうでないなら停止する前にもう一度 b を引くことをしなかったはずだからである．そこで b を $a - b(q-1) \geq b$ の両辺から引けば，$r = a - bq \geq 0$ を得る．これはまさに証明したかったことである．ゆえにアルゴリズムは出力として指定した通りの整数を計算する．

上に示したアルゴリズムが極めて遅いことは明らかである．通らなければならないループの回数は商に等しい．であるから a が b に比較して圧倒的に大きいときには困る．長除算（普通の筆算）の通常の方法は，この過程を高速化する実用的方法を提供する．しかしながらアルゴリズムをそれに基づいて

実装することは思うほどには簡単ではない．

なぜそうなのかを理解する最良の方法は，この節の冒頭の除算を一歩一歩辿ってみるのが最も良い．まず1234の各桁の数字を左から右に見て，それで作られる54より大きい数の中で最小のものを選ぶ．その数は123である．ここで問うてみよう，54は123の中に何回入るのかと．問題となるのはこの疑問である．数が小さいなら，二三度も試行すれば正しい答えに到達する．しかし数が大きいければ，問題がある．なぜなら試行錯誤をすることが，実際上不可能だからである．このジレンマの克服の道はあるが，その詳細を説明するのは余りに回り道になるので，詳しくはKnuth 1981の4.3節を参照していただきたい．

最後にもっと実用上の性質の問題を考えよう．本書の結果の大部分は，"大きな整数"―筆算で除算することが非実用的なほど十分大きな整数―に適用するときにだけ関心がある．しかも問題を解くとき，何回も除算を計算しなければならないことがしばしば起こる．もちろん計算機代数系を使うことができるが，多くの場合良い電卓で十分である．しかし電卓を使ってaをbで割るとき，得られるのは必要な商と剰余ではなく，分数a/bの10進展開である．そこでもし筆算でa/bの10進展開を見出したいならならどうするか考えてみよう．剰余に達するまで整数を割るであろう．そして商に小数点を打ち，剰余に0を付けたし除算を続行する．言い換えるとaのbによる除算の商は，a/bの10進展開の整数部分である．それをqとする．剰余を見出すため$a - bq$を計算するが，これは手頃の電卓で簡単にできる．

3 除算定理

1節ですべてのアルゴリズムには定理が対応すると述べた．除算アルゴリズムに対応する定理を述べよう．

除算定理 aとbを正の整数とする．次のような非負整数qとrが一意的に存在する．

$$a = bq + r \quad \text{かつ} \quad 0 \leq r < b$$

言明は q と r について 2 つのこと，すなわち，つねに存在すること，および一意的であること，をいっていることに注意しよう．a と b が与えられるとき，上のような q と r が存在することはすでにわかっている．それを計算する仕方さえ知っている．しかし一意性は新しいことである．q と r が一意であるということは，なにを意味するのであろうか．2 つの整数 a と b を選び，数人の人にそれを手渡し，定理の関係が満たされるような整数 q と r を計算することを頼むとしよう．我々が頼むのは数を計算することだけであり，その方法のことは何もいっていないことに注意しよう．商と剰余の一意性は，**これらの人たちが誰しも同じ数の対を見出すことを意味する**．特に，q と r を計算するために，どのアルゴリズムを選ぶかは全く問題ではなく，皆同じ結果を与える．もちろんこれは非常に有用な情報である．

これがなぜ真なのかをみよう．2 つの正整数 a と b を選び，カールとソフィアの 2 人に与え，定理に述べられた条件を満たす商と剰余を見出すよう頼むものとしよう．カールは q と r を，ソフィアは q' と r' を見出す．我々には

$$a = bq + r \quad \text{かつ} \quad 0 \leq r < b$$

および

$$a = bq' + r' \quad \text{かつ} \quad 0 \leq r' < b$$

ということだけがわかっている．これは $r = r'$ および $q = q'$ を含意するであろうか．r と r' は整数であるから，そのうちの 1 つは他方より大きいか等しい．$r \geq r'$ としよう．カールの式から $r = a - bq$，ソフィアの式から $r' = a - bq'$ となる．辺々を引き算すると

$$r - r' = (a - bq) - (a - bq') = b(q' - q)$$

となる．一方 r と r' はともに b より小さい．また $r \geq r'$ と仮定しているから，$0 \leq r - r' < b$ である．しかし $r - r' = b(q' - q)$ であるから，したがって

$$0 \leq b(q' - q) < b$$

である．b は正の整数であるから，この式から消去できる．ゆえに $0 \leq q' - q < 1$ である．しかし $q' - q$ は整数であるから，この不等式が成り立つのは $q' - q = 0$ のとき，かつそのときに限る．言い換えると $q = q'$ であり，これは $r = r'$ を

含意し，さらにこれは商と剰余の一意性を証明する．

要するに，除算アルゴリズムは2つのことをいう定理を生ずることを見た．2つの整数の除算の商と剰余はつねに**存在**し，それは**一意**である．本書で議論する他の多くの定理もまた，ある性質の存在と一意性を述べる．中でも最重要なのは第2章の**一意素因数分解定理**である．

4 ユークリッドアルゴリズム

ユークリッドアルゴリズムは2つの整数の最大公約数を計算するために使われる．そこで最大公約数の定義を注意深く調べることから本節をはじめよう．

まず，整数 b がもう1つの整数 a を**割り切る**とは，$a = bc$ となる第3の整数 c が存在することをいう．この場合，b は a の**約数**あるいは**因数**である，また a は b の**倍数**であるともいう．これらは同じことを別の言い方をしているだけである．上の定義で，c は a において b の**余因数**と呼ばれる．もちろん b が a を割り切るかどうかは，除算の剰余を計算しそれが零であるか調べることでわかる．そのとき余因数は b による a の除算の商である．

2つの正の整数 a と b があるとしよう．a と b の**最大公約数**とは，a と b の両方を割り切る**最大**の正整数 d である．d が a と b の最大公約数なら，$d = \gcd(a, b)$ と書く．$\gcd(a, b) = 1$ のとき，a と b は**互いに素**であるという．

最大公約数の定義から示唆されるアルゴリズムとは，整数 a と b が与えられるとき，a のすべての正の約数と b のすべての正の約数を見出せというものである．どの数が両方の集合に共通か調べ，そのうちの最大のものを選べば，それが最大公約数である．これは至極簡単であるが，次の章で見るように，a か b が大きいとき途方もなく非効率的である．問題は整数の素因数分解の速いアルゴリズムが知られていないことである．

幸いにも最大公約数を計算する実に効率の良い別の方法がある．それは『原論』の巻 VII の命題1と2において，ユークリッドによって記述された．これが**ユークリッドアルゴリズム**と呼ばれる理由であるが，ユークリッド以前にすでに知られていたかもしれない．

もう一度 a と b は正の整数で，$a \geq b$ と仮定しよう．a と b の最大公約数を見出したい．**ユークリッドアルゴリズム**は次のように進む．第1に a を b で

割る．この除算の剰余を r_1 と呼ぶ．もし $r_1 \neq 0$ なら，b を r_1 で割る．r_2 をこの2番目の除算の剰余とする．同様に $r_2 \neq 0$ なら，r_1 を r_2 で割り剰余 r_3 を得る．こうして本アルゴリズムの i 回目のループは，実質的に1つの除算からなるが，その除算の被除数はループ $i-2$ で計算された剰余であり，除数はループ $i-1$ で計算された剰余である．これが零剰余になるまで繰り返される．そのとき**最小非零剰余**が a と b の最大公約数である．

ユークリッドアルゴリズムを使い1234と54の最大公約数を計算しよう．除算は次のようになる．

$$1234 = 54 \cdot 22 + 46$$
$$54 = 46 \cdot 1 + 8$$
$$46 = 8 \cdot 5 + 6$$
$$8 = 6 \cdot 1 + 2$$
$$6 = 2 \cdot 3 + 0$$

最後の非零剰余は2であるから，$\gcd(1234, 54) = 2$ である．最大公約数の計算において，商は直接使われないことに注意しよう．1節と2節で作ったモデルに従いこのアルゴリズムを記述しよう．

ユークリッドアルゴリズム

入力：正の整数 $a \geq b$．
出力：a と b の最大公約数．

Step 1 $A = a$ と $R = B = b$ とおいて始める．
Step 2 R の値を A の B による除算の剰余で置き換えて，Step 3 へ行く．
Step 3 もし $R = 0$ なら "a と b の**最大公約数は** B **である**" と書いて停止する．そうでないなら Step 4 へ行く．
Step 4 A の値を B で置き換え，B の値を R の値で置き換え，Step 2 へ戻る．

それゆえ最大公約数を計算するために，いくつかの除算を計算するだけで良い．しかしなぜ最大公約数は，この除算の列の最後の非零剰余に一致する

のであろうか．一体どうしてこの列に剰余 0 が必ず現れるのか．もし非零剰余がずっと生じるとしたら，手続きは停止しないことに注意しよう．

2 番目の疑問から始めよう．そうしてアルゴリズムは必ず停止することをまず証明しよう．a と b の最大公約数を見出すため，次のような除算を計算するとしよう．

$$a = bq_1 + r_1 \quad かつ \quad 0 \leq r_1 < b$$
$$b = r_1 q_2 + r_2 \quad かつ \quad 0 \leq r_2 < r_1$$
$$r_1 = r_2 q_3 + r_3 \quad かつ \quad 0 \leq r_3 < r_2$$
$$r_2 = r_3 q_4 + r_4 \quad かつ \quad 0 \leq r_4 < r_3$$
$$\vdots \quad \cdots \quad \vdots$$

しばらくは左の欄は忘れよう．右の欄には剰余の列がある．**どの剰余も前の剰余より小さいこと，およびすべての剰余は 0 以上である**ことに注意しよう．不等式を 1 つ 1 つ書いて次を得る．

$$b > r_1 > r_2 > r_3 > \cdots \geq 0 \tag{4.1}$$

b と 0 の間には有限個の整数しかないから，この列はどこまでも続くことはない．剰余の 1 つが 0 になりさえすれば終わりになるが，これはアルゴリズムがつねに停止することを意味する．

前の段落の議論を使って，最大公約数を計算するために計算しなければならない除算の数の上界を得ることができる．(4.1) へ戻ろう．列のそれぞれの数は前のものより真に小さい．ゆえにある除算の剰余のとりうる最大の値は，前のものマイナス 1 に等しい．もし仮に各除算で剰余がこの値になっているとしたら，剰余 0 を得るために b 回の除算を計算しなければならないであろう．それは明らかにあり得る中で最悪の場合である．ゆえに $a \geq b$ にユークリッドアルゴリズムに適用するとき，除算の数は上から b で抑えられる．

実は $b \leq 3$ でなければ，除算の回数は必ず b より小さいことを示すのは難しくない．問題を次のように述べる方が良い．$\gcd(a,b)$ を見出すために n 回の除算が必要になるような最小の**互いに素**な整数 a と b は何か．数 a と b ができるだけ小さくなるためには，各除算の商はできるだけ小さくなければな

らないことに注意しよう．さて除数が被除数より小さいと仮定すれば，2つの整数の除算の商のとりうる最小の値は明らかに1である．剰余として0を得る前に n 回の除算が必要であるとしよう．剰余の列は

$$b > r_1 > r_2 > r_3 > r_4 \cdots \geq 0$$

である．しかしすでに見たようにあり得る最悪の場合，商はすべて1である．ここで除算を**最後**のものから書き始めてみよう．数は互いに素であるから，

$$r_{n-1} = 1$$
$$r_{n-3} = r_{n-2} \cdot 1 + 1$$
$$r_{n-4} = r_{n-3} \cdot 1 + r_{n-2}$$
$$\cdots$$
$$a = b \cdot 1 + r_1$$

となる．$n = 10$ に対して，次の剰余の列(降順に書いて)を得る．

$$34,\ 21,\ 13,\ 8,\ 5,\ 3,\ 2,\ 1,\ 1,\ 0$$

ゆえに $\gcd(a,b)$ を計算するために10回の除算が必要である最小の互いに素な整数 a と b は，$a = 34$ と $b = 21$ である．$b = 21$ はとりうる最小の値ではあるが，$n = 10$ より大きいことに注意しよう．上の列は周知の**フィボナッチ数列**である．問題6に再度現れる．

5　ユークリッドアルゴリズムの証明

　アルゴリズムはつねに停止することを見た．実際，最大公約数を見出したい2つの数のうちの小さい方より多くの回数の除算を行う必要はない．しかし最後の非零剰余がまさに最大公約数となるのはなぜか．これを理解するには補助的結果が必要であるが，数学者はこれを**補題**と呼ぶ．この言葉は古代ギリシャ語に由来し，定理を証明するために"仮定すること"を意味する．

補題　a と b を正の整数とする．$a = bg + s$ である整数 g と s が存在するとしよう．すると $\gcd(a,b) = \gcd(b,s)$ である．

5 ユークリッドアルゴリズムの証明

補題に述べた結果が真であることを示さなければならない．しかしその前に，補題を使ってユークリッドアルゴリズムにおける最後の非零剰余が，確かに最大公約数に等しいことを証明しよう．アルゴリズムを整数 $a \geq b > 0$ に適用し，n 回の除算の後で剰余が 0 であると仮定すると，

$$
\begin{aligned}
a &= bq_1 + r_1 \quad \text{かつ} \quad 0 \leq r_1 < b \\
b &= r_1 q_2 + r_2 \quad \text{かつ} \quad 0 \leq r_2 < r_1 \\
r_1 &= r_2 q_3 + r_3 \quad \text{かつ} \quad 0 \leq r_3 < r_2 \\
r_2 &= r_3 q_4 + r_4 \quad \text{かつ} \quad 0 \leq r_4 < r_3 \\
&\vdots \quad \cdots \quad \vdots \\
r_{n-4} &= r_{n-3} q_{n-2} + r_{n-2} \quad \text{かつ} \quad 0 \leq r_{n-2} < r_{n-3} \\
r_{n-3} &= r_{n-2} q_{n-1} + r_{n-1} \quad \text{かつ} \quad 0 \leq r_{n-1} < r_{n-2} \\
r_{n-2} &= r_{n-1} q_n \quad \text{かつ} \quad r_n = 0
\end{aligned}
\tag{5.1}
$$

となる．今度は右の欄を無視して左の欄で起こることだけを考えよう．最後の除算から r_{n-1} は r_{n-2} を割り切ることがわかる．ゆえにこれら 2 つ数の最大公約数は r_{n-1} である．言い換えると，$\gcd(r_{n-2}, r_{n-1}) = r_{n-1}$ である．

ここで補題が生きてくる．補題を最後から 2 番目の除算に適用し，

$$\gcd(r_{n-3}, r_{n-2}) = \gcd(r_{n-2}, r_{n-1})$$

と結論できる．これは前にみた通り r_{n-1} に等しい．補題を今度は後から 3 番目の除算に再度適用して，

$$\gcd(r_{n-4}, r_{n-3}) = \gcd(r_{n-3}, r_{n-2})$$

を得るが，これは r_{n-1} に等しいことがわかる．このように欄の最初まで続けて行けば，$\gcd(a, b) = r_{n-1}$ を得るが，これは証明したかったことである．

ひとたび補題を証明すれば証明は完結する．補題は a, b, g, s が，$a = bg + s$ によって関連付けられると仮定すれば，$\gcd(a, b) = \gcd(b, s)$ となる，といっていることを想起しよう．次のように書けば証明の説明が少し易しくなる．

$$d_1 = \gcd(a, b) \quad \text{および} \quad d_2 = \gcd(b, s)$$

もちろん何かをしたわけではなく，単にaとbおよびbとsの最大公約数に特別の名前を与えただけである．証明したいことは$d_1 = d_2$である．これを2段階で行おう．まず$d_1 \leq d_2$を，それから$d_2 \leq d_1$を示す．d_1とd_2の等式はこれら2つの不等式からただちに出る．

$d_1 \leq d_2$を示そう．他方の不等式は同様の議論で証明されるので，読者の練習問題としておこう．$d_1 = \gcd(a,b)$を思い出していただきたい．d_1はaを割り切り，またd_1はbを割り切る．これは次のような整数uとvが存在することを意味する．

$$a = d_1 u \quad \text{および} \quad b = d_1 v$$

$a = bg + s$の中のaとbをそれぞれ$d_1 u$と$d_1 v$で置き換えると，$d_1 u = d_1 vg + s$を得る．言い換えると，

$$s = d_1 u - d_1 vg = d_1(u - vg)$$

しかしこれはd_1がsを割り切ることを意味する．

要するに，仮定から$d_1 = \gcd(a,b)$となり，したがってd_1はbを割り切る．しかし上の計算はd_1はsをも割り切ることを示している．よってd_1はbとsの公約数である．しかしながら，d_2はbとsの**最大公約数**である．ゆえに$d_1 \leq d_2$であるが，これは証明したかった不等式である．

証明には関係式$a = bg + s$を使うことが本質的であり，そしてこの式は除算定理における関係式と類似であることに注意しよう．しかしsがbより小さいことを知る必要がなく，実際には正であることすら必要ではない．ゆえに剰余が除数よりも小さいという事実は，最後の非零剰余が最大公約数であることを示すためにではなく，アルゴリズムが停止することを示すためにのみ使われる．

6 拡張ユークリッドアルゴリズム

前の節で記述したものより，さらに強力なユークリッドアルゴリズムの拡張版がある．この場合強力とは，より高速ということを意味するものではない．その意味するところは，最大公約数は出力の項目の1つにしか過ぎないということである．もう一度aとbは正の整数とし，dをその最大公約数と

6 拡張ユークリッドアルゴリズム

する．拡張ユークリッドアルゴリズムは，d および次をみたすような 2 つの整数 α と β を計算する．

$$\alpha \cdot a + \beta \cdot b = d \tag{6.1}$$

いくつかのつまらない場合を除いて，α が正であればつねに β は負であり，逆も成り立つことに注意しよう．

これらの整数を計算する最良の方法は，伝統的なユークリッドアルゴリズムにいくらかの計算を付け加え，d, α, β が同時に求まるようにすることである．これが，その結果できる手続きが**拡張**ユークリッドアルゴリズムとして知られる理由である．ここに提示する拡張版アルゴリズムは，有名な本である *The Art of Computer Programming*[1] の著者の D. E. クヌースの創案による．アルゴリズムはそのシリーズの第 2 巻に見られる．Knuth 1981, 4.5.2 節，アルゴリズム X を参照していただきたい．

ユークリッドアルゴリズムは，除算の列を計算しながら進行することを思い出そう．最大公約数はこの列の最後の非零剰余である．こうして最後の非零剰余を式 (6.1) のように書く方法を見つけなければならない．

クヌースのアルゴリズムの背後にある着想は，最後の剰余に到達するまで待つべきではない，ということである．そうではなく，各剰余を最初から最後へと必要に応じて書く方法を見出す．これは一見不要な余分の仕事をたくさんしなければならないことを意味するように見える．しかし本節の後で見るように実はそうではない．

a と b の最大公約数を計算するために，除算の列 (5.1) を実行していくとしよう．見出したい剰余に関する特別の式と一緒に，それをここに書いてみよう．

$$\begin{aligned}
a &= bq_1 + r_1 & \text{かつ} & & r_1 &= ax_1 + by_1 \\
b &= r_1 q_2 + r_2 & \text{かつ} & & r_2 &= ax_2 + by_2 \\
r_1 &= r_2 q_3 + r_3 & \text{かつ} & & r_3 &= ax_3 + by_3 \\
r_2 &= r_3 q_4 + r_4 & \text{かつ} & & r_4 &= ax_4 + by_4 \\
& \vdots & \ldots & & & \vdots \\
r_{n-3} &= r_{n-2} q_{n-1} + r_{n-1} & \text{かつ} & & r_{n-1} &= ax_{n-1} + by_{n-1} \\
r_{n-2} &= r_{n-1} q_n & \text{かつ} & & r_n &= 0
\end{aligned} \tag{6.2}$$

---

[1] [訳注] 邦訳については参考文献の Knuth の項を参照していただきたい．

数 $x_1, \ldots, x_{n-1}$ および $y_1, \ldots, y_{n-1}$ が決定したい整数である．必要な情報を (6.2) から表に要約すれば便利である．

剰余	商	x	y
a	*	x_{-1}	y_{-1}
b	*	x_0	y_0
r_1	q_1	x_1	y_1
r_2	q_2	x_2	y_2
r_3	q_3	x_3	y_3
$\vdots$	$\vdots$	$\vdots$	$\vdots$
r_{n-2}	q_{n-2}	x_{n-2}	y_{n-2}
r_{n-1}	q_{n-1}	x_{n-1}	y_{n-1}

まず注意すべきは，表が"正当には"あるべきではない 2 つの行で始まっていることである．実際これらの行の第 1 列に現れる数は，いかなる除算の剰余でもない．この 2 行を第 (-1) 行および第 0 行と呼び，こうしてその"無法の"性格を強調しよう．すぐにこれらが必要な理由がわかる．

それからどうすれば良いのだろうか．x と y の欄をどのようにして埋めていくか見つけたい．しばらくはある行，たとえば第 $(j-1)$ 行まで記入された表を受け取ったとしよう．第 j 行に記入するためにまずすべきことは，r_{j-2} を r_{j-1} で割ることである．こうすれば r_j と q_j が与えられ，これらはこの行の第 1 列と第 2 列の位置に記入される．$r_{j-2} = r_{j-1}q_j + r_j$ および $0 \leq r_j < r_{j-1}$ を忘れないようにしよう．したがって

$$r_j = r_{j-2} - r_{j-1}q_j \tag{6.3}$$

である．さて第 $j-1$ 行と第 $j-2$ 行から $x_{j-2}, x_{j-1}, y_{j-2}, y_{j-1}$ の値を見出せる．そこで次のように書ける．

$$r_{j-2} = ax_{j-2} + by_{j-2} \quad \text{かつ} \quad r_{j-1} = ax_{j-1} + by_{j-1}$$

式 (6.3) にこれらの値を入れると，

$$\begin{aligned} r_j &= (ax_{j-2} + by_{j-2}) - (ax_{j-1} + by_{j-1})q_j \\ &= a(x_{j-2} - q_j x_{j-1}) + b(y_{j-2} - q_j y_{j-1}) \end{aligned}$$

が得られる．ゆえに

$$x_j = x_{j-2} - q_j x_{j-1} \quad \text{かつ} \quad y_j = y_{j-2} - q_j y_{j-1}$$

である．x_j と y_j を計算するために，商 q_j と行 j の直前の 2 つの行からのデータを使っただけであることに注意しよう．これがクヌースのアルゴリズムが非常に効率が良い理由の説明である．ある行に記入するためにすぐ前に先行する 2 つの行のみ必要であって，このとき他の行はすべて計算機の記憶から削除することができる．

こうして再帰的過程を得る．すべきことはこれをどう進めていくかを見出すだけである．これが表の先頭に導入した 2 つの "不当な" 行を必要とする理由である．それを導入する理由は，これらの行に対しては x と y の値を計算するのが，いともたやすいからである．x と y を他の行に対してと同じように解釈すれば，次を得る．

$$a = ax_{-1} + by_{-1} \quad \text{および} \quad b = ax_0 + by_0$$

これから

$$x_{-1} = 1, y_{-1} = 0, x_0 = 0, y_0 = 1$$

のように選ぶことが示唆されるが，これは手続きを開始するに十分のものである．

除算を全部し終えると，$\gcd(a, b) = r_{n-1}$ がわかり，次のような整数 x_{n-1} と y_{n-1} を計算したことになる．

$$d = r_{n-1} = ax_{n-1} + by_{n-1}$$

ゆえに $\alpha = x_{n-1}$ かつ $\beta = y_{n-1}$ である．α と $d = r_{n-1}$ がわかれば，β は次の式

$$\beta = (d - a\alpha)/b$$

で見出すことができることに注意しよう．それゆえに表の最後の行では最初の 3 列を計算するだけで良い．

数値例を示そう．$a = 1234$ および $b = 54$ なら，(完全な) 表は次の通りである．

第1章 基本アルゴリズム

剰余	商	x	y
1234	*	1	0
54	*	0	1
46	22	$1 - 22 \cdot 0 = 1$	$0 - 22 \cdot 1 = -22$
8	1	$0 - 1 \cdot 1 = -1$	$1 - 1 \cdot (-22) = 23$
6	5	$1 - 5 \cdot (-1) = 6$	$-22 - 5 \cdot 23 = -137$
2	1	$-1 - 1 \cdot 6 = -7$	$23 - 1 \cdot (-137) = 160$
0	3	*	*

ゆえに $\alpha = -7, \beta = 160$,

$$(-7) \cdot 1234 + 160 \cdot 54 = 2$$

である.

アルゴリズムが機能し，停止する理由を見出そう．名前が暗示する通り，これは前の節のユークリッドアルゴリズムに，x と y の計算のための指示をいくつか付け足したものである．であるから，アルゴリズムは停止し，最大公約数はその出力の一部である．なぜならこのことは，ユークリッドアルゴリズムにおいて成り立つからである．その上，各行の x と y の欄にある数は，式(6.1)で d をその行の剰余で置き換えた方程式を満たす．特に式(6.1)は，α と β として最後の非零剰余に対応する行の欄 x と y の数を選べば成り立つ．**拡張ユークリッドアルゴリズム**から次の定理が導かれる．

定理 a と b を正の整数とし，d を a と b の最大公約数とする．次のような整数 α と β が存在する．

$$\alpha \cdot a + \beta \cdot b = d$$

数 α と β は一意でないことに注意しよう．事実，式(6.1)を満たす整数 α と β の選択は無限に可能である．たとえば，k を整数とし，α と β は $\alpha \cdot a + \beta \cdot b = d$ であるようなものとする．このとき直ちに確かめられるように

$$(\alpha + kb) \cdot a + (\beta - ka) \cdot b = d$$

が成り立つ．

α と β を計算するため，このように努力を払った後で，一体これらの数が

何の役に立つのか，と問うてみるのはもっともである．それに対する答えを見出す最良の道は，本書を読み続けることである．後の章の最も重要な結果のほとんどは，これらの数の知識に依存している．こうした重要な結果の中に第 11 章の RSA 暗号系の鍵の選択も含まれている．

7 練習問題

1. 下に与えた整数の対 a, b のそれぞれに対し，最大公約数を計算し，$\gcd(a,b) = \alpha \cdot a + \beta \cdot b$ である整数 α, β を見出せ．

   (1) 14 と 35
   (2) 252 と 180
   (3) 6643 と 2873
   (4) 272,828,282 と 3242

2. n を 1 より大きい整数とする．次を示せ．

   (1) $\gcd(n, 2n+1) = 1$
   (2) $\gcd(2n+1, 3n+1) = 1$
   (3) $\gcd(n!+1, (n+1)!+1) = 1$

3. a, b および $n > 0$ が整数のとき次を示せ．
$$b^n - a^n = (b-a)(b^{n-1} + b^{n-2}a + b^{n-3}a^2 + \cdots + ba^{n-2} + a^{n-1})$$

4. $n > m$ を正の整数とし，r を n の m による除算の剰余とする．

   (1) $2^n - 1$ の $2^m - 1$ による除算の剰余は $2^r - 1$ であることを示せ．
   (2) r が偶数のとき，$2^n + 1$ の $2^m + 1$ による除算の剰余は $2^r + 1$ であることを示せ．

   ヒント：おのおのの場合について問題 3 を使って商を計算せよ．結果は剰余の一意性から出る．

5. $n > m$ を正の整数とする．問題 4 を使って $\gcd(2^{2^n}+1, 2^{2^m}+1)$ を計算せよ．この問題の結果を第 3 章の問題 8 で使う．

6. フィボナッチ数列 $1, 1, 2, 3, 5, 8, 13\ldots$ において，それぞれの数は直前の 2 つの和である．数列の n 番目の数を f_n で表すと，
$$f_n = f_{n-1} + f_{n-2}$$

および，$f_0 = f_1 = 1$ が成り立つ．

(1) フィボナッチ数列の連続する 2 項の最大公約数は 1 であることを示せ．

(2) $\gcd(f_n, f_{n-1})$ を計算するには除算が何回必要か．

7. この問題では，方程式 $ax + by = c$ の整数解を見出すために使うことができる方法を述べる．ただし $a, b, c \in \mathbb{Z}$ である．つまり，方程式を満たす整数 x と y を見出すか，あるいは整数解が存在しないことを証明したい．$d = \gcd(a, b)$ とする．そのとき，ある整数 a' と b' に対し，$a = da'$ および $b = db'$ である．ゆえに

$$c = ax + by = d(a'x + b'y)$$

である．方程式が整数解を持てば，d は c を割り切ることを示せ．

この場合，$c = dc'$ とし**簡約した方程式** $a'x + b'y = c'$ を考える．元の方程式の任意の解はまた簡約した方程式の解でもあり，逆も成り立つことを示せ．

ゆえに元の方程式の解を見出すためには，簡約した方程式を解けば十分である．これを解くために拡張ユークリッドアルゴリズムを使い，$\alpha \cdot a + \beta \cdot b = 1$ である整数 α と β を計算する．この場合，簡約した方程式の解は $x = c'\alpha$，$y = c'\beta$ であることを示せ．

8. 問題 7 の方法を使い，方程式 $ax + by = c$ を整数の範囲内で解くプログラムを書け．入力は係数 a, b と c である．出力は方程式の整数解か，あるいはそのような解は存在しない旨のメッセージである．こうしてプログラムは実質的に拡張ユークリッドアルゴリズムの実装からなっている．

9. この問題の目的は，ランダムに生成した整数の対が互いに素になっている割合を，実験的に見出すことである．プログラムの入力は正の数 m で，これは生成するランダムな対の総数である．プログラムは，これらの対にユークリッドアルゴリズムを適用し，最大公約数を見出し，そのうちいくつが 1 であるかを数える．出力は商

$$\frac{\text{互いに素な対の総数}}{m}$$

である．この商はランダムに選んだ整数の対が互いに素である確率の測度を与える．確率の良い近似を得るためには，m の大きな値に対しプログラムを適用することが必要である．$m = 10^5$ としてプログラムを 10 回実行せよ．出力として得た値は何であったか．理論的考察から正しい確率は $6/\pi^2$ であることを示すことができる．Knuth 1981, 4.5.2 節, 定理 D を参照していただきたい．実験で得た値はこの数と比較してどうか．

第2章　一意素因数分解

"分割統治"は科学において非常にありきたりの戦略である．たとえばどんな物質も構成要素である原子に分解することができる．さらに原子の性質が十分詳しくわかっていれば，それでできている物質について多くのことが教えられる．

同じようなことが整数にも起こる．この場合原子の役割は**素数**が演じ，そしてすべての整数は素数の積として書くことができる．この分解は整数の多くの性質の証明における決定的な材料である．しかしながら与えられた整数の分解を計算することが，いつも易しいわけではない．もし数が大きければ素因数分解は極めて時間のかかる過程であり，計算機の高い能力が必要となる．

1　一意素因数分解定理

主要人物を注意深く定義することから始めよう．整数 p は，$p \neq \pm 1$ でその約数が ± 1 と $\pm p$ のみであるなら，**素数**といわれる．ゆえに $2, 3, 5, -7$ は素数であるが，$45 = 5 \cdot 9$ は素数ではない．このように定義するにも関わらず，本書のほとんどのところでは，"素数"という用語を"正の素数"を略したものとして使う．± 1 でない整数は，素数でなければ**合成数**といわれる．したがって，n が合成数なら，$1 < a, b < n$ かつ $n = ab$ である整数 a と b が存在する．ゆえに 45 は合成数である．

数 ± 1 は合成数でも素数でもないことに注意しよう．これらは第 3 の種類に属し，乗法の逆元を有するただ 2 つの整数である．本節の終わりでは，こ

れらの数を素数の集合から除くべき理由を，もう少し明確に説明できる．

一意素因数分解定理 整数 $n \geq 2$ は次の形に一意に書くことができる．
$$n = p_1^{e_1} \cdots p_k^{e_k}$$
ここで $1 < p_1 < p_2 < p_3 < \cdots < p_k$ は素数であり，$e_1, \ldots, e_k$ は正の整数である．

この定理は非常に重要なので，**整数論の基本定理**と呼ばれることがある．これは C. F. ガウスによって，彼の『ガウス整数論』の 16 節において，この形式で最初に述べられた．しかしそれ以前の数学者が本定理を暗黙のうちに使わなかったわけではない．実際ハーディとライトが彼らの数論の本に書いているように，"ガウスは数論を体系的科学として展開した最初の人であった"．Hardy and Wright 1994, p. 10 を参照していただきたい．

n の素因数分解において，指数 $e_1, \ldots, e_k$ は素数の**重複度**と呼ばれる．言い換えると，n の素因数分解において p_1 の重複度とは，$p_1^{e_1}$ が n を割り切るような**最大の整数** e_1 である．また n は k 個の**異なる**素因数を持つが，素因数の総数は $e_1 + \cdots + e_k$ である．

定理の言明は 2 つの別のことを言っている．第 1 に，すべての整数は素数のべきの積として書くことができること．第 2 に，与えられた整数の分解に対して，素数と指数の選択の仕方はただ 1 つしかないこと．したがって証明すべきことは 2 つある．すなわち，素因数分解が存在すること，およびそれが一意であること．これらは別々に証明される．後でわかるように，素因数分解が存在することを証明する方が易しい．一意性の方はずっと難しい．

一意素因数分解定理を述べてしまえば，なぜ ±1 を素数の中に勘定に入れるべきでないか説明することがより容易になる．±1 を含めるように素数を定義したとすると，整数の素数への分解はもはや一意ではなくなる．実際 1 が素数なら，2 と $1^2 \cdot 2$ は 2 の素数のべきへの 2 つの異なる分解である．1 (あるいは −1) の高次のべきで同じことをすれば，すべての整数に対して，無限に多くの異なる素因数分解を持つことになる．こういうわけで，これらの (無数にあって全く価値のない) 擬似素因数分解を避けるために，±1 を素数の定義から除外する．

最後に，興味深い語源の疑問に答えておこう．どのようにして素数(prime)という名前がつけられたのであろうか．古代ギリシャの数学者は整数を**分解不能な第 1 類**(primary)と**合成数である第 2 類**(secondary)とに分類した．*primary* を意味するギリシャ語はラテン語で "primus" と翻訳され，これがめぐりめぐって英語で *prime* となった．

2 素因数分解の存在

本節では整数 $n \geq 2$ が与えられるとき，それを素数の積として書くことができることを示す．これをするため，入力として整数 $n \geq 2$ を，出力が n の素因数とその重複度であるようなアルゴリズムを記述する．このアルゴリズムの予備段階として，n の素因数を 1 つだけ出力する別のアルゴリズムを考える．

素因数を見出す最も単純なアルゴリズムは，次のようなものである．入力は整数 $n \geq 2$ とする．n を 2 から $n-1$ までの整数で試し割りする．これらの整数の 1 つが n を割り切れば，n は合成数でその最小の因数を見つけたことになる．そうでないなら，n は素数である．さらに n が合成数なら，見出した因数は素数でなければならない．

この最後の言明がなぜ正しいのかその理由を見よう．f を $2 \leq f \leq n-1$ である整数とする．f を n の**最小の因数**とし，$f' > 1$ を f の因数とする．整除性の定義により，次のような整数 a と b が存在する．

$$n = f \cdot a \quad \text{かつ} \quad f = f' \cdot b$$

ゆえに $n = f' \cdot ab$ である．こうして f' は n の因数でもある．f は n の最小の因数であるから，$f \leq f'$ である．しかし f' は f の因数であり，それゆえ $f' \leq f$ である．これらの不等式から $f = f'$ となる．したがって，$f' \neq 1$ が f を割り切るなら $f' = f$ であることを証明した．すなわち f は素数である．

このアルゴリズムを詳細に記述する前に注意しておくべきことが他にもある．このアルゴリズムがするのは，因数を正整数の中に探すことがすべてであることを見た．この探索をどこまで実行しなければならないのであろうか．$n-1$ を越える必要のないことは明らかである．整数はそれ自身より大きな

因数を持つことはないからである．しかしもっとうまくできる．実際は $\sqrt{n}$ より大きな因数を探す必要はない．このこともまた，アルゴリズムが実は n の 1 より大きい最小の因数を探すという事実に依っている．こうして示すべきことは，n が**合成数**で $f > 1$ が n の**最小の因数**なら，$f \leq \sqrt{n}$ であることのみである．

この最後の主張を確かめるのは易しい．a を n における f の余因数とすれば，$n = fa$ である．$f > 1$ は n の最小の因数であるから，$f \leq a$ である．もし n が合成数でないとしたら，これは真ではないことに注意しよう．ここで $a = n/f$ であるから，$f \leq n/f$ である．しかしこれは $f^2 \leq n$ を含意する．言い換えれば $f \leq \sqrt{n}$ であり，これは証明したかったことである．

議論は次のようにまとめることができる．アルゴリズムは 2 で始まり $\sqrt{n}$ までの整数を動いていく因数の探索からなる．n が合成数なら，2 以上の最小の因数が見出される．この因数は必ず素数である．この探索で因数が見つからなければ n 自身素数である．

最後に実際的な性質の要点を記す．$[\alpha]$ で実数 α の整数部分を表す．すなわち $[\alpha]$ は α 以下の最大の整数である．すると $[\pi] = 3$，また $[\sqrt{2}] = 1$ である．r が整数で $r \leq \alpha$ なら，$r \leq [\alpha]$ である．よって上に記述した素因数分解アルゴリズムを使うには，$[\sqrt{n}]$ さえわかれば良い．これを行なう手続きは付録の 1 節にある．

次に第 1 章の規準に従って，素因数分解アルゴリズムを書こう．面倒を最小限にしてこれを行なうため，$\sqrt{n}$ の整数部分を決定することができる計算機を使っていると仮定する．

試行除算による素因数分解

入力：正の整数 n．
出力：n の最小の素因数である正の整数 $f > 1$，あるいは n は素数である旨のメッセージ．

Step 1 $F = 2$ とおいて始める．
Step 2 n/F が整数なら "F は n の**因数である**" と書いて停止する．そうでないなら，Step 3 へ行く．

Step 3 F を 1 だけ増し，Step 4 へ行く．
Step 4 $F \geq [\sqrt{n}]$ なら，"n は**素数である**" と書いて停止する．そうでないなら，Step 2 へ戻る．

整数 $n > 2$ が与えられるとき，n が素数かどうかを決め，またもし合成数なら n の因数を見出す方法を見出した．もちろん n が素数なら，その素因数分解をすでに見つけたことになる．しかしながら，n が合成数ならそのすべての素因数をそれぞれの重複度とともに見出したい．このためには，上のアルゴリズムを何度か適用すれば十分である．

n に対しアルゴリズムを適用し因数 q_1 を見出したとしよう．よって q_1 は n の最小の素因数である．次に余因数 n/q_1 に対しアルゴリズムを適用する．n/q_1 は合成数でその最小の素因数は q_2 であるとしよう．明らかに $q_2 \geq q_1$ である．しかしそれらは等しいこともあり得ることに注意しよう．それは q_1^2 が n を割り切るときである．同じように続けていくと，$n/(q_1 q_2)$, などなどに対しアルゴリズムを適用しなければならないであろう．この方法は素数の増加列

$$q_1 \leq q_2 \leq q_3 \leq \cdots \leq q_s$$

を生成するが，このそれぞれが n の因数である．この列に対応してもう 1 つの列，余因数列がある．

$$\frac{n}{q_1} > \frac{n}{q_1 q_2} > \frac{n}{q_1 q_2 q_3} > \cdots$$

これは正整数の真の**減少列**であり，そのそれぞれが n への試行除算アルゴリズムの適用に対応する．n より小さい正の整数は有限個しかないから，有限個のステップの後で，n の完全な素因数分解が得られる．余因数の列の最後の数が常に 1 であることを確かめるのはむずかしくはない．そしてこれが停止の時の簡単な目印になる．

さて n の素因数分解を一意素因数分解定理で述べた形で書きたいとしよう．素因数は得られたから，必要なのはその重複度だけである．それを見出すには，上の素数の列に各素数が何度現れるかを勘定すれば十分である．もちろん過程を実行しながら素数を数えるのが良い．

これがどのように機能するか例で見よう．$n = 450$ の素因数分解を見出し

たいとしよう．試行除算アルゴリズムを適用し，450 の最小の因数は 2 であるとわかる．今度は余因数 $450/2 = 225$ に対し同じアルゴリズムを再度適用し，因数 3 を見出す．こうして 3 は 225 の因数であり，従ってまた 450 の因数でもある．次に $225/3 = 75$ に対しアルゴリズムを適用する．ふたたび最小の因数は 3 である．ゆえに 3^2 は 450 を割り切る．試行除算アルゴリズムをさらに 2 回適用すると，5^2 が 25 を割り切ること，および 1 を余因数として持つことがわかる．ゆえに 450 の完全な素因数分解，$450 = 2 \cdot 3^2 \cdot 5^2$ を見出した．

3 試行除算アルゴリズムの効率

前の節で述べたアルゴリズムはわかりやすく，またプログラムしやすいが，非常に効率が悪い．整数の完全な素因数分解を見出すため使われるこのアルゴリズムは，試行除算アルゴリズムの反復適用によって機能するから，試行除算の効率を議論すれば十分である．要点を単純だが非常に劇的な計算で例示しよう．

整数 $n > 2$ に試行除算アルゴリズムを適用すると，n が素数のとき起こりうる最悪の場合となる．その場合アルゴリズムはループを $[\sqrt{n}]$ 回繰り返して停止する．そこで計算を簡単にするため，n は 100 桁以上の素数であると仮定しよう．試行除算アルゴリズムで n が素数であることを確かめるには，どれくらいの時間かかるであろうか．

$n > 10^{100}$ と仮定しているから，$\sqrt{n} > 10^{50}$ である．したがってアルゴリズムにおいてループを少なくとも 10^{50} 回繰り返さなければならない．これをするのにどれだけ時間がかかるかを見出すために，計算機は 1 秒あたり 10^{10} 回除算を計算するものとしよう．このとき計算機がループ内で実行する演算は除算だけであるとみなしていることに注意しよう．もちろんこれは真実ではないが，そのことは見過ごそう．割り算してみれば，計算機が n は素数であることを証明するに 10^{40} 秒を要するとわかる．簡単な計算が示すようにこれはおおよそ 10^{32} 年に等しい．これは日常の標準からは途方もなく大きな数である．大きくみると宇宙の年齢にも匹敵する．現在計算されているところによると，ビッグバンはほぼ $2 \cdot 10^{11}$ 年前に起こったとされている．余計な

コメントは要るまい．数がメッセージを明白に物語っている．

　こうしたことはこの素因数分解アルゴリズムが役立たないことを意味しているのであろうか．もちろん違う．おそらく我々が分解したい数は，たとえば 10^6 より小さい素因数を持つ．その場合試行除算アルゴリズムは，素因数を高速に見出すであろう．他方，与えられた大きな数が素数であると考える理由があるときには，試行除算アルゴリズムはそのことを証明する最良の方法ではない．

　整数の素因数分解アルゴリズムは他にもたくさんあり，それぞれ分解したい整数の種類に依存して多少なりとも効率の良いものである．こうして2節のアルゴリズムは小さな因数を持つ整数にはまずまずのものである．次の節でフェルマーのアルゴリズムを学ぶ．これは $\sqrt{n}$ より余り大きくない（必ずしも素数ではない）因数を持つ整数 n に対して非常に効率が良い．

　ランダムに選んだ任意の整数の素因数分解のための効率の良いアルゴリズムはないことを忘れるべきではない．もしそうでないなら，RSA暗号系は真に安全とはいえないであろう．明らかでないのは，そのようなアルゴリズムが存在しないのか，あるいは未だそれを発見できるほど我々が賢くないだけなのかである．

4　フェルマーの素因数分解アルゴリズム

　2節のアルゴリズムは，素因数分解したい整数 n が小さい素数で割り切れるときに限って効率的である．どれほど"小さい"かは計算機に依る．本節で n が $\sqrt{n}$ より余り大きくない（必ずしも素数でない）因数を持つとき効率の良いアルゴリズムを研究する．このアルゴリズムはフェルマーによって考案され，試行除算アルゴリズムよりずっと巧妙である．

　まず n を奇数としよう．偶数なら2がその因数の1つである．アルゴリズムの背後にある考えは，$n = x^2 - y^2$ となるような非負整数 x と y を見出すことである．これらの数が見つかったと仮定すると，

$$n = x^2 - y^2 = (x-y)(x+y)$$

である．ゆえに $x-y$ と $x+y$ は n の因数である．

つまらないことを気にしないでアルゴリズムを記述するため，$\sqrt{n}$ の整数部分を決定できる計算機を使っていると仮定しよう．

フェルマーのアルゴリズムの最も易しい場合は，n が完全平方数のときである．すなわちある整数 r に対して $n = r^2$ のときである．すると r は n の因数である．上の記法では，この場合 $x = r$ および $y = 0$ であることに注意しよう．

他方 $y > 0$ なら

$$x = \sqrt{n + y^2} > \sqrt{n}$$

となる．これは x と y を見出すための次の戦略を暗示する．

フェルマーの素因数分解アルゴリズム

入力：正の奇数 n．
出力：n の因数あるいは n は素数である旨のメッセージ．

Step 1 $x = [\sqrt{n}]$ で始める．$n = x^2$ なら x は n の因数であり，停止できる．そうでなければ x を 1 増やし Step 2 へ行く．

Step 2 $x = (n+1)/2$ なら n は素数であり，停止できる．そうでなければ $y = \sqrt{x^2 - n}$ を計算する．

Step 3 y が整数なら（すなわち $[y]^2 = x^2 - n$ なら）n は因数 $x + y$ と $x - y$ を持ち，停止できる．そうでなければ x を 1 増やし Step 2 へ行く．

このアルゴリズムは次の例が示すように非常に使いやすい．$n = 1{,}342{,}127$ を素因数分解したい数とする．変数 x を $\sqrt{n}$ の整数部分で初期化する．本例では $x = 1158$ とする．しかしながら，

$$x^2 = 1158^2 = 1{,}340{,}964 < 1{,}342{,}127$$

である．よって x を 1 増やさなければならない．$\sqrt{x^2 - n}$ が整数になるか，あるいは $x = (n+1)/2$ になるかのどちらかになるまでこれを続ける．本例では $(n+1)/2 = 671{,}064$ であることに注意しよう．変数 x と y の各ループにおける値を簡単に表にまとめる．

x	$\sqrt{x^2 - n}$
1159	33.97
1160	58.93
1161	76.11
1162	90.09
1163	102.18
1164	113

こうして6番目のループで整数を見出した．ゆえに $x = 1164$ と $y = 113$ が求める数である．対応する因数は

$$x + y = 1277 \quad \text{および} \quad x - y = 1051$$

である．

5　フェルマーのアルゴリズムの証明

　さてフェルマーのアルゴリズムが機能すること，および必ず停止することを証明しなければならない．このとき，入力 n が合成数のときと，素数のときとでアルゴリズムの振舞いを別々に考えるのが便利である．最初の場合には，$[\sqrt{n}] \leq x < (n+1)/2$ で，$\sqrt{x^2 - n}$ が整数であるような整数 x が存在することを示さなければならない．このことは n が合成数なら，x が $(n+1)/2$ に等しくなる前に，アルゴリズムは必ず n より小さい因数を見出すことを意味する．次にもし n が素数なら，$x < (n+1)/2$ に対して $\sqrt{x^2 - n}$ は整数であり得ないことを確かめなければならない．

　n が $n = ab$ の形に因数分解できるとしよう．ただし $a \leq b$ である．$n = x^2 - y^2$ をみたすような，すなわち

$$n = ab = (x - y)(x + y) = x^2 - y^2$$

のような整数 x と y を見出したい．$x - y \leq x + y$ であるから，$a = x - y$ と $b = x + y$ と選んで試してみよう．この2元連立方程式を解いて，

$$x = \frac{a + b}{2} \quad \text{および} \quad y = \frac{b - a}{2}$$

を得る．実際，簡単な計算によって

$$\left(\frac{b+a}{2}\right)^2 - \left(\frac{b-a}{2}\right)^2 = ab = n \tag{5.1}$$

が示される．x と y は整数でなければならないから，$(b+a)$ と $(b-a)$ は両方とも偶数であることが必要であることに注意しよう．これが n が奇数でなければならない理由である．a と b は n の因数であるから，これらもまた奇数でなければならない．こうして $a+b$ と $b-a$ は偶数である．n が偶数ならアルゴリズムは適切に機能しないかもしれない．たとえば $n=2k$ で k が奇数なら，アルゴリズムは決して停止しない．

 n が素数なら，a と b の可能な選択は $a=1$ かつ $b=n$ だけである．したがって $x=(n+1)/2$ であり，これは $\sqrt{x^2-n}$ が整数である最小の x である．今度は n が合成数のとき，なにが起こるか考えなければならない．$a=b$ のときアルゴリズムは Step 1 で因数を見出す．こうして n は合成数であるが完全平方数ではないと仮定して良い．すなわち $1<a<b<n$ とする．この場合アルゴリズムは停止することが言える．なぜなら

$$[\sqrt{n}] < \frac{a+b}{2} < \frac{n+1}{2} \tag{5.2}$$

であるからである．まず不等式を証明する

 右側の不等式は $a+b<n+1$ であるといっている．n を ab で置き換え，$b+1$ を両辺から引くと，$a-1<ab-b$ を得る．しかし $a>1$ であるから，不等式の両辺を $a-1$ で割ることができる．こうすれば $1<b$ であるとわかる．この議論は不等式 $1<b$ は $a+b<n+1$ に同値であることを示している．仮定により $1<a<b$ が成り立つから，$(a+b)/2<(n+1)/2$ を示したことになる．

 ここで左側の不等式を考察しよう．まず $[\sqrt{n}] \leq \sqrt{n}$ であるから，$\sqrt{n} \leq (a+b)/2$ を証明するだけで十分である．明らかにこの最後の不等式が成り立つのは，$n \leq (a+b)^2/4$ のときかつこのときに限る．しかし式(5.1)により

$$\frac{(b+a)^2}{4} - n = \frac{(b-a)^2}{4}$$

であり，これは常に非負である．ゆえに $(a+b)^2/4 - n \geq 0$ を証明したが，これは我々のはじめの不等式と同値である．

アルゴリズムに戻ろう．変数 x は値 $[\sqrt{n}]$ に初期化され，ついで各ループごとに 1 ずつ増していく．したがって式 (5.2) から，n が合成数ならアルゴリズムは $(n+1)/2$ に達する前に $(a+b)/2$ に到達する．しかしながら $x = (a+b)/2$ のとき，

$$y^2 = \left(\frac{a+b}{2}\right)^2 - n = \left(\frac{b-a}{2}\right)^2$$

を得る．こうして x のこの値に達した後，アルゴリズムは停止し，出力は因数 a と b になる．ゆえに n が合成数のとき，アルゴリズムは n の 2 つの因数を計算して，ある $x < (n+1)/2$ で必ず停止する．

合成数 n が与えられるとき，$n = ab$, $1 < a < b < n$, の形に n を因数分解することが何通りにもできるかもしれないことに注意する．フェルマーのアルゴリズムは，このうちのどれを見出すのであろうか．アルゴリズムは x の探索を $[\sqrt{n}]$ で始め，各ループごとに x を増やしていく．よってアルゴリズムが見出す因数 a と b は

$$\frac{a+b}{2} - [\sqrt{n}]$$

が最小となるようなものである．

このアルゴリズムは RSA 暗号系について重要なことを伝えている．RSA の安全性は 2 つの素数の積である整数 n の素因数分解の困難性に依拠していることを想い起こしていただきたい．n を分解できれば，暗号を破ることができる．試行除算アルゴリズムは，大きな素数を選ぶことによって n は容易に因数分解できない，という幻想を与えるかもしれない．しかしこれは真ではない．素数は大きいがその差が小さければ，n はフェルマーのアルゴリズムによって容易に素因数分解される．第 11 章でこの問題に立ち戻ろう．

6 素数の基本性質

整数の素因数分解が一意であることを証明するために，素数の基本性質を必要とする．本節でこの性質を証明し，そして 7 節と 8 節でその応用をいくつか学ぶ．まず拡張ユークリッドアルゴリズムの我々の最初の応用となる補題からはじめよう．

補題 a, b, c を正の整数とし，a と b は互いに素と仮定する．

(1) b が積 ac を割り切れば，b は c を割り切る．

(2) a および b が c を割り切れば，積 ab は c を割り切る．

まず(1)を証明しよう．仮定により a と b は互いに素，すなわち $\gcd(a,b) = 1$ である．拡張ユークリッドアルゴリズムにより，

$$\alpha a + \beta b = 1$$

となる整数 α と β が存在する．さてこの証明の"おまじない"を述べよう．式の両辺に c をかけるのである．こうすれば

$$\alpha ac + \beta cb = c \tag{6.1}$$

となる．左辺の第2項は明らかに b で割り切れるが，第1項もまたそうである．実際この第1項は ac で割り切れるが，これは仮定により b の倍数である．こうして式(6.1)の左辺はそれ自身 b の倍数であり，そして c に等しいから，これで(1)を証明した．

次に(1)を使って(2)を証明する．a が c を割り切れば，$c = at$ のような整数 t が存在する．しかし b も c を割り切る．a と b は互いに素であるから，(1)および $c = at$ から b は t を割り切らねばならないことが導かれる．こうしてある整数 k に対し $t = bk$ である．ゆえに

$$c = at = a(bk) = (ab)k$$

は ab で割り切れる．これは(2)の結論である．

この補題は，ユークリッドの『原論』の中に巻VIIの命題30に現れる素数の性質の証明を始めとして，しばしば使われる．これは非常に重要な性質であるから，名前を与えると都合が良い．**素数の基本性質**と呼ぼう．

素数の基本性質 p を素数，a と b を正の整数とする．p が積 ab を割り切れば，p は a を割り切るか，あるいは p は b を割り切る．

先の補題を使ってこの性質を証明する．仮定により p は ab を割り切る．p が a を割り切れば証明はこれで終わり．p が a を割り切らないとする．しか

し p は素数であるから，その因数は 1 と p だけである．よって $\gcd(a,p) = 1$ となる．補題を適用して，p は ab を割り切り，p と a は互いに素であるから，p は b を割り切ると結論できる．

7 ギリシャ人と無理数

本節では，6 節で証明した素数の基本性質の応用を考える．p が素数なら $\sqrt{p}$ は無理数であることを示す．本書で**背理法**による**証明**として知られる方法を使って多くの証明をするが，これはその最初のものである．

この方法の背後にある考え方は非常に簡単で，毎日の生活でよく使っている．素朴ともいえる例を示そう．あなたは計算機のファイルを必要としているが，1 つは青，他の 1 つは赤の 2 つディスクの一方にあることがわかっている．運悪くどちらの方であったか憶えていないし，またラベルもついていない．さてどうしますか．1 つのディスク——青としよう——を計算機に入れそのファイルを見る．所要のファイルがそこになければ，それは赤のディスクにある．あなたがしたことをもっと遠回しの方法で説明すると，ファイルは青ディスクにあると仮定したと言うことである．そこになかったことがわかると，仮定は誤りであり，ファイルは実は赤ディスクにあったことに気がつく．

そのようなな方法がうまく機能すると期待する理由は，ある事実は同時に真でもあり偽でもある，ということがないことを知っているからである．こうしてファイルが 2 つのディスクの一方にあり，かつ青ディスク上にないなら，赤ディスク上になければならない．もちろん日常生活では事はいつもそのようにはっきり割り切れるものではない．ファイルが 2 つのディスクのどちらかにあるということに関して完全に取り違えているかもしれないし，さらに悪いことにディスクから削除してしまったり，その上そのことに気づかなかったということさえある．幸い数学では物事にそれほどの混乱はない．

$\sqrt{p}$ が無理数であることを証明するために，この戦略をどのように使うことができるかをみよう．ところでまずもって，この文脈で "無理" とは何を意味するのであろうか．無理数とは理解されることのないなにかであるとよく耳にする．しかし**有理**でないはここでは "理解不可能" を意味するのでなく，"比ではない" の意である．オックスフォード英語辞典によれば**比** (*ratio*) とは

2つの類似の大きさの間の，一方が他方を何倍含むかで決まる量的な関係

である．これはユークリッドの『原論』の巻Vの定義3とほとんど同じである．残念ながらこれは，すでに比が何であるかを知っていなければ，明らかにならないという種類の定義である．この観点からすれば，ユークリッドの有名な"部分を持たないもの"という点の定義によく似ている．幸運なことに，知る必要があるのは，無理数とは**分数**でない実数であるということだけである．こうして問題は**背理法による証明**の方法を容易に適用できる．$\sqrt{p}$ は分数でないことを証明したければ，それが分数であると仮定し，そのことから矛盾を導こうとするだけで良い．そのことに成功すれば仮定は誤りであり，$\sqrt{p}$ は無理数であることを証明したことになる．

証明を組み立てるには注意を要する．$\sqrt{p}$ は分数であると(矛盾に到達することを望んで)仮定していることを思い出そう．別の言葉でいえば，次のような整数 a と b が存在することを仮定している．

$$\sqrt{p} = \frac{a}{b} \tag{7.1}$$

さらに分数は既約形である，すなわち $\gcd(a,b) = 1$ であると仮定することができる．すべての分数はこの形に書くことができる．分子と分母の最大公約数を消去しさえすれば良い．a/b が既約であると仮定することが重要である．というのはこうすれば期待する矛盾を特定することがよりしやすくなるからである．

整数を扱うために，式(7.1)の両辺を2乗しよう．こうすれば

$$p = a^2/b^2, \quad \text{すなわち}, \quad b^2 \cdot p = a^2 \tag{7.2}$$

を得る．ゆえに p は a^2 を割り切る．素数の基本性質により，これは p が a を割り切ることを含意する．ゆえに $a = pc$ となる整数 c が存在する．式(7.2)で a を pc で置き換えると，

$$b^2 \cdot p = p^2 \cdot c^2$$

となる．両辺から p を消去すれば，p は b^2 を割り切らねばならないことがわかる．再び素数の基本性質を使って，p は b を割り切ると結論する．こうして

p は a を割り切ること，また p は b を割り切ることを見た．しかしこれはあり得ない，なぜなら $\gcd(a,b) = 1$ であるから．ゆえに期待した矛盾をえた．これは $\sqrt{p}$ が分数でないことを意味する．したがって $\sqrt{p}$ は無理数である．

無理数の存在は長くも彩り豊かな歴史のある問題である．ギリシャの歴史家ヘロドトスによれば，幾何学はエジプトが起源である．ファラオは長方形の区画の形で土地を人々に分配し，そこに毎年の税を課した．もしナイル河が区画の一部を流し去ってしまうと，土地がどれだけ失われたか計算するために，測量士を呼ばなければならなかった．そうして区画の所有者は失った面積に比例して税の減免を受けることができた．

面積の実用的な測定と類似の計算にしか興味を持たなかったエジプト人にとって，数はすべて分数であるとの暗黙の仮定があった．無理数を前面に押し出したのは，古代ギリシャにおける幾何学のより理論的な側面の発展であった．

無理数の発見はピタゴラスが設立した哲学の学派(あるいは教団)でなされたと信じられている．ピタゴラス学派の人々は数(とは整数と分数を意味するのであるが)が宇宙の本質であると信じたので，幾何学の発展に非常に興味を持った．こうして，いかなる分数にも対応しない大きさの比があることを認識したとき，どれほど彼らが驚いたことか想像することができる．メタポントゥムのヒッパソスは，この秘密を公けにしたため教団から追放されたといわれている．しかしながらピタゴラス学派の人々はこれだけでは不十分と考え，彼の墓を作った．彼らにしてみれば，彼はもう死んでしまったからである！

当然の成り行きで，無理数の発見はまもなく哲学者の間で共通の知識になった．プラトンは彼の対話『テアイテトス』の中で，キュレネのテオドロスが数 $\sqrt{3}, \ldots, \sqrt{17}$ は無理数であることを証明したといっている．残念ながらこのなされたといわれる証明について，彼はなにもいっていない．

上に与えた $\sqrt{p}$ が無理数であることの証明は，ギリシャ人には知られていた．アリストテレスは彼の『分析論前書』の巻 I の第 23 章において次のようにいっている．

> 正方形の対角線は辺と可約ではない，なぜならもし可約とすれば奇数が偶数に等しくなるからである．

これは $\sqrt{2}$ が無理数であることの，大変凝縮した形の証明である．もっと詳しい証明がユークリッドの『原論』の巻 X の命題 117 に見られる．

8 素因数分解の一意性

整数の(1 節の定理において明示した形での)素因数分解は，実は一意であることの証明を与える時である．それは背理法による証明であり，素数の基本性質を使う．

事実に反して 2 より大きい正の整数で，1 節の定理の形の素因数分解を 1 つより多く持つものが存在するとしよう．n を 2 つ以上の異なる素因数分解を持つ最小の正の整数とする．こうすれば，

$$n = p_1^{e_1} \ldots p_k^{e_k} = q_1^{r_1} \ldots q_s^{r_s} \tag{8.1}$$

である．ここで $p_1 < \cdots < p_k$ および $q_1 < \cdots < q_s$ は素数で，$e_1, \ldots, e_k$，$r_1, \ldots, r_s$ は正の整数である．さらにこれら 2 つの素因数分解は異なると仮定している．これは 2 つの理由で起こり得ることに注意しよう．第 1 に一方の素因数分解にはあって，他方にはない素数があるかもしれない．第 2 に 2 つの素因数分解において，素数は同じでも重複度が異なるかもしれない．幸運にも，式 (8.1) においてこれら 2 つの可能性のどちらが実際起こるかは問題でない．

左辺の素因数分解を調べて，p_1 は n を割り切ると結論できる．しかし $n = q_1^{r_1} \ldots q_s^{r_s}$ である．**素数の基本性質**を繰り返し適用すれば，p_1 は $q_1^{r_1} \ldots q_s^{r_s}$ の因数の 1 つを割り切らねばならないことがわかる．結局これは p_1 は q_1 から q_s のうちの 1 つを割り切らねばならないことを意味する．しかし素数が他の素数を割り切ることができるのは，それらが等しいときのみである．それゆえに p_1 は q_1 から q_s のうちの 1 つに等しくなければならない．たとえば $p_1 = q_j, 1 \leq j \leq s$ としよう．

こうして式 (8.1) の右辺の素因数分解において q_j を p_1 で置き換えることができる．

$$\begin{aligned} n = p_1^{e_1} \ldots p_k^{e_k} &= q_1^{r_1} \ldots q_j^{r_j} \ldots q_s^{r_s} \\ &= q_1^{r_1} \ldots p_1^{r_j} \ldots q_s^{r_s} \end{aligned}$$

さて p_1 を消去することができる．なぜなら両方の素因数分解に正の重複度を持つ素因数として現れるからである．すると，

$$p_1^{e_1-1}\cdots p_k^{e_k} = q_1^{r_1}\cdots p_1^{r_j-1}\cdots q_s^{r_s}$$

を得るが，これは m と呼ぶことにするある正の整数の 2 つの素因数分解である．しかしこれらの素因数分解が異なることはあり得ない．実際，n は 2 つの異なる素因数分解を持つ**最小**の正の整数であると仮定した．しかし $m = n/p_1 < n$ である．もし素因数分解が等しいなら，まずは $j = 1$ である．であるから $p_1 = q_1$ でありまた $k = s$ である．さらに

$$p_2 = q_2, \quad p_3 = q_3, \quad \ldots, \quad p_k = q_k$$

そして各素数は同じ重複度を持たなければならないから，

$$e_1 - 1 = r_1 - 1, \quad e_2 = r_2, \quad \ldots, \quad e_k = r_k$$

である．しかしこれらの等式は式 (8.1) の素因数分解が等しいことを含意する．これは矛盾である．こうして 1 節の定理の形の素因数分解は確かに一意である．

　素因数分解の一意性を証明するためにこのめんどうをすべてやり終えてしまうと，ほとんどの人には一意でない素因数分解など想像さえできないという事実に直面するはずである．そこでこれもまた，数学者が他のひとには疑いもなく明らかなことを証明しようとする例の 1 つであるように思われる．

　真実は全くそうではない．整数の素因数分解の一意性が明らかであると考える唯一の理由は，人生の初期に初めて学ぶ素因数分解だからである．であるから素因数分解についての我々の直感は全面的に整数の素因数分解から形づくられ，そしてこれは一意的だからである．ユークリッド幾何学は明らかに幾何学の唯一のものである，というのに似てなくもない．これは断じてそうではなく，相対性理論とブラックホールのこの時代には，教育ある人はだれもそのようなことを言わない．

　最近の百年の数学の歴史をみれば，元が既約元への素因数分解を許す"数体系"の例に満ちみちていることに気づくであろう．上の例を除いて普通は，この素因数分解は一意ではない．最もよく知られた例は**フェルマーの最終定**

理に関連する．この定理はもし3つの整数 x, y, z が $n \geq 3$ のとき
$$x^n + y^n = z^n$$
をみたせば $xyz = 0$ である，というフェルマーがなした言明のことである．フェルマーは蔵書であったディオファントスの『数論』の余白に書き込みをして，この事実の驚嘆すべき証明を得たがそれを書くには余白は十分に広くない，と言った．

この結果を証明する試みで最も明らかな戦略は，式 $z^n - y^n$ を完全に分解することである．そうするには，複素数を導入しなければならない．こうすれば
$$z^n - y^n = (z-y)(z-\zeta y) \cdots (z-\zeta^{n-1} y)$$
となるが，ここで $\zeta = \cos(2\pi/n) + i\sin(2\pi/n)$ である．結果としてでてくる複素数の集合は，整数の集合に似た振る舞いをすることがわかる．前者の集合のすべての元は，既約元すなわちそれ自身は分解できない元のべき積として因数分解できる．しかしながら，n のほとんどの値に対し素因数分解は**一意でない**．このことがこの線に沿っての簡単な証明への主な障害であることがわかる．

定理のフェルマーによる"証明"は，上に示唆したような誤りであったであろうと考えられてきた．この場合フェルマーは，彼が使った複素数全体の集合における素因数分解は一意であると信じ込むという罠にはまったのであろう．これは実は誤りなのである．フェルマーがこの過誤の犠牲になったとしても驚くには及ばない．1節で注意したように，整数の一意素因数分解定理が我々が今日使う明示的な形で書き表されたのは，漸くガウスによってであった．ガウスの『ガウス整数論』以後でさえ，E. クンマーは上に示したような証明を提示し，誤りを仲間の数学者に指摘されるまで問題があることに気づきさえしなかった．これにめげることなく，クンマーは素因数分解の一意性がないことを避ける方法を開発し続けた．こうすることで彼はそれ以前に可能であったよりずっと多くの素数に対してフェルマーの最終定理を証明することができた．

フェルマーの最終定理は，1995年 A. ワイルスによってついに証明された．彼は近々10年間に展開された楕円曲線の理論を使うアプローチに従った．楕

円曲線の理論については彼は大家であった．この定理のそれに先立つ歴史に関しては，Edwards 1977 を参照していただきたい．ワイルスの証明の背後にある考え方への初等的入門のためには，Gouvêa 1994 を参照していただきたい．

9 練習問題

1. $2^x \cdot 3^4 \cdot 26^y = 39^z$ のような正の整数 x, y, z はあるか．

2. $k > 1$ を整数とする．
$$k! + 2, k! + 3, \ldots, k! + k$$
はすべて合成数であることを示せ．これを使って m がどれだけ大きくとも，常に m 個の連続した合成数があることを証明せよ．

3. フェルマーのアルゴリズムを使い次の整数の因数を見出せ．175,557, 455,621, 731,021.

4. 下記の主張のどれが真であるか，またどれが偽であるか．

    (1) $\sqrt{6}$ は無理数である．

    (2) 無理数と分数の和はつねに無理数である．

    (3) 2 つの無理数の和はつねに無理数である．

    (4) 数 $\sqrt{2} + \sqrt{3}$ は有理数である．

5. n が合成数のとき，
$$R(n) = \frac{10^n - 1}{9} = \underbrace{111\ldots 11}_{n \text{ 個}}$$
もまた合成数であることを示せ．これらの数は **1 並び数**[1]と呼ばれる．

    ヒント：k が n の因数なら $R(k)$ は $R(n)$ の因数である．

6. $n > 0$ を合成数とし，p をその**最小の素因数**とする．次のような n のとりうる値をすべて見出せ．

    (1) $p \geq \sqrt{n}$.

    (2) $p - 4$ は $\gcd(6n + 7, 3n + 2)$ を割り切る．

---
[1] [訳注] 原著での用語は，rep-unit である．

7. a と b を正の整数とする．その**最小公倍数** $\mathrm{lcm}(a,b)$ とは a と b 両方の倍数である最小の正の整数である．さて
$$a = p_1^{e_1} p_2^{e_2} \ldots p_k^{e_k} \quad \text{かつ} \quad b = p_1^{r_1} p_2^{r_2} \ldots p_k^{r_k}$$
とする．ただし，$p_1 < p_2 < \cdots < p_k$ は素数であり，指数 $e_1, \ldots, e_k$ および $r_1, \ldots, r_k$ は 0 以上である．同じ素数は両方の素因数分解に現れることを仮定していないことに注意しよう．たとえば，p_1 は a を割り切るが，b を割り切らないなら，$r_1 = 0$ である．$\gcd(a,b)$ と $\mathrm{lcm}(a,b)$ の素因数分解における素数は $p_1, \ldots, p_k$ のみであることを示し，それぞれの素因数分解におけるその重複度を見出せ．

8. 正の整数 n は，そのすべての因数（1 と n を含む）の和が $2n$ のとき**完全数**であるという．たとえば 6 と 28 は完全数である．s を $2^{s+1} - 1$ が素数であるような正の整数としよう．

    (1) $2^s(2^{s+1} - 1)$ の因数は公比が 2 の 2 つの幾何数列を成すことを示せ．第 1 のものは 1 で，第 2 のものは $2^{s+1} - 1$ で始まる．

    (2) これらの因数の和を計算し，$2^s(2^{s+1} - 1)$ は完全数であることを示せ．

    上の結果はユークリッドの『原論』の巻 IX の命題 36 である．これらの完全数は**ユークリッド数**と呼ばれることがある．

    問題 9 と 10 の目的は，すべての偶数の完全数はユークリッド数であること，すなわち $2^s(2^{s+1} - 1)$ の形であることを示すことである．ただし $2^{s+1} - 1$ は素数である．これは L. オイラーが証明した．しかし論文は彼の死後 1849 年になってはじめて公刊された．下に述べる証明は Dickson 1952, 第 1 章にみられる．興味深いことに，今までに知られる完全数はすべて偶数である，したがってすでにユークリッドにさえ知られていたものであることに注意しよう．もし**奇数**の完全数が存在すれば，それは 10^{300} より大きくなければならず，また少なくとも 8 個の素因数を持たねばならないことが知られている．

9. n を正の整数とし，$S(n)$ を 1 と n を含む n のすべての因数の和とする．

    (1) r が素数であるのは，$S(r) = r + 1$ のとき，かつそのときに限ることを示せ．

    (2) n が完全数であるのは，$S(n) = 2n$ のとき，かつそのときに限ることを示せ．

    (3) b_1 と b_2 を 2 つの互いに素な正の整数とする．d が $b_1 b_2$ の因数であるのは，$d = d_1 d_2$ のとき，かつそのときに限ることを示せ．ただし，$d_1 = \gcd(d, b_1)$ および $d_2 = \gcd(d, b_2)$ である．

    (4) (3) を使い b_1 と b_2 が互いに素のとき，$S(b_1 b_2) = S(b_1) S(b_2)$ であることを示せ．

10. n が偶数の完全数なら, $n = 2^s t$ の形に書けることを示せ. ただし, $s \geq 1$ および t は奇数である.

   (1) 式 $S(n) = 2n$ において n を $2^s t$ で置き換え, 問題 9(4) を使い 2^{s+1} は $S(t)$ を割り切らねばならないことを示せ.

   (2) (1)から, ある正の整数 q に対し $S(t) = 2^{s+1} q$ となる. $t = (2^{s+1} - 1)q$ を示せ.

   (3) 背理法で $q = 1$ を証明したい. $q > 1$ とする. (2)から t は少なくとも 3 つの異なる因数, すなわち $1, q, t$ を持つ. ゆえに $S(t) \geq 1 + q + t$ である. $S(t) = 2^{s+1} q = t + q$ を示し, 期待する矛盾を見出せ.

   (4) (3)から $q = 1$ となる. これを前の式に代入して, $t = 2^{s+1} - 1$ および $S(t) = 2^{s+1}$ を得る. こうして $S(t) = t + 1$ であり, よって問題 9(1) から t は素数であることが導かれる.

   これをすべて一緒にして $n = 2^s(2^{s+1} - 1)$ を示せ. ここで 2 番目の因数は素数となる.

11. n を正の整数とする. $d(n)$ で n の正の約数の個数を表す. 数 n はすべての $m < n$ に対し $d(m) < d(n)$ のとき**非常に合成的**といわれる. 入力が正の整数 r のとき, r より小さいすべての非常に合成的な数を見出すプログラムを書け. そのプログラムを使い 5000 より小さいすべての非常に合成的な数を列挙せよ. そのリストの数の素因数分解を調べることにより, これらの数の素因数についてなにが導かれるだろうか. 非常に合成的な数は, 有名なインド人数学者スリニヴァサ・ラマヌジャンによって導入され研究された. Ramanujan 1927, p. 78 を参照していただきたい.

12. フェルマーの素因数分解アルゴリズムを実装するプログラムを書け. プログラムは入力として 2^{32} より小さい任意の正の整数をとり, その因数のうちの 2 つ, あるいはその数は素数である旨のメッセージを出力するものである. フェルマーのアルゴリズムは入力が偶数なら適切に機能しないから, それを最初に検査しなければならないことを忘れないように. これが第 11 章の問題 8 で終わる一連の問題の最初のものとなる.

第3章 素数

　最初の2つの章で整数のいくつかの基本的性質—それなくして多くを証明しえなかった—，および2つの基本アルゴリズム—それなくして多くを計算しえなかった—を学んだ．本章の主題はしかしながら，我々の究極の目標である RSA 暗号系に，もっとはっきりと関係したものである．実際 RSA を安全に実装するために，大きな素数を各利用者に対し2つずつ選ぶことができなくてはならない．これは本章で初めて述べる問題である．まず多項式型，指数型および素数階乗型の公式から得られる素数を考える．素数階乗公式の詳しい検討の重要な帰結として，無限に多くの素数が存在することの証明が導かれる．この章は**エラトステネスのふるい**の議論で終わる．これは素数を見つける最も古くから知られた方法で，すべての現代的ふるいの祖父でもある．

1 多項式公式

　"素数を導く公式"とはどんなものであるべきかについての，ほとんどの人のアイディアは次の定義に言い換えられる．関数 $f : \mathbb{N} \to \mathbb{N}$ は，すべての $m \in \mathbb{Z}$ に対し $f(m)$ が素数であるなら，**素数を導く公式**であるという．本章でみるように，これは実は余りにも壮大な望みである．"素数を導く公式"の代わりに，多くの場合素数を与える公式を探すことになる．考えうる最も簡単な公式は多項式型であるから，素数を導く多項式公式はあるか，と問うことから始めてみよう．

第3章 素数

x	$f(x)$	素数？
1	2	yes
2	5	yes
3	10	no
4	17	yes
5	26	no
6	37	yes
7	50	no
8	65	no
9	82	no
10	101	yes

上の定義から整数係数 $a_n, a_{n-1}, \ldots, a_1, a_0$ の多項式

$$f(x) = a_n x^n + a_{n-1} x^{n-1} + \cdots + a_1 x + a_0$$

は，すべての正の整数 m に対し $f(m)$ が素数ならば，**素数を導く公式**を生ずる．多項式 $f(x) = x^2 + 1$ で実験してみよう．手初めにいくつかの正の整数値の x に対し $f(x)$ を計算しよう．結果は上の表に記録されている．

x が奇数なら $f(x)$ は偶数であることに注意しよう．したがって，奇数値の x に対して $f(x)$ は常に偶数であり合成数である．ただし，$f(1) = 2$ であるから $x = 1$ のときを除外する．ゆえに $x > 1$ で $f(x)$ が素数とすれば，x は偶数でなければならない．しかしながら，すべての偶数 x に対し $f(x)$ が素数であったとしたら，多項式 $f(2x)$ は素数を導く公式といえるだろう．残念ながらこれも正しくない．たとえば $f(8) = 65$ は合成数である．こういうわけで，多項式 $f(x) = x^2 + 1$ は，上に定義した意味では素数を導く公式ではない．もちろんこれは一例にしか過ぎず，単に多項式の選択で運が悪かっただけかもしれない．残念ながら次の結果はそうではないことを示している．

定理 整数係数の多項式 $f(x)$ が与えられるとき，無限に多くの正の整数 m に対して $f(m)$ は合成数である．

1 多項式公式 **65**

　2 次多項式についてのみ定理を証明する．一般の場合は同様に扱えるが，違いは公式がさらに複雑になり，理解しようとするうちに鍵となるアイディアを容易に見失いかねないことである．

　$f(x) = ax^2 + bx + c$ を係数 a, b, c が整数の多項式とする．$a > 0$ と仮定して良い．これは x の十分大きな値に対し $f(x)$ が常に正であることを意味する．すべての正の整数 x に対し $f(x)$ が合成数なら，証明することは何もない．これはたとえば $f(x) = 4x$ のときのように，実際起こりうる．こうして $f(m)$ が素数 p である正の整数 m が存在するとして良い．

　h を任意の正の整数とする．$f(m+hp)$ を計算する．$m+hp$ はどこからきたのかと疑問に思うのはもっともなことである．この疑問の最良の答えは次のような計算で得られるであろう．

$$f(m+hp) = a(m+hp)^2 + b(m+hp) + c$$

を見つけたい．平方を展開し p を含む項を集めて，

$$f(m+hp) = (am^2 + bm + c) + p(2amh + aph^2 + bh)$$

を得る．最初の括弧内の式は $f(m)$ に等しいことに注意しよう．しかし $f(m) = p$ であるから

$$f(m+hp) = p(1 + 2amh + aph^2 + bh) \tag{1.1}$$

である．

　式(1.1)を見れば，$f(m+hp)$ は合成数であると結論したくなるかもしれない．というのは，それは p のある整数倍に等しいから．もちろんこれによって証明は終わりになる．残念ながらこの議論には穴がある．$f(m+hp)$ が合成数であるためには，式(1.1)の右辺の括弧内の式は 1 に等しくあってはならない．こうして次のような h の値を見出さねばならない．

$$1 + 2amh + aph^2 + bh > 1$$

しかしこの不等式は

$$2amh + aph^2 + bh > 0$$

と同値である．h は仮定により正であるからこの不等式は，

$$2am + aph + b > 0 \quad \text{すなわち}, \quad h > \frac{-b - 2am}{ap}$$

のときに限り成り立つ．$-b-2am$ は正の数になりうることに注意しよう．これは b が負で $-2am$ より小さければ起こりうる．

何を証明したことになるのだろうか．$f(x) = ax^2 + bx + c$ が整数係数（で $a > 0$）の多項式であり，かつ $f(m) = p$ が素数なら，$h > (-b-2am)/ap$ のとき，必ず $f(m+hp)$ は合成数であることを示した．特に，$f(x)$ が合成数であるような正の整数 x が無限に多く存在する．

既に述べたように，任意に与えられた次数の多項式に対して類似の証明ができる．もちろん $f(m+ph)$ の計算はあまり簡潔ではないが，主な面倒事は h の下界である．上では 2 次多項式であったから，下界は 1 次不等式を解けばよかった．これは容易にできる．一般に，n 次多項式で始めれば h の下界は，$n-1$ 次の多項式を含む不等式から導けることになる．問題 1 で 3 次多項式の場合を考えて，このことを例示する．多項式が 3 より高次であれば，h の下界は簡単な式ではない．こうしてこの場合には，たとえ陽な形で公式を書き下せなくともそのような限界が存在することを示すことで満足しよう．これには多少の初等微分積分学が必要になる．詳細は Ribenboim 1990, 第 3 章 II 節に見出せる．

先の定理は我々の最初の疑問が，否定的解答を有することを意味する．しかしながら 1 変数の多項式だけを考慮したのであった．驚くべきことに，そのすべての正の値が素数であるような多変数多項式が存在する．障害はこれらが多くの不定元の多項式であるので，素数を見出すために使うのは余り実用的でないことである．いくつかの例については Ribenboim 1990, 第 3 章 III 節を参照していただきたい．

2　指数公式：メルセンヌ数

歴史的に重要な 2 つの指数公式がある．両方とも 17 および 18 世紀の数学者，特にフェルマーとオイラーによって研究された．公式は

$$M(n) = 2^n - 1 \quad \text{および} \quad F(n) = 2^{2^n} + 1$$

で, n は非負の整数である. 最初の形の数は**メルセンヌ数**と呼ばれ, 第2の ものは**フェルマー数**と呼ばれる.

メルセンヌ数がいつ素数になるかを決定する問題は, 古代ギリシャの数学者にまで遡る. ピタゴラス神秘派では, 数はその正の因数の和の半分に等しいなら, **完全**と呼ばれた. たとえば6の因数は1, 2, 3, 6である. これらを加えると

$$1+2+3+6=12=2\cdot 6$$

を得る. ゆえに6は完全数である. もちろん素数は決して完全ではない. 実際 p が素数なら, その約数は1と p であり, $p>1$ であるから $1+p<2p$ である.

ユークリッドは 2^n-1 が素数のとき, $2^{n-1}(2^n-1)$ は完全であることを知っていた. すべての**偶数**の完全数はこの形であることを示すのは難しくないが, このことはようやく18世紀にオイラーによって証明された. これらの結果の証明は第2章の問題8, 9, 10に見出せる. ユークリッドの公式によって偶数の完全数を見出す問題は, メルセンヌ素数を見出す問題に帰着する.

闇に隠れたピタゴラス神秘主義に関連したことなので, 完全数を見つける問題は20世紀末に住むものには完全に無関係に見える. しかしながら, この問題が2500年にもわたり続き, 今なお満足できる解決をみていないという事実が残っている. たとえば完全数が偶数でなければならないのか知られていないが, 今日まで奇数の完全数はだれも見つけていない. もちろん非常に古い問題を解くことは, 数を愛する者には非常に魅力的な挑戦である. その上問題が非常に難しいという事実は, 整数の深い性質に関連していることを意味しているかもしれない. このことは数学者の観点からすればさらに重要なものとなるであろう.

序章に述べたように, マラン・メルセンヌは17世紀の僧侶でアマチュア数学者であった. 2^n-1 の形の数がメルセンヌ数と呼ばれるのは, これが

$$n=2,3,5,7,13,17,19,31,67,127,257$$

のとき素数で, 257より小さい他の44個すべての正の素数に対しては合成数であるというメルセンヌの有名な主張によっている.

まず注意すべきは, メルセンヌは指数が素数のときのみを考えたことであ

る．実際 n が合成数なら $M(n)$ もそうである．なぜなら $n = rs$，ただし $1 < r, s < n$ とすれば，

$$M(n) = 2^n - 1 = 2^{rs} - 1 = (2^r - 1)(2^{r(s-1)} + 2^{r(s-2)} + \cdots + 2^r + 1)$$

である．ゆえに r が n を割り切れば $M(r)$ は $M(n)$ を割り切る．次に覚えるべきは，逆は偽ということである．言い換えると，n が素数のとき $M(n)$ は必ずしも素数とはかぎらない．メルセンヌのリストから $M(11)$ は合成数であることがわかり，

$$M(11) = 2047 = 23 \cdot 89$$

が容易に確かめられる．

当時はよくあったことだが，メルセンヌは彼の言明の証明を用意しなかった．1732 年オイラーは $M(41)$ と $M(47)$ は素数であると主張した．これらの数はメルセンヌのリストにはなかったが，この場合間違ったのはオイラーだったのである！ このリストの誤りを初めて見つけたのは，1886 年ペルビシンとセールホフである．彼らは $M(61)$ はリストにはないが，素数であることを発見した．後年他の誤りが見つかった．リストは $M(61)$ 以外に素数 $M(89)$ と $M(107)$ を見逃し，合成数 $M(67)$ と $M(257)$ を含んでいることが，今日わかっている．

フェルマーがあるメルセンヌ数が素数であることを示したいと思ったとき，第 9 章 1 節で述べる方法を使って因数を探索した．今日でははるかに効率の良い**リュカ-レーマーの判定法**を使うが，これは第 9 章 4 節で学ぶ．この判定法を使って，1998 年 1 月メルセンヌ数 $M(3{,}021{,}377)$ が素数であることが示された．それは 1,819,050 桁であり，本書執筆の時点で知られる最大の素数である．

3　指数公式：フェルマー数

フェルマー数の歴史はメルセンヌ数の歴史に非常に似ている．フェルマーは，$2^m + 1$ が素数なら m は 2 のべきでなければならないことを知っていた．であるから素数を見つけることに興味があるのなら，$2^{2^n} + 1$ の形の数を見るだけで良い．もう一人のアマチュア数学者シュヴァリエ・フレニクルに宛て

た 1640 年の手紙の中で，フェルマーは $n = 0, 1, \ldots, 6$ に対して $2^{2^n} + 1$ を計算している．

3; 5; 17; 257; 65,537; 4,294,967,297; 18,446,744,073,709,551,617

である．そのとき彼は，$2^{2^n} + 1$ の形のすべての数は素数であると予想した．奇妙なことに，フェルマーはメルセンヌ数に対して用いたのと類似の方法で，これらの数を素因数分解しようとはしなかったらしい．もしそうしていれば $F(5)$ が合成数であることを発見したであろう．それは実質的に百年後にオイラーによってなされた．オイラーの方法は第 9 章 2 節で学ぶ．

フレニクルがフェルマーの誤りを特定しなかったことも興味深い．結局彼もまたメルセンヌ数を素因数分解する試みに忙しかったのである．彼は決してフェルマーほどの影響力のある数学者ではなかったが，互いの文通の調子は，彼がフェルマーの仕事の誤りを見つけたとしたらたいそう喜んだであろうことを覗わせる．驚くべきことにこの予想が真実らしいということについて，フェルマーと意見が一致したらしい．

メルセンヌ数は大きな素数をたくさん生成することがわかっているが，それとは違いフェルマー素数は僅かしか知られていない．実際フェルマー数の中で知られている素数は，$F(0), \ldots, F(4)$ だけであり，これはフェルマー自身も知っていた．もちろん n の "大きな" 値に対してフェルマー数を計算するのは非常に難しい．なんと言っても，これらの数を記述する式は 2 重指数，すなわち指数の指数である．

前の 2 つの節では，指数公式で記述される最も有名な数の歴史を少し調べてみた．述べた結果の証明は第 9 章まで待たなければならない．いまのところはメルセンヌ数が非常に大きな素数を生成する良い源であるということを知っただけで満足しよう．

しかしながら，メルセンヌ数の因数を見つけるフェルマーの方法は，簡単に説明ができ，証明もそれほど難しくないことを指摘しておくべきであろう．フェルマー自身の好みに合った初等的証明は，いくつかの巧妙な恒等式を要するだけである．Bressoud 1989, 第 3 章を参照していただきたい．そうではあるが，フェルマーの方法を学ぶことを第 9 章まで延ばそう．それまでに群論の基本概念と定理を掌中に収め，そのことによってフェルマーの方法のよ

り短くもっと見通しのきく証明が得られる．また加えて，同じアイディアを多くの他の応用にも使うことができるという余禄もある．1つの応用はフェルマー数の因数を見出すためのオイラーの方法である．

　数学における進歩の基本原理の1つは，重要な特殊問題が，一般的方法と抽象理論が発達し以前はほとんど共通点がないと考えられた結果の間の類似性が前面に現れて初めて解かれることがしばしばある，ということである．こうした類似性が今度は，新しい方法の思いもしない応用を指し示すことがしばしばある．よりよく理解し，そしてさらに先へと到達するために，一般化する理由がそこにある．

4　素数階乗型公式

　整数 $n>0$ の階乗とは n 以下のすべての正の数の積である．同じように素数 $p>0$ の**素数階乗**($primorial$) $p^\sharp$ を，p 以下のすべての素数の積と定義する．たとえば $2^\sharp=2$，また $5^\sharp=2\cdot3\cdot5=30$ である．p が q のすぐ後に来る素数なら，

$$p^\sharp = q^\sharp p$$

$p^\sharp+1$ の形の数を考察したい．なぜかを理解するため下の表を見よう．

p	$p^\sharp$	$p^\sharp+1$
2	2	3
3	6	7
5	30	31
7	210	211
11	2310	2311

　表の3番目の欄の数はすべて素数である！　これは単に偶然の一致であろうか．もしこの疑問が $p^\sharp+1$ の形の数がすべて素数ではないかという望みを示唆しているのなら，表を11で止めたのには訳があったと知るべきである．実際

$$13^\sharp + 1 = 30{,}031 = 59 \cdot 509$$

は合成数である．

しかし $p^\sharp+1$ が必ず素数であるわけではないにせよ，p 以下の因数を持たないことは示せる．証明には背理法を使う．$p^\sharp+1$ が素因数 $q\leq p$ を持つとする．$p^\sharp$ は p 以下のすべての正の素数の積であるから，q もまた $p^\sharp$ を割り切ることになる．こうして q は

$$(p^\sharp+1)-p^\sharp=1$$

を割り切る．ゆえに $q=1$ となるが，これは q が素数であるという事実と矛盾する．$p^\sharp+1$ の最小の因数は p より大きくなければならないと結論できる．

このことは大きな素数を見出すための次のアルゴリズムを示唆するであろう．p までのすべての素数を知っているとする．$p^\sharp+1$ を計算する．それが素数ならこれで終わり．素数でないなら，その最小の素因数を見つける．これは p より大きくなければならない．どちらにせよ，p より大きな素数を見つけたことになる．これはいくつかの理由で悪いアプローチである．最も明らかな理由の1つは，$p^\sharp+1$ を素因数分解する必要があることである．割合小さい p の値に対してさえ，素数階乗 $p^\sharp$ は巨大な数である．

他方幸運にも $p^\sharp+1$ 自身素数なら，問題はより近づきやすい．この形の素数は**素数階乗型素数**と呼ばれる．もちろん素数判定への素朴なアプローチは，数の真の因数を組織的に見出そうと試みることによって進行する．第2章3節で見たように，このアルゴリズムは非常に効率が悪い．$p^\sharp+1$ の形の数に非常に都合の良い素数判定のアルゴリズムを第10章で学ぶ．このことにもかかわらず，たった16個の素数階乗型素数が見つかっているだけである．その最大のものは $p=24{,}027$ に対応し，10,387桁を有する．こうして素数階乗型公式は大きな素数を見出すための非常に効率よい方法とはいえない．しかし幸いその使い道はそれだけではない．

5 素数が無限にあること

素数階乗型公式についてこれほど詳細に調べた本当の理由は，次の基本的な結果の非常に速い証明を与えることを可能にすることである．

定理 無限に多くの素数がある．

第3章 素数

ここに述べる証明はユークリッドの『原論』に巻 IX の命題 20 として見出すことができる．背理法で進める．仮に有限個の素数しかないとしよう．これは最大の素数が存在することを意味する．それを p と呼ぼう．言い換えると，p より大きい数はすべて合成数であると仮定している．しかしながら前の節で見たように，数 $p^\sharp+1$ は p 以下の素因数を持つことはできない．これら 2 つの言明を一緒にすれば，$p^\sharp+1$ は素因数を持たないことになる．しかしこれは一意素因数分解定理と矛盾する．こうして無限に多くの素数があることになる．

素数が無限に存在することの証明は他にもたくさん見つかっている．1737 年のオイラーの証明は非常に特殊な場合である．それは後の発展を生み出す種となった．ここでそのスケッチをしてみよう．ユークリッドの証明と同じく，これもまた背理法による証明である．そこで有限個の素数しかないものと仮定し，p をそれらの最大のものとする．次のような積

$$P = \left(\frac{1}{1-1/2}\right)\left(\frac{1}{1-1/3}\right)\left(\frac{1}{1-1/5}\right)\cdots\left(\frac{1}{1-1/p}\right)$$

を考える．この式は各素数に対して 1 つの項を持つ．もちろんこの積はある正の実数に等しい．さらにこの積の項を注意深く掛け算すると，

$$P = 1 + \frac{1}{2} + \frac{1}{3} + \frac{1}{4} + \frac{1}{5} + \frac{1}{6} + \ldots \tag{5.1}$$

であることを示すことができる．この式は正の整数のそれぞれに対応した項を加えていったものである．これは一意素因数分解定理から出るが，無限級数の乗算に依存するから，この等式の証明は省略する．Hardy 1963, 202 節を参照していただきたい．無限に多くの数を加えているとしても，その和は有限の数であり得る．たとえば無限和 $1 + 1/2 + 1/2^2 + 1/2^3 + 1/2^4 + \ldots$ は 2 に等しい．しかし P に対応する和が，いかなる実数にも等しくはなりえないことを見るのは難しくない．まず

$$\frac{1}{3} + \frac{1}{4} \geq 2 \cdot \frac{1}{4} = \frac{1}{2}$$

$$\frac{1}{5} + \frac{1}{6} + \frac{1}{7} + \frac{1}{8} \geq 4 \cdot \frac{1}{8} = \frac{1}{2}$$

$$\cdots$$

B. リーマン(1826〜1866).

$$\frac{1}{2^{n-1}+1} + \cdots + \frac{1}{2^n} \geq 2^{n-1}\frac{1}{2^n} = \frac{1}{2}$$

に注意する.したがって任意に与えられた整数 $n > 0$ に対しても,

$$P > \frac{1}{2} + \frac{1}{3} + \frac{1}{4} + \frac{1}{5} + \frac{1}{6} + \cdots + \frac{1}{2^n} \geq n \cdot \frac{1}{2} = \frac{n}{2}$$

である.こうして P は任意に与えられた数より大きく,実数ではあり得ない.この矛盾は無限に多くの素数がなければならないことを示している.さらに詳しくは Ingham 1932, 定理 1, p. 10, あるいは Hardy and Wright 1994, 第 XXII 章 22.1 節を参照していただきたい.

もちろん素数が有限個しかないとしたら,人生はもっと単純で,世はもっと面白みのない場所になろう.素数が無限にあるという事実は,多くの興味深い問題を提起する.たとえばその分布はどのようであろうか.数をどんどん大きくしていくと,素数の "密度" は増えるのか減るのか.この "密度" を測る方法はあるのか.この問題を述べる最良の方法は π 関数を使うことである.x を正の実数とし,$\pi(x)$ で x 以下の正の素数の個数を表そう.数論の重要な問題の 1 つは $\pi(x)$ の良い評価を見出すことである.

数学者に素数の分布のことをいえば,すぐにリーマンの名を耳にすることになろう.素数が無限にあることのオイラーの証明が放ったアイディアを基礎にして,B. リーマンは $\pi(x)$ および関連する問題についての独創的で将来

の発展の芽を含む研究を論述した．この論文は 1859 年に出版され，その多くは証明なしで述べられているものの，多くの興味深く魅力的な結果を含んでいる．残念なことにリーマンは，彼の証明の詳細を仕上げる時間を持たないまま 7 年後結核で逝ってしまった．この研究は何人かの数学者，中でも J. アダマールなどによって遂行された．

リーマンが残した穴を埋めるアダマールの努力の成果の 1 つは，有名な**素数定理**の証明であった．この定理は

$$\lim_{x\to\infty} \frac{\pi(x)\log x}{x} = 1$$

が成り立つというものである．ここで $\log x$ は e を底とする x の対数である．この結果はリーマンの論文よりさらに古く，もともとガウスによって予想されていた．それは 1896 年，J. アダマールおよび C. J. ド・ラ・ヴァレ・プーサンによって独立に証明された．

粗っぽく言えば，素数定理によれば x が非常に大きければ，$\pi(x)$ は近似的に $x/\log(x)$ に等しくなる．しかし近似が良いのは，x が本当に大きいときに限る．たとえば，$x = 10^{16}$ のとき

$$\pi(x) - \left[\frac{x}{\log x}\right] = 7{,}804{,}289{,}844{,}393$$

で，これは 10^{13} 程度である．この場合 $x/\log x$ は 10^{14} 程度であるから，極めて大きな誤差になる．x が大きいとき $\pi(x)$ の良い近似を与える簡単な関数がほかにもたくさんある．そのうちの 1 つを問題 11 で実験的に調べる．素数の分布の詳細な議論については，Hardy and Wright 1994, 第 XXII 章，および Ingham 1932 を参照していただきたい．素数定理の歴史に関しては，Bateman and Diamon 1996 を参照していただきたい．

6　エラトステネスのふるい

エラトステネスのふるいは，素数を見出す最も古くから知られた方法である．前の節で議論した方法と違いどんな特殊な公式も使わない．エラトステネスは紀元前 284 年頃生まれたギリシャの数学者である．彼は種々の分野の知識が豊富であったが，同時代人はどの分野においても彼が真に傑出した位

置に達したとは信じなかった．そこで彼に"ベータ"(ギリシャアルファベットの第2文字)と"五種競技選手"のあだ名をつけた．研究が2300年間も生き残った数学者がこうした名前で知られるということは，古代ギリシャの数学の偉大さの良い指標である．

ゲラサのニコマコスは紀元100年頃出版された『数論』の中で，エラトステネスのふるいを次のように紹介している．

> これら [素数] を得る方法はエラトステネスによってふるいと呼ばれる．なぜなら，区別のつかない奇数をまるでふるいにかけたように，この方法を使って第1種である分割できない数と第2種である合成数とに分けることができるからである．

ふるいについてのニコマコスからのさらに長い引用については，Thomas 1991, p. 101 を参照していただきたい．このように正の整数のリストに適用すると，合成数は通り抜けるが素数は保持されるので，ふるいと呼ばれるのである．それがどのように機能するのか見よう．

まずふるいの目的は，上界 $n > 0$ よりも小さなすべての正の素数を決めることである．ここで $n > 0$ は整数と仮定する．紙と鉛筆でふるいを実行するには，次のようにする．第1に3と n の間のすべての奇数のリストを書く．偶数を除外する理由は，偶数の素数は2だけだからである．

さてリストをふるい始める．リストの最初の数は3である．リストの次の数(5である)から始めて，3つごとの数をリストからすべて消し去る．これが終わると，リストにある3自身より大きい3の倍数をすべて消し去ったことになる．

こんどはリストの中の消し去ってない3より大きい最小の数を選ぶ．それは5であり，その隣の数は7である．そこで7から始めて5つごとの数をリストから消し去る．このようにして5の倍数すべてが消し去られる．この手続きを実行し続け，n に達したら停止する．リストから p ごとの数を消し去ろうとしているときは，たとえ $p+2$ がふるいの前回のループですでに消し去られているとしても，必ず $p+2$ から数え始めることに注意しよう．

たとえば $n = 41$ のとき，奇数のリストは次の通りである．

$$3 \quad 5 \quad 7 \quad 9 \quad 11 \quad 13 \quad 15 \quad 17 \quad 19 \quad 21$$
$$23 \quad 25 \quad 27 \quad 29 \quad 31 \quad 33 \quad 35 \quad 37 \quad 39 \quad 41$$

5から始めて3つごとの数を消し去ると

$$3 \quad 5 \quad 7 \quad \cancel{9} \quad 11 \quad 13 \quad \cancel{15} \quad 17 \quad 19 \quad \cancel{21}$$
$$23 \quad 25 \quad \cancel{27} \quad 29 \quad 31 \quad \cancel{33} \quad 35 \quad 37 \quad \cancel{39} \quad 41$$

となる. 7から始めて5つごとの数をすべて消し去ると

$$3 \quad 5 \quad 7 \quad \cancel{9} \quad 11 \quad 13 \quad \cancel{15} \quad 17 \quad 19 \quad \cancel{21}$$
$$23 \quad \cancel{25} \quad \cancel{27} \quad 29 \quad 31 \quad \cancel{33} \quad \cancel{35} \quad 37 \quad \cancel{39} \quad 41$$

を得る. ここで9から始めて7つごとの数をすべて消し去らなければならないところであるが, それをしても新たに消し去られる数はない. 次に13から始めて11個ごとの数をすべて消し去らなければならないところであるが, やはりリストになんらの変化をも与えない. 実際, これ以降ふるいにかけてもリストに残った数で消し去られるものはない. こうして41より小さい正の奇素数は

$$3 \quad 5 \quad 7 \quad 11 \quad 13 \quad 17 \quad 19 \quad 23 \quad 29 \quad 31 \quad 37 \quad 41$$

である.

　この例でいくつか注意すべきことがある. まず上限 n (この例では41) までふるいを続けるべきであるといったが5の倍数をふるいにかけたときまでに, すでにすべての合成数を除いてしまっている. その後にしたふるいはすべて無駄であった. 第2にいくつかの数は一度ならず消し去られている. たとえば15がそうである. 最初3の倍数をふるったとき消し去った. しかしそれはまた5の倍数でもあるから, 5の倍数をふるったとき再び消し去られたのである.

　この2つの注釈に光をあてて, ふるいの効率を改善するために何ができるかを見よう. まずは上の2番目の注釈から考えよう. すなわちどの数もただ一度だけ消し去るように調整できるであろうか. 残念ながらそうする効率の良い方法はないというのが答えである. しかしながら, 少しは改善できる.

　素数 p の倍数をふるおうとしているとしよう. ふるいのこれまでの記述に従えば, リストの中で p の次の数である $p+2$ に始まる p 個ごとの数を消し

去るべきである．簡単な改善法は消去を $p+2$ からではなく，p より小さい**素数の倍数**ではない p の最小の倍数から始めることである．この数を見出そう．p の正の倍数は，k を正の整数として kp の形の数である．$k<p$ なら，kp はまた p より小さい数すなわち k の倍数である．であるから，p より小さい素数の倍数でない最初の p の倍数は p^2 である．そこで p^2 で始まる p 個ごとの数を消し去れば十分である．しかしながらこの改善の後でも一度ならず消し去られる数がある，という事実に注意を向けなければならない．

他に注意すべきことは，n に行きつく前にふるいをやめることができるか，ということである．今度は答は肯定的で，今行なったことから導ける．たとえばいま p 個ごとの数を消し去ろうとしているものとする．ちょうど見たように，消し去らなければならない最初の数は p^2 である．しかしながら $p^2>n$ なら，この数はリストの外にあるから忘れてよい．こうして $p\le\sqrt{n}$ であるような p についてのみ p 個ごとの数を消し去れば良い．p は整数であるから，これは $p\le[\sqrt{n}]$ と同値である．上の例では $[\sqrt{41}]=6$ である．これが 3 と 5 の倍数に対するふるいだけで，リストのすべての合成数を捕らえるに十分であったことの理由の説明である．

ここで計算機の中でふるいをどのようにプログラムするかを検討しなければならない．奇数のリストはベクトル（あるいは配列）で表現される．ベクトルのすべての要素には 2 個の数が関連していることを思い出そう．そのうちの 1 つの数は要素の値である．もう 1 つの数はこの要素のベクトル内での位置を示す．この後者の数は位置を示す添え字である．たとえばベクトル

$$(\quad a\quad b\quad c\quad d\quad e\quad f\quad g\quad)$$
$$\uparrow$$

においては，矢印をつけた要素の値は b であり，それはベクトルの 2 番目の要素であるからその添え字は 2 である．

エラトステネスのふるいに戻ろう．正の奇数 n より小さいすべての素数を見出したいとする．まず要素が 3 と n の間にある計 $(n-1)/2$ 個の奇数のそれぞれに対応するようなベクトルを構成しなければならない．こうして添え字 j の要素は奇数 $2j+1$ に対応する．要素は 1 あるいは 0 のうちの 1 つの値をとるものとしよう．要素の値が 0 なら，それが表す奇数はふるいの過程の

ある前段階で消し去られている．したがってふるいを始めるときには，各要素は 1 に初期化される．まだどの数も消去されていないからである．数 $2j+1$ を"消し去る"ことは，ベクトルの第 j 要素のもとの値である 1 を，0 で置き換えることに対応する．もちろんこの要素はふるいの以前のループで消し去られてしまったかもしれない．その場合その値はすでに 0 であり，後のループを実行するときに値が変化することはない．

さて上で述べたエラトステネスのふるいのアルゴリズムの精密版をあたえよう．この精密版は前に議論した改良を両方とも含む．したがって p^2 から始まる p 個ごとの数が消し去られ，$p > \sqrt{n}$ のときアルゴリズムは停止する．

エラトステネスのふるい

入力：正の奇数 n.
出力：n 以下のすべての正の奇素数のリスト．

Step 1 $(n-1)/2$ 個の要素のベクトル **v** を作ることから始める．ベクトルの各要素を 1 に初期化し $P = 3$ とする．
Step 2 $P^2 > n$ ならベクトル **v** の第 j 要素が 1 となる数 $2j+1$ のリストを書き，停止する．そうでないなら Step 3 へ行く．
Step 3 ベクトル **v** の添え字が $(P-1)/2$ の要素が 0 なら，P を 2 だけ増し，Step 2 へ戻る．そうでないなら Step 4 へ行く．
Step 4 新しい変数 T に値 P^2 を与える．ベクトル **v** の添え字が $(T-1)/2$ の要素の値を 0 で置き換え，T を $2P$ だけ増す．$T > n$ となるまでこれら 2 つのステップを繰り返し，それから P を 2 だけ増し，Step 2 へ戻る．

最後のステップで T を P だけ増やすことを予期したかもしれないが，その代わり $2P$ だけ増やしたことに注意しよう．そうしたのは，ベクトル **v** は奇数のリストを表すから T と P はともに奇数であるからである．こうして P 個ごとの数を消去しているとすれば，T の後で消し去る数は $T + 2P$ である．

手続きの簡単な変更によってアルゴリズムを高速化できることに思い当たったかもしれない．ベクトル内の不要な合成数を除去してきた方法は，その位

置に 1 の代わりに 0 で印をつけることからなっている．しかし実際には合成数は要らないのであるから，それを単にベクトルから除外できないであろうか．残念ながらそれはできない．それが難しいのは，ベクトル v の要素の値が p の倍数であるとわかる方法は，その位置に依存しているからである．言い換えると，p の倍数はベクトル内の p ごとの位置に存在する．リストからいくつか数を除くと，そのことはもはや成り立たなくなり，記述したアルゴリズムは機能しなくなる．

すべてのアルゴリズムと同様，エラトステネスのふるいには限界がある．たとえば非常に大きな素数を探すための効率的方法ではない．しかしながら，アルゴリズムの目的が，ある上界より小さい**すべて**の**素数**を見出すことであることを思いだしていただきたい．この上界が大きすぎると明らかに実用的ではない．

アルゴリズムの目的によって引きおこされる制限における 2 つの弱点に注意しよう．ふるいは大きな記憶空間を必要とすること，および非常に多くのループを実行しなければならないことである．肯定的側面としては，除算を全く計算しなくてよいこと，および非常に簡単にプログラムできることである．

7 練習問題

1. a, b, c, d を整数，ただし $a > 0$ とする．3 次多項式 $f(x) = ax^3 + bx^2 + cx + d$ を考える．$f(m) = p > 0$ が素数になる正の整数 m が存在するとする．$f(m + hp)$ が合成数であるような，h の正の整数値を見出せ．

2. 第 2 章 2 節の試行除算アルゴリズムを使い，$p^\# + 1$ のすべての素因数を見出せ．

    (1) $p = 17$
    (2) $p = 13$

    奇素数は $4n + 1$ の形か $4n + 3$ の形である．言い換えると，奇素数を 4 で割るときのとりうる剰余は 1 あるいは 3 である．たとえば 3, 7, 11, 19 は $4n + 3$ の形であり，一方 5 と 13 は $4n + 1$ の形である．問題 3 から 7 までの目的は，$4n + 3$ の形の素数が無限にあることの証明を与えることである．$4n + 1$ の形の素数が無限にあることもまた真であるが，証明はそれほど初等的ではない．Hardy and Wright 1994, 2.3 節, 定理 13 に証明が見られる．

3. $4n + 1$ の形の 2 つの整数の積は $4n + 1$ の形であることを示せ．

4. すべての奇素数は $4n+1$ の形か $4n+3$ の形であることを示せ．

5. $4n+3$ の形の 2 つの数の積はまた $4n+3$ の形の数であるか．

6. $3 < p_1 < \cdots < p_k$ は $4n+3$ の形の素数であるとする．問題 3 を使って $4(p_1\cdots p_k)+3$ は，集合 $\{3, p_1, \cdots, p_k\}$ に属さない $4n+3$ の形のある素数で割り切れなければならないことを示せ．

7. 前の問題を使い，$4n+3$ の形の素数が無限に多く存在することを示せ．

8. $n > m$ が正の整数なら，$\gcd(F(n), F(m)) = 1$ であることを第 1 章の問題 5 で見た．言い換えると，2 つの異なるフェルマー数は共通因数を持つことができない．この事実を使い，無限に多くの素数があることの別証明を与えよ．

9. $p, p+2, p+4$ がすべて正の素数なら，$p = 3$ であることを示せ．

10. f を 2 次多項式とする．$f(n)$ が素数となるような，100 より小さい n の整数値を見出すためのプログラムを書け．プログラムの入力は，多項式 $f(x) = ax^2 + bx + c$ の係数 a, b, c である．これら係数は整数で，正にも負にもなり得る．プログラムは 100 より小さいすべての非負整数 n に対して，$f(n)$ を計算しそのうちどれが素数であるかを見出す．そうするために，まずエラトステネスのふるいを実行し，$\max\{|f(0)|, |f(100)|\}$ より小さいすべての素数を見出す．$|a|, |b|, |c|$ の大きさに限界を課す必要がある．というのはそうしないと，$f(x)$ が使用している計算機言語が扱い得る整数の範囲外の値になり得ることに注意しよう．次の各多項式に対しプログラムを適用せよ．

   (1) $f(x) = x^2 + 1$
   (2) $f(x) = x^2 - 69x + 1231$
   (3) $f(x) = 2x^2 - 199$
   (4) $f(x) = 8x^2 - 530x + 7681$

   2 番目の多項式は，L. オイラーが 1772 年に出版した有名な例の変形である．

11. $\pi(x)$ すなわち x 以下の素数の個数に対して，近似を与える公式がいくつかあると 5 節で述べた．たとえば素数定理の帰結として，x が大きいとき $x/\log x$ は $\pi(x)$ に近似的に等しい．しかしこの場合，誤差が小さいためには x は実に大きくなければならない．この問題で，x が小さいときより良い近似を与える別の公式を実験的に学ぶ．公式は

$$S(x) = \frac{x}{\log x}\left(1 + \left[\sum_{k=0}^{12} a_k (\log\log x)^k\right]^{-1/4}\right)$$

で，ここに log は底が e の対数を表す．そして

$a_0 = 229{,}168.50747390, \quad a_1 = -429{,}449.7206839, \quad a_2 = 199{,}330.41355048,$

$a_3 = 28{,}226.22049280, \quad a_4 = 0, \quad a_5 = 0, \quad a_6 = -34{,}712.81875914,$

$a_7 = 0, \quad a_8 = 33{,}820.10886195, \quad a_9 = -25{,}379.82656589,$

$a_{10} = 8{,}386.14942934, \quad a_{11} = -1{,}360.44512548, \quad a_{12} = 89.14545378.$

整数 $x > 0$ を入力とし，$\pi(x)$ を計算するプログラムのための基礎として，エラトステネスのふるいを使おう．このプログラムを使い，$x = 11, 100, 1000, 2000, 3000, \ldots, 9000$ および $10{,}000$ に対し，$\pi(x) - S(x)$ を計算せよ．$\pi(x) - x/\log x$ の対応する値と比較せよ．何が結論できるであろうか．

12. 奇素数は $4n+1$ の形か $4n+3$ の形であることを見た．さらに問題 7 から $4n+3$ の形の素数が無限にあることが導かれる．また証明はより難しいが― 問題 3 の前のコメントを見ていただきたい― $4n+1$ の形の素数が無限にあることも真である．この問題の目的は，これら 2 つの型の素数の相対頻度を実験的に学ぶことである．x を正の実数とする．$\pi_1(x)$ を x 以下の $4n+1$ の形の正の素数の個数とする．$\pi_3(x)$ を対応する $4n+3$ の形の素数の個数とする．エラトステネスのふるいに基づいて，入力 x が正の整数のとき $\pi_1(x)$ と $\pi_3(x)$ を計算するプログラムを書け．プログラムを使って，$x = 100k$ と $1 \leq k \leq 10^5$ に対して $\pi_1(x), \pi_3(x), \pi_1(x)/\pi_3(x)$ を計算せよ．$\lim_{x \to \infty} \pi_1(x)/\pi_3(x) = 1$ であることが知られている．得られたデータはこの結果を支持するであろうか．

13. $\pi_1(x) > \pi_3(x)$ となる最小の正の整数 x を決めるように問題 12 のプログラムを直せ．

20 世紀の初頭に利用できた数値データによって，何人かの数学者は x の小さい値を除いて不等式 $\pi_1(x) < \pi_3(x)$ が常に成り立つと結論した．真実は 1914 年 J. E. リトルウッドが

$$\lim_{i \to \infty} (\pi_1(x_i) - \pi_3(x_i)) = \infty \quad \text{および} \quad \lim_{i \to \infty} (\pi_1(y_i) - \pi_3(y_i)) = -\infty$$

であるような正の実数の無限列 $x_1, x_2, \ldots$ および $y_1, y_2, \ldots$ があることを示したとき明らかになった．次の教訓は明らかである．数値データから一般化することは危険である．

第4章 法演算

　これまでの章のアルゴリズムのほとんどは，除算を実行し剰余が0であることを調べて整除性を証明する．今では第9章で学ぶ方法によって，$5 \cdot 2^{23,473}+1$ が $F(23,471)$ の因数であることが示されている．これらの数は非常に大きいから，言明の真偽を調べるだけでも非常に長い時間がかかると考えられる．ここまではこれで良い．しかし $F(23,471)$ は何桁であろうか．対数を使えば容易に示せることであるが，桁数は 10^{7063} より多いのである！というわけで $F(23,471)$ には，見える限りの宇宙にある粒子の数よりも多くの桁数があることになる．いうまでもないが，$5 \cdot 2^{23,473}+1$ が $F(23,471)$ の因数であることを，除算を実行して示すことはできない．ではどうすれば良いのか．

　このジレンマから逃れる道は**法演算**を使うことであり，これがこの章のテーマである．これは整除性の問題を扱う基本技法であるが，第7章で見るように周期現象に関連する計算にもまた有用である．

　法演算の基本的な考えは以前からあったが，最初に系統的に展開されたのはガウスによってであり，それは彼の『ガウス整数論』の冒頭においてであった．Gauss 1986 を参照していただきたい．今日この主題は，通常**同値関係**の観点からアプローチされる．同値関係は1節で詳しく考察する話題である．

1　同値関係

　法演算を導入する最良の方法は，同値関係を使ってである．これらの関係は本書のところどころで重要な役割を果たすから，基本概念を少し詳しく見

ておくことは良い考えである．

X は有限あるいは無限の集合であるとしよう．X における**関係**とは，この集合の元をどのように比較するかを指定する規則である．これはきちんとした定義ではないが，我々の目的には十分適うものである．関係を定義するためには，基礎となる集合が何であるか，言い換えると，どの元を比較しようとしているか，をはっきりさせなければならないことに注意しよう．

例をいくつか見ることにしよう．整数の集合においては，簡単な関係が多数ある．**等号**，**不等号**，より小さい，より小さいか等しいなどである．色のついたボールの集合では**同色関係**がある．後者は非常に具体的なので，おぼえておくと非常に良い例である．ところで，集合内のボールはそれぞれ単色で色つけされており，多色のボールは許されていないと仮定している．

同値関係は非常に特殊な種類の関係である．一般的な設定に立ち戻り，X は関係が定義された集合であるとしよう．この関係を表す記号があれば都合が良い．それを $\sim$ と呼ぼう．さて $\sim$ が**同値関係**であるとは，すべての $x, y, z \in X$ に対し次の性質が成り立つときをいう．

(1) $x \sim x$ である．

(2) $x \sim y$ のとき，$y \sim x$ である．

(3) $x \sim y$ かつ $y \sim z$ のとき，$x \sim z$ である．

最初の性質は**反射律**と呼ばれる．それは同値関係を持つときには必ず元をそれ自身と比較できるといっている．これは整数の等号で成り立つ．すなわち，すべての整数はそれ自身と等しい．しかしこの性質は，関係 $<$ に対しては成り立たない．ゆえに $\mathbb{Z}$ における $<$ は同値関係ではない．

2 番目の性質は**対称律**と呼ばれる．整数の集合において，関係 $<$ は対称的ではない．実際 $2 < 3$ であるが，$3 < 2$ は真ではない．集合 $\mathbb{Z}$ において関係 $\leq$ は反射的であるが，対称的ではないことに注意しよう．

3 番目は**推移律**である．整数の集合において，関係 "等号"，"より小さい"，"より小さいか等しい" の関係はすべて推移的である．しかし整数の不等号は推移的でない．実際 $2 \neq 3$ かつ $3 \neq 2$ ということは，$2 \neq 2$ を意味しない．$\neq$ は対称的であるが，反射的ではないことに注意しよう．

1 同値関係

　これらの性質が偽であるような関係の例を注意深く与えてきた．これがこれらの性質が本当に意味することを理解する唯一の道だからである．概念を自在に扱うことができるのは，(成立および不成立の両方の)例になじむことによってである．同値関係の例にはこと欠かない．整数の等号は，明らかに上の3つの性質をすべて満たすから，同値関係である．色つきボールの集合における "同色" 関係もまた，もう1つの単純で具体的な例である．多角形の集合での例には，"辺数が同じ" や "面積が同じ" といった関係がある．

　同値関係は，与えられた集合における類似の性質を有する元を，部分集合にグループ化することによって分類するために使われる．同値関係によって作られる集合の自然な分割は，**同値類**と呼ばれる．このように X を集合とし，$\sim$ を X において定義される**同値関係**であるとしよう．x を X の元とする．x の**同値類**とは，$\sim$ について x に同値な X のすべての元の部分集合のことである．x の同値類を $\bar{x}$ で表すと，

$$\bar{x} = \{y \in X : y \sim x\}$$

である．簡単な例を示そう．$\mathcal{B}$ を同値関係 "同色" を持つ色つきボールの集合とする．$\mathcal{B}$ における赤いボールの同値類は，$\mathcal{B}$ に含まれるすべての赤いボールの集合である．

　非常に重要なので同値類の**基本原理**と呼ぶ同値類の性質がある．それは**同値類のどの元も類全体の適切な代表である**，というものである．別のいいかたをすると，同値類の1つの元を知れば，直ちに類全体を再構成できる．関係 "同色" を有する色つきボールの集合 $\mathcal{B}$ を考えれば，これは明らかである．紙袋には $\mathcal{B}$ のある同値類の元が含まれている，と教えられたとしよう．集合の1つの元を見たいと言い，それがたとえば青いボールであったとしよう．そうすれば，袋は $\mathcal{B}$ のすべての青いボールの同値類を含んでいる，とすぐに結論する．これほど易しいことはない！

　同値関係 $\sim$ を有する集合 X に戻ろう．基本原理は，y が x の同値類の元であれば，x の同値類と y の同値類は同じである，といっている．言い換えると，

$$x \in X \text{ かつ } y \in \bar{x} \text{ のとき，} \bar{x} = \bar{y}$$

が成り立つ．これを同値関係を定義するために使う性質から直接証明しよう．$y \in \bar{x}$ なら，同値類の定義により $y \sim x$ でなければならない．対称律は $x \sim y$ を含意する．しかし $z \in \bar{x}$ なら，$z \sim x$ でもある．ゆえに推移律により，$z \sim y$ である．こうして $z \in \bar{y}$ となる．これで $\bar{x} \subseteq \bar{y}$ を示した．同様の議論により $\bar{y} \subseteq \bar{x}$ が証明される．ここまでのことはすべて些細なことにこだわっているように見えるだろう．しかし混乱と困惑の源になるから，原理が本当のところ何を意味するか，またこれは同値関係の定義の直接の帰結であることを明確にするため努力を惜しむべきではない．些細なことといえば，対称律が $x \in \bar{x}$ という事実の背後にあることに気づかれたであろうか．

基本原理は同値関係の重要な性質に関連している．前と同じく X を同値関係 $\sim$ を有する集合とする．このとき次が成り立つ．

(1) X は $\sim$ に関する同値類の和集合である．

(2) 異なる2つの同値類は共通元を持つことができない．

最初の性質は，元 x の同値類は x それ自身を含む，というすでに述べた事実から導かれる．2番目の性質を証明するために，$x, y, z \in X$ かつ $z \in \bar{x} \cap \bar{y}$ であるとしよう．$z \in \bar{x}$ であるから，基本原理から $\bar{z} = \bar{x}$ となる．同様に $\bar{z} = \bar{y}$ である．したがって $\bar{x} = \bar{y}$ である．(1)および(2)は集合 X を互いに素な部分集合，すなわち同値類に分割することを許すことに注意しよう．これを X の**分割**という．

同値関係 $\sim$ に関する X の同値類が形成する集合は，$\sim$ による X の**商集合**という特別な名前を持つ．商集合の元は X の部分集合であることに注意しよう．したがって商集合は X の部分集合ではない．これは大きな困惑の源になることもあるので，注意していただきたい．

分数の真の本質がついに明白になる例をもって，この節を締めくくろう．分数は何でできているであろうか．分数を眺めるとき，見えるのは2つの整数であり，その内の1つ(分母)は非零でなければならない．もちろん皆さんはおそらくそれを商と考えるであろう．しかし促されれば，易しい道を選んで分数は実は2番目の整数が非零の整数の対である，というかもしれない．しかしそれは決して正しいことではない．

数学では，2つの対が等しいというのは，第1の元，第2の元がそれぞれ

同じときである．したがって対 $(2,4)$ と $(1,2)$ は等しくない．しかし分数 $2/4$ と $1/2$ は等しい．ゆえにつまるところ，分数は整数の対ではない．

では分数とは何か．それは商集合の元なのである．整数の対 (a,b)，ただし $b \neq 0$，の集合 $\mathcal{Q}$ を考えよう．通常の専門語でいえば，$\mathcal{Q} = \mathbb{Z} \times (\mathbb{Z} \setminus \{0\})$ である．ここで 2 つの対 (a,b) と (a',b') は，$ab' = a'b$ のとき同値であるという．これが同値関係であることは容易に確かめられる．分数とはこの関係に関する $\mathcal{Q}$ の同値類である．ゆえに a/b は対 (a,b) を表すのでなく，(a,b) に同値な $\mathcal{Q}$ のすべての対の無限集合を表すのである．こうして有理数の集合 $\mathbb{Q}$ は，今定義した同値関係による $\mathcal{Q}$ の商集合である．

しばらくはこれまで分数のことを耳にしたことがないと想像してみよう．そうすると頼りになるのは上の記述だけである．分数の計算をしなければならないといわれたら，パニックに陥ってもしかたないと感じるかもしれない．結局，分数は無限集合であると学んだばかりだからである．無限集合を別の無限集合に加えるという考えは，悩ましい限りと思われる．ここが同値類の基本原理が助け船を出してくれる点である．無限集合全体の重荷を背負う必要はない．知らなければならないのは，この集合の 1 つの元だけである．この元は同値類全体について知る必要のあることすべてを教えてくれる．さらにそれは類のどの元でも良いのである．

こうしていつもそうしたように，あたかも $1/2$ が整数の対であるかのように計算してよい．分数が対の同値類であることを思い出すのは，計算の最中に分数を**簡単化**することができると認識するときだけである．そのとき計算がしやすくなるように，同値類の代表元を別の元で置き換えている．

なぜ分数についてこれほど長く寄り道したのだろう？ 次の節で集合 $\mathbb{Z}$ における同値関係を定義する．そしてこの関係の商集合は，本書でまちがいなく基本的な役割を演ずる．分数と同じように，その同値類は無限集合である——そしてそれについて計算しなければならない．しかしもはや心配の種がないことはわかっている．

2 合同関係

前の節の枠組みの中でなじみの 24 時間時計を解析しよう．第 1 に誰かが

"1時"というとき，その時が今日なのか，昨日なのか，明日を意味しているのか誰にもわからない．というわけで"1時"は時における瞬間ではなく，そのような瞬間の同値類である．もっとはっきりさせよう．まず時の連続体を等しい区間に分割し，**時間**と呼ぶ．そして同値関係を定義する．これらの等しい区間の 24 個分だけ異なる 2 つの瞬間は同値である．今や 1 時はこの特殊な同値関係に対する瞬間の同値類である．こういうと，明白なことを複雑にしているように聞こえるかも知れないが，周期的な現象を扱うときそれは極めて有用なことがある．

こんどは整数の集合において定義される類似の同値関係を考えてみよう．正の整数 n を選びこれ以後固定する．それはいま定義しようとしている関係の周期，あるいは**法**と呼ばれる．

さて整数の集合において同値関係を構成しよう．(0 から始めて) n 番目ごとの整数はこの関係のもとで同値である，と宣言することによってこれを行うことにする．言い換えると，n の倍数だけ異なる任意の 2 つの整数は同値である．もっと形式的にいうと，整数 a と b は，$a-b$ が n の倍数のとき n **を法として合同**である．その場合

$$a \equiv b \pmod{n}$$

と書く．

いくつかの数値例を示す．$n=5$ が法のとき，

$$10 \equiv 0 \pmod{5} \quad \text{また} \quad 14 \equiv 24 \pmod{5}$$

である．別の法，たとえば $n=7$ を選ぼう．この場合

$$10 \equiv 3 \pmod{7} \quad \text{また} \quad 14 \equiv 0 \pmod{7}$$

である．ある法のもとで合同な数は，別の法のもとでは合同とは限らないことに注意しよう．例えば 21 は 5 を法として 1 と合同であるが，しかし $21-1=20$ は 7 の倍数でないから，これらの数は 7 を法として合同ではない．

ここで n を法とする合同が同値関係であることを調べなければならない．まず反射律である．これを調べるには，a が任意の整数のとき $a \equiv a \pmod{n}$ であることを示さなければならない．$a-a$ が n の倍数であれば，これは真

である．ところで $a - a = 0$ は任意の整数の倍数である．したがって n を法とする合同は反射的である．

次は対称律である．ある整数 a と b に対し $a \equiv b \pmod{n}$ とする．これはある整数 k に対し $a - b = kn$ であることを意味する．この式に -1 を掛けると，

$$b - a = -(a - b) = (-k)n$$

を得るが，これも n の倍数である．こうして $b \equiv a \pmod{n}$ であり，n を法とする合同は対称的であることを証明した．

最後に推移律である．$a \equiv b \pmod{n}$ かつ $b \equiv c \pmod{n}$ としよう．ただし a, b, c は整数である．定義によりこれらの合同式は $a - b$ および $b - c$ が n の倍数であるということである．ところで n の倍数を加え合わせると，n の倍数が得られる．こうして $(a - b) + (b - c) = (a - c)$ は n の倍数である．言い換えると，$a \equiv c \pmod{n}$ であり，これは示したかったことである．n を法とする合同に対して，これら 3 つの性質が成り立つことを確かめたから，それは同値関係であると結論する．

本章の残りを通してずっと，我々の注意のほとんどを占める集合は，n を法とする合同による $\mathbb{Z}$ の商集合である．それは n **を法とする整数の集合**と呼ばれ，$\mathbb{Z}_n$ と表わされる．商集合の定義により $\mathbb{Z}_n$ の元は $\mathbb{Z}$ の部分集合，すなわち n を法とする合同に関する $\mathbb{Z}$ の同値類であることがわかっている．これらの類を同定したい．

$a \in \mathbb{Z}$ とする．a の類は $b - a$ が n の倍数であるような整数 b から成る．言い換えると，ある $k \in \mathbb{Z}$ に対し $b - a = kn$ である．こうして a の同値類を

$$\bar{a} = \{a + kn : k \in \mathbb{Z}\}$$

と記述して良いであろう．$\bar{0}$ は n の倍数すべての集合であり，またこれら同値類はどれも無限集合であることに注意しよう．

$\bar{a}$ は無限に多くの元を持ち，そのすべてが類全体の適切な代表であることを見てきた．こうして $\bar{a}$ を代表する最小の正の整数を見出す簡単な方法はあるのか，と問うことは理にかなっている．答えは肯定的である．a を n で割るだけで良い．r をこの除算の剰余，q を商とする．すると

$$a = nq + r \quad \text{かつ} \quad 0 \le r \le n-1$$

となる.ゆえに $a - r = nq$ は n の倍数である.したがって $a \equiv r \pmod{n}$ である.数 r は n を法とする a の**剰余**と呼ばれる.

実は予期していた以上のことを証明したのである.実際任意に与えられた整数は 0 と $n-1$ の間のある整数と合同であることを示した.特に商集合 $\mathbb{Z}_n$ は高々 n 個の同値類 $\overline{0}, \ldots, \overline{n-1}$ を持つ.n を法とする**異なる**同値類が,ちょうど n 個あることを確かめるには,これらのどの 2 つも等しくなり得ないことを示さなければならない.ところが各合同類は n より小さい非負整数で代表させることができる.もし 2 つの合同類が等しいとすれば,その代表元は n を法として合同でなければならない.言い換えると n より小さい 2 つの非負整数の差が,n の倍数でなければならなくなる.それは起こり得ないから,類 $\overline{0}, \ldots, \overline{n-1}$ は実際相異なる.ゆえに

$$\mathbb{Z}_n = \{\overline{0}, \overline{1}, \ldots \overline{n-1}\}$$

である.

同値類 $\overline{a}$ は,$0 \le a \le n-1$ のとき**既約形**で書かれているといわれる.分数の場合のように,合同類を既約形で代表するのが常に便利である.これには 2 つの理由がある.第 1 に類の代表元はより小さいものを選ぶ方が,大きいものを選ぶより明らかに易しい.第 2 に 2 つの類が既約形であれば,等しいかどうかを決めるのが非常に易しい.類はその代表元が等しいときかつそのときに限り等しいからである.もちろん類が既約形でなければこれは真ではない.

以上のことはこれで全く結構であるが,非常に抽象的に見える.良い幾何学的解釈,つまり集合 $\mathbb{Z}_n$ を描く方法があれば良いだろう.まずは集合 $\mathbb{Z}$ について有する描像を想い起こしてみよう.ほとんどの人は,無限直線に沿って等間隔にある点列として整数を考える.直線に沿うどこかに 0 を表す 1 点があり,それによってその左に負の整数,右に正の整数が見える.さて n を法とする合同は n 番目ごとの整数を同一視するから,n に達するとき実は 0 に戻ることになる.

整数の直線が柔軟なものであると考えると,n と印つけた点を取りそれを 0 に貼り付けることができよう.そうすれば円になる.線をこの円に巻きつ

けることを続ければ，n を法として合同な数は円周上の同じ点を占めることがわかる．つまり $\mathbb{Z}_n$ は n 個の合同類が等間隔で印つけられた周として描かれる．

3 法演算

2節の終わりに記述した幾何的描像は，$\mathbb{Z}_n$ における加法の簡単な記述を与える助けになる．$\mathbb{Z}_n$ の n 個の同値類を，あたかも時計の文字盤に刻した時刻であるかのように考えよう．$\overline{0}$ は円の天辺の点(12時の印)で，また他の類は時計回りに円の上に等間隔に配置されていると仮定しよう．この時計には針が一本しかなく，円の中心に固定されることによって，類を指すようにできる．

この"時計"を $\mathbb{Z}_n$ における和を計算する機械に作り変えたい．この"時計"が法演算であるのは，指折りが"普通の"算術であるのと同じであるといってよい．ついでながら，後者は長くはっきりとした歴史を持つ．それは中世の修道会の学校で教えられ，英語で書かれた最初の算術の本の1つ，ロバート・レコードの『諸学術の基礎』では一節丸ごと"指折りで数える術"を説明していた．というわけで，我々にとって非常に親しみやすい．

そこで $\mathbb{Z}_n$ の2つの類 $\overline{a}$ と $\overline{b}$ を加えたいとしよう．2つの類はともに既約形，つまり a と b は非負で n より小さいと仮定する．$\overline{a}+\overline{b}$ を見出すため次の手順で進める．"時計"の針を $\overline{a}$ と刻した点におき，それを時計回りに b だけ進める．すると針は和 $\overline{a}+\overline{b}$ の結果を指すことになる．

数値例を見よう．$\mathbb{Z}_8$ において $\overline{5}$ を $\overline{4}$ に加えたいものとしよう．まず"時計"の針を $\overline{5}$ におく．そしてそれを時計回りに4だけ進める．そうすれば，針は $\overline{0}$ を通り過ぎて $\overline{1}$ で止まる．ゆえに $\mathbb{Z}_8$ において $\overline{4}+\overline{5}=\overline{1}$ である．

我々の機械についての問題は，n が大きいとき非実用的なことである．こういうわけで，$\mathbb{Z}_n$ において和を計算するもっと数学的な方法が必要になる．実はそれは極めて簡単なことである．$\overline{a}$ と $\overline{b}$ を加算したい $\mathbb{Z}_n$ の類とする．このとき演算は次の式で定義される．

$$\overline{a}+\overline{b}=\overline{a+b}$$

この公式を解釈するに際して少し注意が要る．左辺には $\mathbb{Z}_n$ の2つの類の和がある．右辺には2つの整数の和に対応する類がある．こうして類の加法は既に知っている演算，すなわち整数の加法によって定義されている．

機械を用いて計算した $\mathbb{Z}_8$ における加法の例に戻ろう．$\overline{5}$ を $\overline{4}$ に加えたい．公式に従ってまず整数4と5を加える．その和は9であるから，$\overline{5}+\overline{4}=\overline{9}$ となる．これは機械で得たのとは違う結果を与えるように見える．しかし $9-1=8$ であるから，$\overline{9}=\overline{1}$ であることを忘れないでいただきたい．

この最後の例は重要問題を指し示している．同値類はそれの任意の1つの元によって表現できることを見てきた．これは1節の基本原理である．ところで2つの類を加えるとき，まずそれらの代表元を加え，そして対応する類をとる．もし違う代表元が選ばれたら，それでもその結果の類が同じであるということをどうして確信できるであろうか．基本事項をきちんと把握していることを確かめるために，$\mathbb{Z}_8$ における $\overline{5}$ と $\overline{4}$ の和をもう一度考えてみよう．前に定めた規則に従うと，この和は $\overline{9}$ に等しいことがわかった．しかしながら $\overline{13}=\overline{5}$ であり $\overline{12}=\overline{4}$ である．ところが公式によると $\overline{13}$ を $\overline{12}$ に加えると，$\overline{25}$ が得られることになる．こうして一見すると，類の別の代表元を選ぶことによって違う和を得ると思われるかもしれない．しかしこれは見掛けだけのことである，というのは事実 $25-9=16$ は8の倍数であるから，よって $\mathbb{Z}_8$ において，$\overline{25}=\overline{9}$ である．

問題を解決する1つの方法は，加算する前に類を既約形で書いておくことであろう．これは実際的ではなく，また全く不必要でもある．上の例が示唆する通り，和の結果は類の代表元としてどれを選ぼうがいつも同じである．これは非常に重要で詳細に検討されなければならない．$\overline{a}$ と $\overline{b}$ を $\mathbb{Z}_n$ における2つの類とする．$\overline{a}=\overline{a'}$ および $\overline{b}=\overline{b'}$ としよう．$\overline{a+b}=\overline{a'+b'}$ を示したい．しかし $\overline{a}=\overline{a'}$ は $a-a'$ が n の倍数であること，また $b-b'$ についても同じことが成立することを意味する．n の倍数の和は n の倍数であるから，

$$(a-a')+(b-b')=(a+b)-(a'+b')$$

は n の倍数でなければならない．ゆえに $\overline{a+b}=\overline{a'+b'}$ となり，これは証明したいことであった．

類の減法は同様に定義することができ，何の困難もない．乗法をいかに定

義すべきかを見よう．$\bar{a}$ と $\bar{b}$ を $\mathbb{Z}_n$ における類としよう．類の加法の定義は

$$\bar{a} \cdot \bar{b} = \overline{ab}$$

であるべきことを示唆する．加法のように，この定義が類の代表元の選択によらないことを確かめなければならない．そこで $\bar{a} = \overline{a'}$ および $\bar{b} = \overline{b'}$ であるとしよう．$\overline{ab} = \overline{a'b'}$ を示さなければならない．$\bar{a} = \overline{a'}$ であるから，$a - a'$ は n の倍数である．たとえばある整数 r に対して $a = a' + rn$ である．同様にある整数 s に対して $b = b' + sn$ である．a に b を掛けて

$$ab = (a' + rn)(b' + sn) = a'b' + (a's + rb' + srn)n$$

を得る．ゆえに $ab - a'b'$ は n の倍数となるから，$\overline{ab} = \overline{a'b'}$ である．

類をどのように加え，そして掛けるかわかったからには，これらの演算が $\mathbb{Z}$ における同名の演算のように振舞うかどうかを考察しなければならない．$\bar{a}$, $\bar{b}$ および $\bar{c}$ を $\mathbb{Z}_n$ の類とする．類の加法は次の性質を満たす．

$$(\bar{a} + \bar{b}) + \bar{c} = \bar{a} + (\bar{b} + \bar{c})$$
$$\bar{a} + \bar{b} = \bar{b} + \bar{a}$$
$$\bar{a} + \bar{0} = \bar{a}$$
$$\bar{a} + \overline{-a} = \bar{0}$$

元 $\overline{-a}$ は $\bar{a}$ の**対称**と呼ばれる．$\bar{a}$ が既約形にあると仮定すれば，$\overline{-a}$ の既約形は $\overline{n-a}$ であることに注意しよう．類の乗法は次の性質を満たす．

$$(\bar{a} \cdot \bar{b}) \cdot \bar{c} = \bar{a} \cdot (\bar{b} \cdot \bar{c})$$
$$\bar{a} \cdot \bar{b} = \bar{b} \cdot \bar{a}$$
$$\bar{a} \cdot \bar{1} = \bar{a}$$

こうして乗法のすべての性質は，1つの例外を除いて加法の性質に対応する．例外は対称元の存在である．この問題には 7 節で戻り，そこで類の除法を議論する．

また**分配則**もある．

$$\bar{a} \cdot (\bar{b} + \bar{c}) = \bar{a} \cdot \bar{b} + \bar{a} \cdot \bar{c}$$

these らの性質は整数の加法と乗法の対応する性質から極めて容易に導かれるから，証明は省こう．まじめな読者なら証明することになんらの困難もないはずである．

ここまでのところはこれで良い．$\mathbb{Z}_n$ における演算は，まるで $\mathbb{Z}$ における同名の演算のように振舞う．しかしながら，それは誤った確信を与えかねないから，いたって危険である．実際整数の 1 つの主要な性質が，n を法とする合同に対しては成り立たない．これを例で明らかにしよう．$\mathbb{Z}_6$ における類 $\overline{2}$ および $\overline{3}$ を考えよう．これは両方とも $\overline{0}$ とは異なる．しかしながら，

$$\overline{2}\cdot\overline{3}=\overline{6}=\overline{0}$$

である．こうして $\mathbb{Z}_6$ の非零元の積は零になり得る．これはもちろん $\mathbb{Z}$ では起こり得ない．

この例の重要な帰結は，$\mathbb{Z}_n$ においては非零元を消去することがいつもできるとは限らないことである．言い換えると，$\overline{a}\neq\overline{0}$ のとき

$$\overline{a}\cdot\overline{b}=\overline{a}\cdot\overline{c} \quad \text{なら} \quad \overline{b}=\overline{c}$$

は必ずしも真ではない．こうしてたとえば $\overline{2}\cdot\overline{3}=\overline{2}\cdot\overline{0}$ であるが，$\overline{3}\neq\overline{0}$ である．7 節でこれらの問題に戻るが，まずは法演算の応用をいくつか考えよう．

4 整除性規準

ある数の各けたの数の和が 3 で割り切れれば，その数は 3 で割り切れることをほとんどの人は小学校のときから憶えている．しかしこれはどうして正しいのだろう．これは 3 を法とする合同を使えば簡単に証明できる．数は 3 を法として 0 と合同のときかつそのときに限り，3 で割り切れることを想い起こそう．したがって，法演算を使っていえば，3 に対する整除性規準は，数が 3 を法として 0 と合同であるのは，各桁の数の和について同じことが真であるときかつそのときに限る，ということができる．いまから証明するのは，この最後の言明である．

a を整数とし，$a_0, a_1 \ldots, a_n$ をその 10 進数字とする．すなわち

$$a = a_n 10^n + a_{n-1} 10^{n-1} + \cdots + a_1 10 + a_0$$

であり，$i = 0, \ldots, n$ に対して $0 \leq a_i \leq 9$ である．前の節で乗法は法 n の類の代表元にはよらないことを慎重に示した．こうして $10 \equiv 1 \pmod{3}$ であるから任意の正の整数 k に対し，3 を法として 10^k は 1^k と合同である．すなわち 10 の任意のべきは 3 を法として剰余 1 を持つ．したがって，

$$a \equiv a_n + a_{n-1} + \cdots + a_1 + a_0 \pmod{3}$$

となり，これからただちに $a_n + a_{n-1} + \cdots + a_1 + a_0 \equiv 0 \pmod{3}$ のときかつそのときに限り $a \equiv 0 \pmod{3}$ であることが導かれる．ところがこれはまさに証明しなければならないことであった．

上のすべての計算は 3 を 9 で置き換えても成り立つことに注意しよう．$10 \equiv 1 \pmod{9}$ だからである．したがって整数はその各桁の数の和が 9 で割り切れるときかつそのときに限り 9 で割り切れる．同様の議論を他の数たとえば 11 に対して適用してみよう．

もう一度 $a = a_n 10^n + a_{n-1} 10^{n-1} + \cdots + a_1 10 + a_0$ と仮定する．ただし，$a_n, a_{n-1}, \ldots, a_1, a_0$ は a の各桁の数である．$10 \equiv -1 \pmod{11}$ であるから，

$$10^k \equiv (-1)^k \pmod{11}$$

は 1 である (k が偶数のとき) か，あるいは -1 である (k が奇数のとき) ことに注意しよう．こうして

$$a \equiv a_n(-1)^n + a_{n-1}(-1)^{n-1} + \cdots + a_2 - a_1 + a_0 \pmod{11}$$

である．規準を平易な言葉でいえば，数が 11 で割り切れるのは，各桁の数の交代和が 11 で割り切れるときかつそのときに限る，ということである．たとえば 3443 は，$3 - 4 + 4 - 3 = 0$ が 11 で割り切れるので 11 で割り切れる．

2 および 5 に対する整除性規準は余りに明らかであるから，もはや正しいことを示す必要はない．こうして 7 を除く 2 と 11 の間のすべての素数に対して，簡単な整除性規準を見出した．同じアプローチを 7 に適用すると何が起きるか見出そう．

前の諸例からすでにわかっていることは，法に依存する議論の部分は 10 のべきの計算であるということである．さて $10 \equiv 3 \pmod{7}$ であり，3 のべきは 1 あるいは -1 のべきほどには計算が簡単ではない．例をいくつか試そ

う．下の合同式はすべて 7 を法としている．

$$10^2 \equiv 3^2 \equiv 2$$
$$10^3 \equiv 10 \cdot 10^2 \equiv 3 \cdot 2 \equiv 6 \equiv -1$$
$$10^4 \equiv 10 \cdot 10^3 \equiv (-1) \cdot 3 \equiv 4$$
$$10^5 \equiv 10 \cdot 10^4 \equiv 3 \cdot 4 \equiv 5$$
$$10^6 \equiv 10 \cdot 10^5 \equiv 3 \cdot 5 \equiv 1$$

上の最後の剰余は $10^0 = 1$ に等しいことに注意しよう．これは剰余が周期 6 で繰り返すことを意味する．上の計算は 7 に対する整除性規準は，3 および 11 に対する規準よりずっと憶えにくいことを示している．ここまで来たから，簡単な場合について規準を具体的に述べても良いであろう．$a = a_2 10^2 + a_1 10 + a_0$，ただし $0 \leq a_0, a_1, a_2 \leq 9$ としよう．上で計算した 10 のべきの剰余を使うと，

$$a \equiv a_2 10^2 + a_1 10 + a_0 \equiv 2a_2 + 3a_1 + a_0 \pmod{7}$$

を得る．こうして a は $2a_2 + 3a_1 + a_0$ が 7 で割り切れるときかつそのときに限り 7 で割り切れる．たとえば 231 は，$2 \cdot 2 + 3 \cdot 3 + 1 = 14$ が 7 で割り切れるから 7 で割り切れる．

5 べき

多くの応用で次のような問題に直面する．a, k および n を正の整数として，a^k の n による除算の剰余を見出せ．k が非常に大きいと，本章の冒頭の例が示すように a^k のすべての桁を計算することさえ不可能かもしれない．しかしながら，法演算を使えばこの問題を解決できる．

簡単な例で始めよう．10^{135} の 7 による除算の剰余を見出したいとしよう．$10^6 \equiv 1 \pmod{7}$ であることは前の節で見た．135 を 6 で割って，$135 = 6 \cdot 22 + 3$ とわかる．こうして次の 7 を法とする合同式を得る．

$$10^{135} \equiv (10^6)^{22} \cdot 10^3 \equiv (1)^{22} \cdot 10^3 \equiv 6$$

ゆえに 10^{135} の 7 による除算の剰余は 6 である．

いつもこれほど易しいわけではない．たとえば 3^{64} の 31 による除算の剰

余は何か．31 を法とする 3 のべきをいくつか計算すれば，すぐに $3^3 \equiv -4$ (mod 31) とわかる．高次のべきを計算してどれかが 1 になることを期待する代わりに，すでに持っている情報を利用しよう．$64 = 3 \cdot 21 + 1$ であるから，31 を法とする次の合同式を得る．

$$3^{64} \equiv (3^3)^{21} \cdot 3 \equiv (-4)^{21} \cdot 3 \equiv -(2)^{42} \cdot 3$$

まだ剰余を手にしてはいないが，目標に達するまでに 2 のべきがあるだけである．運よく $2^5 \equiv 1$ (mod 31) である．$42 = 8 \cdot 5 + 2$ であるから，

$$3^{64} \equiv -(2)^{42} \cdot 3 \equiv -(2^5)^8 \cdot 2^2 \cdot 3 \equiv -12 \pmod{31}$$

とわかる．ところで $-12 \equiv 19$ (mod 31) であるから，3^{64} の 31 による除算の剰余は 19 である．

1 に達するまで 3 のべきの計算を推し進めていれば，計算はさらに易しくなったのであろうか．答えが否であることは，$3^r \equiv 1$ (mod 31) となる最小の正の整数 r を見つけようとすれば実感するであろう．

今度は 6^{35} の 16 による除算の剰余を見出したいものとしよう．この場合，16 を法として 1 と合同な 6 の最小べきを見出そうとしても役にたたない．このべきは存在しないからである．実際

$$6^4 \equiv 2^4 \cdot 3^4 \equiv 0 \cdot 3^4 \equiv 0 \pmod{16}$$

であるから，

$$6^{35} \equiv 6^4 \cdot 6^{31} \equiv 0 \pmod{16}$$

である．

これらの例は，n を法とするべき剰余の計算を簡単化するために使ういくつかのトリックを説明している．以降の章でさらにトリックを示す．もちろん計算機はトリックなど必要としない．計算機がそのような計算に法演算を使わない，といっているのではない．実際使っているのである．n を法としてべきを計算する非常に高速のアルゴリズムが，付録の 2 節にある．このアルゴリズムは，$5 \cdot 2^{23,473} + 1$ が $F(23,471)$ の因数であることを示すために使うことができる．これは実に一見不可能と見える仕事を達成するものである．

6 ディオファントス方程式

次に合同式を使って，ある種のディオファントス方程式は解を持たないことを示す．**ディオファントス方程式**とは複数の未知数の整数係数の多項式方程式である．$3x - 2y = 1$, $x^3 + y^3 = z^3$ および $x^3 - 117y^3 = 5$ はその例である．ディオファントス方程式の解を求めるときは，通常整数解を求めることを意味する．この方程式の名は紀元 250 年頃生きていたギリシャの数学者，アレクサンドリアのディオファントスに由来する．ディオファントスは彼の『数論』において，不定方程式の求解問題を詳細に論じている．しかしながら彼は今日我々が通常するのとは違い，整数解ではなく有理数解を探した．

これは多変数の方程式であるから，無限に多くの整数解を持つかもしれない．たとえば任意の整数 k に対し，数 $x = 1 + 2k$ と $y = 1 + 3k$ は方程式 $3x - 2y = 1$ を満たす．方程式 $x^3 + y^3 = z^3$ は，序章および第 2 章の終わりで言及したフェルマーの最終定理の特殊の場合である．既に見たように，もし x, y, z がこの方程式を満たす整数なら，そのうちの 1 つは零でなければならない．定理のこの特殊な場合は，1770 年 L. オイラーによって最初に証明された．フェルマーが初めて彼の最終定理を述べたのは，ディオファントスの本『数論』の余白であったことを思い出すかもしれない．

方程式 $x^3 - 117y^3 = 5$ はもっと新しく短い歴史を持つ．1969 年に書かれた論文で，D. J. ルイスはこの方程式は 18 より多くの整数解を持つことができないことを示した．その 2 年後，R. フィンケルシュタインと H. ロンドンは結局この方程式は整数解を全く持たないことを証明した．彼らの証明は短く，*Canadian Mathematical Bulletin* の第 14 巻の 111 頁だけを占めるのであるが，初等的ではない．しかしながら，1973 年 F. ハルター-コッホと V. Şt. ウドレスコは独立に，9 を法とする合同式だけを使ってその方程式が解を持たないことの証明を与えた．この証明を詳細に述べよう．

証明は背理法による．方程式 $x^3 - 117y^3 = 5$ は整数解を持つとしよう．これは $x_0^3 - 117y_0^3 = 5$ となるような整数 x_0 と y_0 が存在することを意味する．これらの数はすべて整数であるから，この最後の方程式を法 9 で還元することができる．しかし 117 は 9 で割り切れるから，

$$x_0^3 \equiv x_0^3 - 117y_0^3 \equiv 5 \pmod{9}$$

である．ゆえに与えられた方程式が整数解 x_0 と y_0 を持てば，$x_0^3 \equiv 5 \pmod 9$ である．これは可能であろうか．これを明らかにするため，すべての整数は 9 を法として 0 と 8 の間の剰余を持つことを想起しよう．よってこれらの剰余のそれぞれの 9 を法とする立方を計算するだけで十分である．

9 を法とする類	$\overline{0}$	$\overline{1}$	$\overline{2}$	$\overline{3}$	$\overline{4}$	$\overline{5}$	$\overline{6}$	$\overline{7}$	$\overline{8}$
9 を法とする立方	$\overline{0}$	$\overline{1}$	$\overline{8}$	$\overline{0}$	$\overline{1}$	$\overline{8}$	$\overline{0}$	$\overline{1}$	$\overline{8}$

表をさっと調べるだけで，9 を法とする整数の立方は，剰余として 0, 1, 8 のどれかを持たなければならないことがわかる．特に，$x_0^3 \equiv 5 \pmod 9$ となるような整数 x_0 はあり得ない．したがって，$x^3 - 117y^3 = 5$ は整数解を持つことができない．これは我々が証明したかったことである．

この例の歴史から次のような教訓を引き出せるであろう．**定理の最初の証明はしばしば最も簡単でもエレガントでもない**．これは最初の証明は，通常新境地を切り開いている探検者によって見出されるからである．時を経て，新しい方法と隣接分野の結びつきがより鮮明になり，それが近道つまり最初のものより簡単でより直接的な証明を見出すことを可能にする．いま与えた例は素朴なものであるが，もちろんそれで先に引き出した結論が無効になりはしない．かって数学者 A. S. ベシコビッチが言ったように，"数学者の評判はこれまで与えた悪い証明の数による"．

7 n を法とする除算

いよいよ $\mathbb{Z}_n$ における類の除法の問題に戻る時である．しかしまずはもう少しなじみ深い設定で同じ問題を考えよう．a と b を実数とする．a を b で割る 1 つの方法は，a に $1/b$ を掛けることである．数 $1/b$ は b の逆数と呼ばれ，方程式 $b \cdot x = 1$ の解として一意的に定義される．実用的観点からは，$1/b$ を見出すにはやはり 1 を b で割らなければならないから，これは実は改良ではない．しかしながら概念的観点からは，除法についてではなく逆数について話す方が良いことがある．最後に $1/b$ は $b \neq 0$ のときのみ存在する．というのは方程式 $0 \cdot x = 1$ は解を持たないからである．このことを心に留めて，ここで $\mathbb{Z}_n$ に取りかかろう．

いつも通り，n は固定した正の整数であり，$\bar{a} \in \mathbb{Z}_n$ としよう．$\mathbb{Z}_n$ において式 $\bar{a} \cdot \bar{\alpha} = \bar{1}$ が成り立つとき，$\bar{\alpha} \in \mathbb{Z}_n$ は $\bar{a}$ の**逆元**であるという．$\bar{0}$ が $\mathbb{Z}_n$ において逆元を持たないことは明らかである．残念ながら，$\bar{0}$ が逆元を持たない $\mathbb{Z}_n$ の唯一の元でないかもしれない．この点をもっと詳しく調べなければならない．

$\bar{a} \in \mathbb{Z}_n$ は逆元 $\bar{\alpha}$ を持つとし，これから何が得られるか見ることにしよう．方程式

$$\bar{a} \cdot \bar{\alpha} = \bar{1}$$

から，$a\alpha - 1$ が n で割り切れることになる．言い換えると，ある整数 k に対して

$$a\alpha + kn = 1 \tag{7.1}$$

が成り立つ．式(7.1)から $\gcd(a, n) = 1$ となることに注意しよう．こうして $\bar{a}$ が $\mathbb{Z}_n$ において逆元を持てば，$\gcd(a, n) = 1$ であると結論する．

この最後の言明の逆は真であろうか．これを見るため，a は $\gcd(a, n) = 1$ であるような整数としよう．式(7.1)は数 a と n に対し拡張ユークリッドアルゴリズムを適用すべきことを示唆している．そうすれば

$$a\alpha + n\beta = 1$$

となる整数 α と β が見出される．しかしこの方程式は $\mathbb{Z}_n$ において

$$\bar{a} \cdot \bar{\alpha} = \bar{1}$$

と同値である．ゆえに拡張ユークリッドアルゴリズムの助けを借りて計算される類 $\bar{\alpha}$ は，$\mathbb{Z}_n$ における $\bar{a}$ の逆元である．したがって，$\gcd(a, n) = 1$ ならば $\bar{a}$ は $\mathbb{Z}_n$ において可逆である．これを定理にまとめよう．

可逆性定理 類 $\bar{a}$ は整数 a と n が互いに素のときかつそのときに限り $\mathbb{Z}_n$ において可逆である．

上の議論は，逆元が存在するかどうかを調べまた存在するときそれを見出す手続きを与える，という意味で可逆性定理の構成的証明である．もちろんこの手続きは，まさに拡張ユークリッドアルゴリズムの直接的適用である．た

とえば $\overline{3}$ は $\mathbb{Z}_{32}$ において逆元を持つか．持つとすればそれは何か．拡張ユークリッドアルゴリズムを 32 と 3 に適用して，$\gcd(3, 32) = 1$ であること，および

$$3 \cdot 11 - 32 = 1$$

がわかる．であるから逆元は存在する．式を 32 を法として書き直すと，$\overline{3} \cdot \overline{11} = \overline{1}$ が得られる．こうして $\mathbb{Z}_{32}$ において $\overline{11}$ は $\overline{3}$ の逆元である．

$\mathbb{Z}_n$ の可逆元の集合を $U(n)$ と記すが，これは第 8, 9, 10 章において主要な役割を演ずる．可逆性定理により

$$U(n) = \{\overline{a} \in \mathbb{Z}_n : \gcd(a, n) = 1\}$$

である．p が素数のとき $U(p)$ を計算するのは非常に易しい．なぜなら，この場合条件 $\gcd(a, p) = 1$ は，p が a を割り切らないことと同値であるからである．これは p より小さいすべての正の整数について真であるから，$U(p) = \mathbb{Z}_p \setminus \{\overline{0}\}$ である．

しかしこれは p が素数のときのみ起こる．もし n が合成数で $1 < k < n$ がその因数の 1 つなら，$\gcd(k, n) = k \neq 1$ であるから，$\overline{k}$ は $\mathbb{Z}_n$ において可逆ではない．ここに 2 つの簡単な例を挙げる．

$$U(4) = \{\overline{1}, \overline{3}\} \quad \text{および} \quad U(8) = \{\overline{1}, \overline{3}, \overline{5}, \overline{7}\}$$

$U(n)$ の重要な性質は，その 2 つの元の積がまた $U(n)$ の元であることである．言い換えると，$\overline{a}$ と $\overline{b}$ が $\mathbb{Z}_n$ の可逆類なら，$\overline{a} \cdot \overline{b}$ もまた可逆類である．これは第 8 章で非常に重要となるから，詳しく調べておこう．$\mathbb{Z}_n$ において $\overline{a}$ は逆元 $\overline{\alpha}$ を持ち，$\overline{b}$ は逆元 $\overline{\beta}$ を持つとしよう．$\overline{a} \cdot \overline{b}$ の逆元は $\overline{\alpha} \cdot \overline{\beta}$ である．実際

$$(\overline{a} \cdot \overline{b})(\overline{\alpha} \cdot \overline{\beta}) = (\overline{a} \cdot \overline{\alpha})(\overline{b} \cdot \overline{\beta}) = \overline{1} \cdot \overline{1} = \overline{1}$$

である．後の章で $U(n)$ についていうことがもっとある．

この節の冒頭で述べた $\mathbb{Z}_n$ において $\overline{a}$ を $\overline{b}$ で割る問題に戻ろう．$\overline{b}$ が $\mathbb{Z}_n$ の可逆元かどうかをまず知る必要がある．もしそうなら，拡張ユークリッドアルゴリズムを使いその逆元を見つける．逆元を $\overline{\beta}$ と呼ぼう．$\overline{a}$ を $\overline{b}$ で割るため積 $\overline{a} \cdot \overline{\beta}$ を計算する．たとえば $\mathbb{Z}_8$ において $\overline{2}$ を $\overline{3}$ で割ろう．拡張ユークリッドアルゴリズムを 3 と 8 に適用すれば，$\gcd(3, 8) = 1$ および $\overline{3}$ がそれ自身逆元であることがわかる．こうして $\mathbb{Z}_8$ において $\overline{2}$ を $\overline{3}$ で割った結果は $\overline{6}$ である．

本節の結果を使って，$\mathbb{Z}_n$ における線形合同式を解くことができる．**線形合同式**とは

$$ax \equiv b \pmod{n} \tag{7.2}$$

の形の方程式のことで，ここに $a, b \in \mathbb{Z}$ である．もしもこれが実数上の線形方程式だとすれば，それを a で割るであろう．ここでも同じ考えを使ってみよう．$\gcd(n, a) = 1$ を仮定すると，可逆性定理によって $\alpha a \equiv 1 \pmod{n}$ となる $\alpha \in \mathbb{Z}$ が存在すると結論する．式(7.2)の両辺に α を掛けると，

$$x \equiv \alpha a x \equiv \alpha b \pmod{n}$$

となり，方程式が解かれた．たとえば $7x \equiv 3 \pmod{15}$ を解くためには，まず 15 を法とする 7 の逆元を見出さねばならない．$15 - 2 \cdot 7 = 1$ であるから，15 を法とする 7 の逆元は $-2 \equiv 13 \pmod{15}$ である．方程式 $7x \equiv 3 \pmod{15}$ に 13 を掛けると

$$x \equiv 13 \cdot 3 \equiv 39 \equiv 9 \pmod{15}$$

となるが，これは求めていた解である．

線形合同式を解くために使う方法は，$\gcd(a, n) = 1$ なら，合同式 $ax \equiv b \pmod{n}$ は n を法として一つ唯一つの解を持つことを示していることに注意しよう．言い換えると，無限に多くの整数がこの方程式の解であるが，それはすべて n を法として合同である．これは陳腐に聞こえるかもしれないが，そうではない．実際もし $\gcd(a, n) \neq 1$ なら，これは偽になり得る．たとえば方程式 $2x \equiv 1 \pmod{8}$ はまったく解を持たない．第 7 章の初めでこの問題に戻ることにしよう．

8 練習問題

1. 集合 $\mathbb{Z}$ において次の関係が定義されている．そのうちどれが同値関係か．

    (1) $\gcd(a, b) = 1$ のとき $a \sim b$ である．

    (2) 整数 $n > 0$ を固定し，$\gcd(a, n) = \gcd(b, n)$ のときかつそのときに限り $a \sim b$ と定義する．

2. 次の整数 a と n のそれぞれについて，n を法とする a の剰余を見出せ．

    (1) $a = 2351$ および $n = 2$

(2) $a = 50{,}121$ および $n = 13$

(3) $a = 321{,}671$ および $n = 14$

3. 次のべき剰余のそれぞれを計算せよ．

   (1) $5^{20} \pmod 7$

   (2) $7^{1001} \pmod{11}$

   (3) $81^{119} \pmod{13}$

   (4) $13^{216} \pmod{19}$

4. $1000!$ の 3^{300} による除算の剰余を見出せ．

5. $n = 4, 11$ および 15 のとき，$U(n)$ を計算し，その各元の逆元を見出せ．

6. 次の線形合同式を解け．

   (1) $4x \equiv 3 \pmod 4$

   (2) $3x + 2 \equiv 0 \pmod 4$

   (3) $2x - 1 \equiv 7 \pmod{15}$

7. $U(34)$ のすべての元は $\overline{3}$ のべきであることを示せ．

8. ディオファントス方程式 $x^2 - 7y^2 = 3$ は整数解を持たないことを示せ．

9. $p = 274{,}177 = 1071 \cdot 2^8 + 1$ はフェルマー数 $F(6)$ の素因数であることを示せ．

   ヒント：まず p を法として 1071^8 を計算せよ．その際 $1071 = 7 \cdot 9 \cdot 17$ に注意し，これら因数のそれぞれの p を法とする 8 乗べきを計算し，それから互いに掛け合わせよ．すると，$p = 1071 \cdot 2^8 + 1$ であるから，$(1071 \cdot 2^8)^8 \equiv 1 \pmod p$ を得る．他方，$(1071 \cdot 2^8)^8 \equiv 1071^8 \cdot 2^{64} \pmod p$ である．この最後の式の 1071^8 をそれの p を法とする剰余で置き換え，前の合同式と比較せよ．p が $F(6)$ を割り切るという事実は，これからあたかも魔法のごとくに出てくる．

次の 3 つの問題は互いに密接に関連している．メルセンヌ数の素数判定に絡んでこれらの問題に戻ってくる．第 9 章 4 節を参照していただきたい．

10. $a + b\sqrt{3}$ の形の実数の集合を考えよう．ここで a と b は整数である．この集合は通常 $\mathbb{Z}[\sqrt{3}]$ と表わされる．$\mathbb{Z}[\sqrt{3}]$ の元は実数であるから，加算と乗算ができる．$\alpha, \beta \in \mathbb{Z}[\sqrt{3}]$ のとき，$\alpha + \beta$ と $\alpha\beta$ はともに $\mathbb{Z}[\sqrt{3}]$ に属することを示せ．

11. $\mathbb{Z}[\sqrt{3}]$ における関係を次のように定義する．整数 n を固定し，$\alpha, \beta \in \mathbb{Z}[\sqrt{3}]$ とする．$\alpha - \beta = n\gamma$ となる $\gamma \in \mathbb{Z}[\sqrt{3}]$ が存在するときかつそのときに限り，$\alpha \equiv \beta \pmod{n}$ であるという．これは $\mathbb{Z}[\sqrt{3}]$ の同値関係であることを示せ．

12. 正の整数 n を固定し，前の問題における同値関係による $\mathbb{Z}[\sqrt{3}]$ の商集合を $\mathbb{Z}_n[\sqrt{3}]$ とする．$\widetilde{\alpha}$ と $\widetilde{\beta}$ を $\mathbb{Z}_n[\sqrt{3}]$ における類とする．次の規則
$$\widetilde{\alpha} + \widetilde{\beta} = \widetilde{\alpha + \beta}$$
$$\widetilde{\alpha}\widetilde{\beta} = \widetilde{\alpha\beta}$$
は，$\mathbb{Z}_n[\sqrt{3}]$ においてきちんと定義された演算を決めることを示せ．

13. この問題で，$4n+3$ の形の数は 2 つの平方数の和として書くことができないことを示す．

    (1) 整数の平方は 4 を法として 0 あるいは 1 としか合同であり得ないことを示せ．

    (2) (1)を使って，x と y が整数のとき，$x^2 + y^2$ は 4 を法として 0, 1 あるいは 2 としか合同であり得ないことを示せ．

    (3) (2)を使って，$4n+3$ の形の整数は 2 つの平方数の和として書くことができないことを示せ．

    この結果は，フェルマーからロベルバル宛ての 1640 年の手紙で書き送られた定理の特殊な場合である．フェルマーは $4n+1$ の形の素数はすべて 2 つの平方数の和として書くことができることをも知っていた．さらに詳しいことは，Weil 1987, 第 II 章 VIII 節を参照していただきたい．また第 5 章の問題 14 もご覧いただきたい．

14. 付録の 2 節に記述する n を法とするべきを計算するためのアルゴリズムを実装するプログラムを書きなさい．入力は 3 つの正の整数 a, k および n からなり，出力は n を法とする a^k の剰余である．このアルゴリズムは後の章のすべての応用の基本となる．

第5章　帰納法とフェルマー

法演算の基本事項を学んだので，いまや素数の勉強に戻る準備ができた．この章の主要な結果は，フェルマーによって初めて証明された非常に有用な定理である．この定理は，実は群論におけるずっとより深い定理の直接の帰結であり，これについては第8章で学ぶ．しかしながら本章では，フェルマーの導きに従い，**有限帰納法**を使って定理の直接の証明を与える．まずはこの証明法を記述することから始める．

1　ハノイ！ハノイ！

ハノイの塔と呼ばれるパズルで遊んだことがあるでしょうか．木の台に取り付けられた3本の垂直の木の杭と何個かの木の円盤（私の持っているものでは6個）からなっている．各円盤には杭を通すことができるように穴が開いている．3本の杭を **A**, **B**, **C** と呼ぶことにする．各円盤の直径は異なっていて，ゲーム開始時には円盤はすべて杭 **A** に，大きさが減少する順に積んでさしてある．図示のように，きちんとした塔の底に最大の円盤が，一番上には最小のものがある．

問題は **B** を仲立ちに使って，塔全体を杭 **A** から杭 **C** へ移すことである．ただし，次の制約に従うものとする．

(1)　一度に1個の円盤しか移動できない．

(2)　より大きい円盤をより小さい円盤の上におくことはできない．

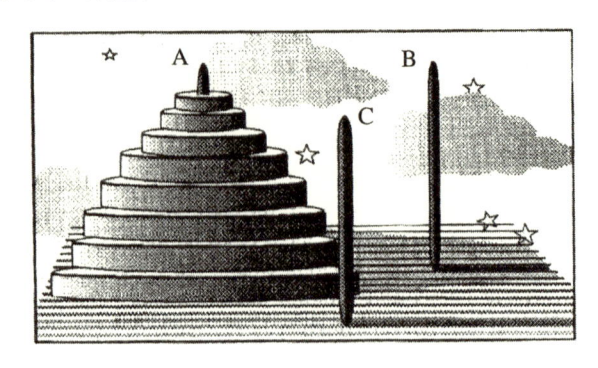

ハノイの塔.

上の(1)は，どの時点でも山の一番上の円盤だけしか移動できないことを意味することに注意しよう．もちろんこれらの制約があるため，余分の杭 **B** がないとしたら問題は解けなくなってしまう．

こつをつかむために独力でパズルを解いてみようとするのは良い考えである．練習すればかなり速くできるようになる．しかし，それ以上に提起したい問題はこうである．n 個の円盤の塔を **A** から **C** に移すのに必要な最小移動回数の公式を見出せるだろうか．もちろん，円盤は規則に従って移動されると仮定している．

この問題には非常に重要な応用がある．それは，次のお話を信ずる用意がある限りにおいてであるが．インドのとある寺院の大きなドームの下に，3 本のダイアモンドの針があり，それぞれが蜂の身体ほどの太さである．創造の時に，神はこれらの針の一本の上に 64 個の純金の円盤を，一番大きい円盤を一番下にして，他のものが塔をなすように残りを置き一番小さいのを一番上に置いた．その寺院を統括する僧に，神は先に述べた規則に従い円盤を移動する仕事を与えた．64 個の円盤の塔全体が，他の針の 1 つに最終的に移動されたとき神は戻ってきて轟音とともにこの世を終わらせる．こうして，世界がいつ終わるかを見出すには，64 個の円盤に対する最小移動回数の問題を解きさえすれば良い．

問題の終末論的側面はさて置き，初めの木製のセットに戻ろう．セットがただ 1 つの円盤しか持たないなら，それを **A** から **C** へ移動すれば十分であ

ろう．規則はどれも破られず，パズルは解かれた．であるから，この場合には一回の移動で十分である．さて，2個の円盤があるとしよう．まず小さい方の円盤を杭 B に移す．すると，大きい方の円盤を C へ移動することができる．最後に，小さい方の円盤を C へ移動すれば，それは大きい方の円盤の上に位置することになる．こうして，2個の円盤のパズルを解くには，3回の移動で十分である．このパズルのセットがあれば，4個のさらには5個の円盤の塔を移してみて，移動回数を数えるのは良い考えであろう．

さて，これから n 個の円盤の一般の場合のパズルを扱おう．生徒と先生の間の対話の形式で記述すれば，議論は理解しやすくなる．

先生： 円盤は上から下へ $1, 2, \ldots, n$ と番号を付けてあると仮定しよう．そうすると最小の円盤は1番（一番上にある），そして最大のは（山の底にある）n 番である．円盤 n を移動できるためには何をしなければならないのだろうか．

生徒： 何ですって？

先生： 円盤 n を移動したいのだが，この上にはすべての円盤がのっている．どうしなければならないだろうか．

生徒： その上にあるものを全部取り除く？

先生： その通り．そこで，その上にある $n-1$ 個の円盤を取り除かなければならない．円盤を全部杭 C に移したいこと，そして円盤 n が山の一番下にこなければならないことを忘れないでおこう．あなたなら他の $n-1$ 個の円盤をどこへ移動するだろう．

生徒： 杭 B へですか．

先生： そう，杭 B だ．でも問題がある．

生徒： 問題はいつもありますね．

先生： 規則だ．規則(1)によって一度に1つの円盤しか移動できない．規則(2)によって $n-1$ 個の円盤は，杭 B に上へいくほど小さくなる順に積まれなければならない．円盤 n より小さい $n-1$ 個の円盤を A から B へ移すた

め，何をしなければならないだろう．

生徒：規則を破らないで一度に 1 つの円盤を移動します．

先生：もっと精確にいうと？

生徒：$n-1$ 個の円盤のパズルを解くようなものだと思います．つまり，$n-1$ 個の円盤の塔を **C** の代わりに **B** に移す，ということです．

先生：仲立ちとなる杭については？

生徒：**C** ですか．

先生：その通り．まとめてみよう．円盤 n を **C** に移動しなければならない．しかしそれができるのは，まずそれの上にある $n-1$ 個の円盤を **B** へと取り除いてからだ．これは **C** を仲立ちに使って，$n-1$ 個のより小さい円盤についてパズルを実行することである．こうして，$n-1$ 個の円盤の山全体が **A** から **B** へと移される．こうすると，円盤 n は **C** へ移動してよい．

生徒：では，どのようにして円盤 n の上になるように $n-1$ 個のより小さい円盤を **C** へ移動するのですか．つまり，それをするのにもう一度 $n-1$ 個の円盤についてパズルを実行し，それらを (1 つずつ) **B** から **C** へと移動するのか，ということです．

先生：長い時間を要するかもしれないが，それがその方法だ．$n-1$ 個の円盤のパズルを 2 度解かねばならなかったことに注意しよう．最初上の $n-1$ 個の円盤を **A** から **B** へ (**C** を仲立ちとして使って) 移動した．これで円盤 n の上には円盤がなくなる．それから円盤 n を **C** へ移動する．次に $n-1$ 個の円盤を **B** から **C** へと (**A** を仲立ちとして使って) もう一度パズルを実行する．こうすると n 個の円盤すべてが杭 **C** に積まれ，しかも規則はどれも破られなかったことになる．

生徒：ふー！

先生：まだ終わっていないよ！

生徒： まだ？ あーあ．

先生： しなければならない最小移動回数を見出したい，そうだね？

生徒： 確かにそうだと思います．

先生： 議論を追いやすくするため，n 個の円盤のパズルを解くに要する**最小移動回数**を $T(n)$ と呼ぶことにしよう．しかし，すでに見たように，円盤 n を移動するためには，まずその上にある $n-1$ 個の円盤を移さなければならない．それらをどけるために何回移動が必要だろうか．

生徒： それらを杭 **B** に移すには，$n-1$ 個の円盤のパズルを解かなければならなかった，そうでしたね．だから，移動は少なくとも $T(n-1)$ 回したと思います．

先生： $n-1$ 個のより小さい円盤を杭 **B** に移動したから，それは杭 **C** には円盤がないことを意味する．つまり今や円盤 n を **C** へ移動できる．そこへ行くに移動が何回必要だろう．

生徒： 1 回？

先生： いえ全部でという意味で．パズルを始めてから何回の移動が必要かということである．

生徒： $T(n-1)+1$ 回？

先生： 次は何？

生徒： それでもなお $n-1$ 個のより小さい円盤をいまある **B** から **C** へと移動して，円盤 n の上にあるようにしなければなりません．

先生： その通り．で，何回の移動でそのゴールにたどり着く？

生徒： $T(n-1)$ より少なくないのは確かです．それは $n-1$ 個の円盤のパズルについての最小移動回数だからです．

先生： つまり，プレーを始めたときから $T(n-1)+1+T(n-1) = 2T(n-1)+1$

回の移動をしたことがわかる．さらに今までの議論の仕方を注意深く見れば，これより少ない移動回数では決してパズルを終えることができなかったことに気がつく．そこで，$T(n)$ とは何？

生徒： n 個の円盤のパズルを解いて，塔を **A** から **C** へ移すために要する最小移動回数です．

先生： その通り，では，$T(n-1)$ がもうわかっていると仮定して，$T(n)$ をどう計算するかな．

生徒： $T(n) = 2T(n-1) + 1$？

先生： その通り．つまり，今や 6 個の円盤のパズルを解くとすると，必要な最小移動回数を見出すことができる．

対話の最終的な結果は公式 $T(n) = 2T(n-1) + 1$ である．この公式は $T(n)$ が何かを直接教えはしないことに注意しよう．$T(n)$ を見出すには，まず $T(n-1)$ を計算しなければならない．こうして，$T(n)$ は公式を繰り返し適用して計算される．たとえば $T(6)$ を計算するには，まず $T(1)$, それから $T(2), \ldots, T(6)$ を見出さなければならない．すでに見たように $T(1) = 1$ であるから，

$$T(2) = 2T(1) + 1 = 3$$

となる．このように進めて，

$$T(3) = 7,\ T(4) = 15,\ T(5) = 31,\ T(6) = 63$$

を得る．ゆえに，6 個の円盤のパズルを解くには，少なくとも 63 回移動しなければならない．インドの寺院でのパズルについてはどうか．それを解くには $T(64)$ を計算しなければならないが，これはものすごい仕事だ．

公式 $T(n) = 2T(n-1) + 1$ は**漸化式**の例である．言い換えると，$T(n)$ を見出すには毎回前の計算の出力を入力として使いながら，公式を複数回適用する必要がある．この公式はどのようにして**証明されるのか**，と問うかもしれない．答えは上の対話が公式の証明である．明らかにそれは数学的証明であると主張するものとしては，いささか風変わりに見える形式で表現されて

いる．それはなんなく手直しできる．対話から証明の主要点を取り出し，それを通常の数学の専門語で書き直すだけでよいのである．

漸化式しか得なかったという事実は，$T(n)$ の閉じた公式を見出す夢を妨げるものではない．閉じた公式とは変数 n の値の単純な代入によって $T(n)$ が得られる公式である．上で計算した $T(n)$ の値を注意深く見れば，この公式が何でなければならないかが推量される．ひとたび閉じた公式が推量されれば，新しい仕事に直面する．すなわち，それが n のすべての値に対し機能することを証明しなければならない．数の表を調べて公式を推量したとき，我々が確信できるのは，それが表の中の数に対して成り立つということであって，それ以上のものではないことに注意しよう．公式を証明するために，**有限帰納法**による証明法を導入する．

閉じているにせよいないにせよ，わざわざ別の公式をなぜ見出そうとするのだろうか．この漸化公式のどこが悪いのか，と考えているかもしれない．もっともな疑問である．結局，与えられた n に対して $T(n)$ を見出すためになすべきことは，漸化公式を使って $T(0),\ldots,T(n)$ を計算することである．計算機ならそれを高速にやってのける．それで十分でないのか．多分ここが数学と計算機科学が違う方向に進んでいく分かれ目である．

少し誇張していえば，計算機科学は可能な限り効率的に腕力法を機能させることを目指すといってよい．片や数学は最小の計算で目的に到達する方法を目指す．もちろんこれらは実のところ同じ硬貨の両面である．実世界では，問題を解くのは数学と計算の組合せであるのが通常である．というわけで，この 2 つが競争するのは稀であって，協調することの方が多いのである．

2 有限帰納法

帰納という語は，数学において非常に特殊な技術的意味で使われる．そして，ときには本節の題のように形容詞**有限の**で限定される．しかし，この単語はまたたくさんの他の意味をも持ち，オックスフォード英語辞典にはそのうちの 12 個が挙げられている．**帰納**という語の数学的用法は論理学における伝統的使用に由来するが，これはまた日常的用法にも近い．オックスフォード英語辞典によれば，この意味での**帰納**は

特定の諸例の観測から一般法則あるいは原理を推論する過程

である．したがって，$T(1),\ldots,T(6)$ の値を使って $T(n)$ の閉じた公式を推量するとき，帰納によって進めた．もちろんこのようなことは毎日四六時中おこなっている．しかし，数学では帰納でときどき非常にとんでもない誤りを犯すことがある(同じことは毎日の生活でも真であり，心していただきたい)．

間違った帰納の例としてしばしば引用されるのは，次の形のすべての数は素数である，というフレニクル宛てのフェルマーの言明である．

$$F(n) = 2^{2^n} + 1$$

彼はおそらくこれが $n = 0, 1, 2, 3, 4$ に対して真であることをいとも簡単に確かめ，それから一般化したのであろう．次の数は

$$F(5) = 2^{2^5} + 1 = 4{,}294{,}967{,}297$$

で，ペンと紙しかないとしたらとても大きい数である．フェルマーは数の大きさに怖気づいたか，あるいは計算で誤りを犯したのか．どちらであるかわかることは決してないだろう．しかし，見たように $F(5)$ は実は合成数であり，因数を見出した最初の人はオイラーであって，1738 年のことであった．この形の数は第 9 章で詳しく調べる．話は変るが，これは少数例から一般化することの危険の警告になっている．

17 世紀にフェルマーを含む何人かの数学者が，帰納で得られる結果の不確実さを気にし始めた．これがもとになって数値データから一般化して得られる結果，すなわち通常の帰納によって得られる結果の証明に非常に適した方法を展開することとなった．この新しい方法は**有限帰納法**，**数学的帰納法**あるいは**反復による推論**として知られるようになった．1654 年に出版された B. パスカルの小論文『算術 3 角形について』の中に，有限帰納の方法がほぼ正確に現代の形式で説明されているのが見出される．もちろん，題目の"算術 3 角形"は今日**パスカルの 3 角形**として知られている．パスカルは幾何学と物理学で第一級の仕事をした多才の人であり，さらに最初の機械じかけの計算機の 1 つを発明した．彼の『パンセ』はフランス文学の古典の 1 つである．

暫くの間ハノイの塔へ戻ろう．前節で計算した $T(1),\ldots,T(6)$ の値を注意深く見よう．これらの値のそれぞれに対し $T(n) + 1 = 2^n$ が成り立つことに

気がつく．こうして，n 個の円盤を持つハノイの塔のパズルを解くため必要な最小移動回数は $2^n - 1$ である，と予想するのは道理に適っている．実際には正の数のそれぞれに対して1つずつ，つまり無限に多くの言明を持っていることに注意しよう．しかし我々のデータは，これらの言明は $n = 1, \ldots, 6$ に対して真であることだけをいっているにすぎず，それ以上ではない．

ハノイの塔の例は実はかなり典型的である．与えられた問題についてのデータを有する(有限の)表を精査することは，しばしばすべての正の整数 n に対し真であるかもしれないと**予期される**言明 $S(n)$ を推論することを可能にする．有限帰納法はこうした言明の多くを証明する系統的アプローチを提供する．

有限帰納法の原理 正の整数 n のそれぞれに対し，次の2つの性質を持つ言明 $S(n)$ があるとしよう．

(1) $S(1)$ は真である．

(2) 正の整数 k に対し $S(k)$ が真ならば，$S(k+1)$ もまた真である．

このとき $S(n)$ はすべての正の整数 n に対し真である．

この原理がなぜ機能するのかその理由を理解することに努めよう．(1)および(2)が成り立つような言明があるとする．さて(2)が述べているのは，ある整数 k に対し $S(k)$ が真であることを示すことができれば $S(k+1)$ もまた真である，ということである．しかし，$S(1)$ は(1)によって真である．そこで，$k = 1$ として(2)を適用すれば，$S(2)$ は真であると結論する．いま，$S(2)$ は真であることがわかるから，今度は $k = 2$ として再び(2)を適用することができる．これは $S(3)$ が真であることを示している．もちろん任意の正の整数 n が与えられるとき，$S(n)$ に達するまでこれを続けることができる．こうして，言明はすべての正の整数 n に対し真でなければならない．

もちろんこれは帰納法の原理が機能することの証明ではない．実際ある意味でこの原理は決して証明できるものではない！19世紀最大の数学者の一人アンリ・ポアンカレは，要点を的確に説いている．

> 反復による推論が拠り所とする観点は，他の形式で提示されても良い．たとえば異なる整数の無限集合の中には，他のどれよりも小さいもの

が必ず存在する，といっても良い．1 つの言明からもう 1 つの言明へ容易に移れるので，反復による推論は正当であることを証明したという幻想を抱くかもしれない．しかし，必ずどこかで行き詰まる．常に証明できない公理に行き着くが，それは実は証明しなければならなかった命題を別の言葉に言い換えたものにしか過ぎないのである．

では，帰納法の原理の真理をそれほど強く信ずるのはなぜか．ポアンカレにもう一度助けを求めよう．

> なぜかといえば，作用がひとたび可能となれば，同じ作用の際限のない繰り返しを考えることができること知っている精神の力を肯定することにほかならないからである．

少ない元の集合にのみ馴染みがあるのに，自然数の列が無限であることを理解するのに何の困難もないのは，本質的に同じ理由によってである．ポアンカレの引用は彼の古典的な本『科学と仮説』からである．Poincaré 1952 を参照していただきたい．

この原理をハノイの塔の問題に適用しよう．証明したい言明は，n 個の円盤を持つハノイの塔のパズルを解くのに必要な最小移動回数 $T(n)$ は $2^n - 1$ である，ということである．言い換えると，$T(n) = 2^n - 1$ を証明したい．有限帰納法の原理によると，2 つのことを証明できればこれはすべての整数 $n \geq 1$ に対し真である．まず公式が 1 個の円盤のパズルに対し成り立つことを示さなければならない．しかし，$T(1) = 1$ および $2^1 - 1 = 1$ はすでに見てきた．であるから出発点では何もすることがない．

次に，言明がある $k \geq 1$ に対して成り立てば，$k+1$ に対しても成り立つことを示さなければならない．これは 2 つの要素を結びつければ達成される．

- 言明がある $k \geq 1$ に対して成り立つという (仮定した) 事実．上の例においては，ある $k \geq 1$ に対して $T(k) = 2^k - 1$ を仮定していることを意味する．これは**帰納法の仮定**と呼ばれる．

- $T(k)$ と $T(k+1)$ の間のある関係．上の例においては，これは漸化関係 $T(k+1) = 2T(k) + 1$ により与えられる．

このようにして，ある $k \geq 1$ に対し $T(k) = 2^k - 1$ であるとしよう．漸化関係から

$$T(k+1) = 2T(k) + 1 = 2(2^k - 1) + 1 = 2^{k+1} - 2 + 1 = 2^{k+1} - 1$$

となる．こうして，この場合有限帰納法の原理の条件 (2) もまた成り立つ．ここで帰納法の原理がものをいう．(1) および (2) が成り立つから，すべての $n \geq 1$ に対し $T(n) = 2^n - 1$ である．

　ハノイの塔のパズルを解くための最小移動回数の公式を証明したいま，この世が終わるまでにどれだけ時間が残されているか見出すことができる．もともとの塔は 64 個の円盤を持っていたことを想い起こそう．こうして，僧が創造の日から終末までにしなければならない移動総数は，$T(64) = 2^{64} - 1$ である．しかし，知りたいのはこれほどの回数円盤を移動するのにどれだけの時間かかるかである．僧が一枚の円盤を移動するのに平均して 30 分必要であると仮定しよう．円盤の大きさはいろいろであるが，どれくらい大きいのか伝えられていない．恐らくとてつもなく大きいのであろう，何しろ神の業であるのだから．金でできていれば，非常に重い．であるから 30 分は実は控えめの見積もりである．2^{64} は 10^{19} 程度の大きさであるから，僧がすべての円盤を移動するのに，10^{14} 年ほどかかることが簡単な計算で示される．最新の計算の示すところでは，ビッグバン以来 10^{11} 年が経過しているから，我々に残された時間は十分あることになる．

　この伝説は同時にまたパズルとして，リー・スー・スチャン (Li-Sou-Stian) 大学の N. クロー・ド・シャム (N. Claus de Siam) という人物によって，1883 年パリで最初に出版された．この人物と大学の名前は，実はサン・ルイ (Saint-Louis) 校で教えたリュカ・ダミアン (Lucas d'Amiens) のアナグラムである．これは数学者 F. E. A. リュカのことであって，彼がパズルもその起源に関する物語をも考案したのであった．リュカの 1894 年の本『数学遊戯』は，この話題に関する古典となった．リュカは数論の仕事もしたが，彼が発見した 2 つの素数判定法を本書第 9 章と第 10 章で学ぶことにする．その判定法の 1 つを使って，リュカは計算機の助けを借りずにメルセンヌ数

$$M(127) = 170{,}141{,}183{,}460{,}469{,}231{,}731{,}687{,}303{,}715{,}884{,}105{,}727$$

が素数であることを示した．

3 フェルマーの定理

　我々が証明したい定理はときどき愛着を込めて"フェルマーの小定理"と呼ばれる．それは p が素数で a が任意の整数のとき p は $a^p - a$ を割り切る，というものである．この結果のいくつかの特別の場合は何百年にもわたって知られていたが，完全な一般性をもって結果を述べたのは，フェルマーが最初であったようである．定理を合同式の言葉に翻訳することから始めよう．

フェルマーの定理 $p > 0$ を素数とし，a を整数とすると，
$$a^p \equiv a \pmod{p}$$
である．

　有限帰納法を使ってこの定理を証明するため，帰納法が適用できる命題 $P(n)$ を見つけなければならない．この命題は

$$\text{ある整数 } n \text{ に対して，} \quad n^p \equiv n \pmod{p}$$

である．命題が述べているのは定理の合同式が正の整数に対して成り立つということだけであることに注意しよう．したがって，一見定理を完全に一般的には証明しようとしていないかのようである．しかしながら，どんな整数も p より小さいある非負の整数に p を法として合同である．ゆえに，$0 \le a \le p-1$ に対して定理を証明すれば十分である．特に，命題 $P(n)$ がすべての $n \ge 1$ に対して成り立つことを証明すれば定理が導かれる．

　もちろん $1^p = 1$ であるから $P(1)$ は成り立つ．$P(n)$ から $P(n+1)$ へ行くため，これら2つの言明を関連づける方法を見出さなければならない．これは2項定理によって用意される．実は p を法とする整数のための2項定理の変形を補助的結果として分離すると，証明はかなり簡単になる．

補題 $p > 0$ を素数とし，a と b を整数とする．このとき
$$(a+b)^p \equiv a^p + b^p \pmod{p}$$

である．

補題の証明 2項公式から

$$(a+b)^p = a^p + b^p + \sum_{i=1}^{p-1} \binom{p}{i} a^{p-i} b^i$$

となる．こうして，補題を証明するには，

$$\sum_{i=1}^{p-1} \binom{p}{i} a^{p-i} b^i \equiv 0 \pmod{p}$$

を示せば十分である．しかし，$1 \leq i \leq p-1$ に対して2項係数 $\binom{p}{i}$ が p で割り切れることを証明すれば，これは直ちに導かれる．さて定義により

$$\binom{p}{i} = \frac{p(p-1)\ldots(p-i+1)}{i!}$$

である．

2項係数は整数であるから，この分数の分母は分子を割り切らなければならない．しかし $1 \leq i \leq p-1$ のとき p は $i!$ の因数でない．したがって，分数の分子に現れる因数 p は分母によって消去されない．したがって，$i!$ は $(p-1)\ldots(p-i+1)$ を割り切らなければならず，$\binom{p}{i}$ は p の倍数であることになり，これは証明したかったことである．

いまやフェルマーの定理の証明に戻ることができる．帰納法の仮定は

ある整数 n に対して，　$n^p \equiv n \pmod{p}$

であり，$(n+1)^p \equiv n+1 \pmod{p}$ を示さなければならない．補題により

$$(n+1)^p \equiv n^p + 1^p \equiv n^p + 1 \pmod{p}$$

である．帰納法の仮定によりこの式において n^p を n で置き換えることができる．これをすることにより

$$(n+1)^p \equiv n^p + 1 \equiv n+1 \pmod{p}$$

と結論するが，これは証明したかったことである．

フェルマーの定理のさらに興味ある応用は次の章まで待たねばならない．いまのところは，これは既に扱った問題であるが，p を法とするべきの計算を簡単化するのにこの定理を使うことで満足しよう．まず，もう少し使いやすい形で定理を述べなければならない．

定理によれば，p が素数で a が任意の整数のとき，$a^p \equiv a \pmod{p}$ である．さて整数 a は p で割り切れないとしよう．p は素数であるから，a と p は互いに素である．こうして，可逆性定理から a は p を法として可逆であり，a' をその逆元とする．$a^p \equiv a \pmod{p}$ に a' を掛けると

$$a'a \cdot a^{p-1} \equiv a'a \pmod{p}$$

を得る．しかし $a'a \equiv 1 \pmod{p}$ であるから，結局 $a^{p-1} \equiv 1 \pmod{p}$ となる．これは後で頻繁に使うフェルマーの定理の方程式の形である．それを後の参照のために述べておこう．

フェルマーの定理　p を素数とし，a を p で割り切れない整数とする．すると $a^{p-1} \equiv 1 \pmod{p}$ である．

フェルマーの定理を適用したい問題は次の通りである．3つの正の整数 a, k, p, ただし $k > p-1$ が与えられるとき，p を法とする a^k の剰余を見出せ．

p が a の因数なら剰余は 0 である．そこで p は a の因数ではないと仮定してよい．ここで k を $p-1$ で割って $k = (p-1)q + r$ を得る．ただし，q と r は非負の整数で $0 \leq r < p-1$ である．したがって

$$a^k \equiv a^{(p-1)q+r} \equiv (a^{p-1})^q a^r \pmod{p}$$

である．しかしフェルマーの定理により $a^{p-1} \equiv 1 \pmod{p}$ である．ゆえに，$a^k \equiv a^r \pmod{p}$ となる．こうして計算を $p-1$ より小さい指数で進めることができる．

この簡単な変形の威力の劇的な例を示そう．$2^{5,432,675}$ の 13 を法とする剰余を得たいものとしよう．前の章の手続きに従ってうまく結果を得るには，13 を法とする 2 のべきをいくつか計算しなければならないだろう．フェルマーの定理を使うとどうなるかを見よう．最初に 5,432,675 の $13-1=12$ による除算の剰余を見出すと 11 である．こうして，上で述べた議論を経て

$$2^{5,432,675} \equiv 2^{11} \pmod{13}$$

を得る．直接的な計算によって $2^{11} \equiv 7 \pmod{13}$ であることが示される．

4 根を数える

考えなければならない問題がさらに 1 つある．p で割り切れないすべての整数 a に対して $a^k \equiv 1 \pmod{p}$ であるような，$p-1$ より小さい正の整数 k があるだろうか．

この問題には次のように答えようとするかもしれない．多項式方程式はその次数より多くの根を持つことができないというよく知られた定理がある．しかし，p と互いに素なすべての整数 a に対して $a^k \equiv 1 \pmod{p}$ が成り立つから，多項式方程式 $x^k = \overline{1}$ の $\mathbb{Z}_p$ における根は，$\overline{1}, \ldots, \overline{p-1}$ である．したがって，方程式は $p-1$ 個の相異なる根を持つ．すぐ前に引用した定理によれば，これは $k \geq p-1$ を意味する．であるから，上に提示した問題への答えは否でなければならない．

前の段落の議論は正しいには違いないが，それは問題の本質を隠している．その本質は問題を解決するのに使った定理にある．我々が多項式方程式を扱うとき，通常実数あるいは複素数の係数の方程式を意味する．そして"根"というとき実数あるいは複素数の根を意味する．しかし，上の多項式方程式の係数およびその根は $\mathbb{Z}_p$ の元である．そこに問題がある．根の個数を次数に関連づける先の定理が，この場合にも正しいことを示さなければならない．これは不当な衒学趣味のもう 1 つの例にしかすぎないのか．断じてそうではない．定理は法が素数のときはまったく正しいが，合成数の法に対しては偽なのである．

定理 $f(x)$ を整数係数で主係数が 1 の k 次多項式とする．p が素数のとき，$f(x)$ は $\mathbb{Z}_p$ において k 個より多くの相異なる根を持つことができない．

いきなり証明へ行く前に，2 つの点を処理しなければならない．第 1 に，$ab \equiv 0 \pmod{p}$ なら $a \equiv 0 \pmod{p}$ あるいは $b \equiv 0 \pmod{p}$ であることを知る必要があるから，法は素数でなければならない．これは実は素数の基本性質を，合同式の言葉で言い換えたものであることに注意しよう．第 2 に，

証明の基本の要素の1つを，本節の終わりで証明する補題に分離する．

補題 $h(x)$ を整数係数の m 次多項式とする．整数 α が与えられるとき，$m-1$ 次多項式 $q(x)$ が存在して

$$h(x) = (x-\alpha)q(x) + h(\alpha)$$

である．

　定理の証明は，補題から少し助けをかりて，多項式 f の次数 n に関する帰納法による．$n=1$ のとき $f(x) = x+b$ である．そこで多項式は $\mathbb{Z}_p$ において解 $\overline{-b}$ だけを持つ．こうして，1次多項式は $\mathbb{Z}_p$ においてただ1つの解を持ち，定理はこの場合証明される．

　今度は主係数が1のすべての $k-1$ 次多項式は，$\mathbb{Z}_p$ においてたかだか $k-1$ 個の相異なる根を持つとしよう．これは帰納法の仮定である．これが，主係数が1の k 次多項式に対しても同じことが成り立つことを含意することを示したい．

　こうして，$f(x)$ を整数係数で主係数が1の k 次多項式とする．$f(x)$ が $\mathbb{Z}_p$ において根を持たないなら，$0 \leq k$ に対しては証明はこれで終わりである．このような多項式は存在する．一例を証明の終わりに与える．したがって，$f(x)$ は根 $\overline{\alpha} \in \mathbb{Z}_p$ を持つと仮定してよい．言い換えると，$f(\alpha) \equiv 0 \pmod{p}$ である．補題により，

$$f(x) = (x-\alpha)q(x) + f(\alpha) \tag{4.1}$$

で，$q(x)$ は次数 $k-1$ を持つ．$f(x)$ および $x-\alpha$ はともに主係数1を持つから，$q(x)$ についても同様であることに注意しよう．ゆえに，帰納法の仮定を $q(x)$ に適用することができる．

　さて式(4.1)を p を法として還元すれば，

$$f(x) \equiv (x-\alpha)q(x) \pmod{p} \tag{4.2}$$

を得る．$\overline{\beta} \neq \overline{\alpha}$ を $\mathbb{Z}_p$ における $f(x)$ の別の根とする．これは

$$f(\beta) \equiv 0 \pmod{p} \quad \text{ただし} \quad \alpha - \beta \not\equiv 0 \pmod{p}$$

を意味する．式(4.2)で x を β に置き換え，これらの合同式を使えば，

$$0 \equiv f(\beta) \equiv (\beta - \alpha)q(\beta) \pmod{p}$$

となる．p は素数であるから，これは $q(\beta) \equiv 0 \pmod{p}$ を含意する．$\overline{\beta}$ が $\mathbb{Z}_p$ における $f(x)$ の $\overline{\alpha}$ と異なる根であれば，$\overline{\beta}$ は $\mathbb{Z}_p$ における $q(x)$ の根であると結論する．言い換えると，$f(x)$ は ($\mathbb{Z}_p$ において) $q(x)$ の根の数よりも1つだけ多く根を持つことができる．しかし帰納法の仮定により，$q(x)$ は $\mathbb{Z}_p$ においてたかだか $k-1$ 個の相異なる根を持つ．ゆえに，$f(x)$ は k 個より多くの相異なる根を持つことができず，帰納法による証明が完結する．

例をいくつか考えよう．最初の例は，多項式 $f(x) = x^2 + 3$ である．これは定理の条件をすべて満たすが，5を法として根を持たない．実際任意の整数の平方の5を法とする剰余であり得るのは，1と4だけである．これは定理の証明において触れた例である．

2番目の例は，合成数を法として多項式の根を見出そうとするとき起こることを示している．たとえば，多項式 $x^2 - 170$ の $\mathbb{Z}_{385}$ における根は，簡単に確かめられるように，$\overline{95}, \overline{150}, \overline{235}, \overline{290}$ である．こうして，4根を有する2次の多項式方程式が存在するわけである．これはもちろん定理と矛盾するわけではない．それは385が合成数だからである．

定理の証明を完結するには，補題を証明しなければならない．これももう一度帰納法で行おう．しかしながら，2節の形で帰納法の原理を適用しようとすると，証明に穴があるのに気づくであろう．証明を進めていくうちに何が問題なのかがわかってくる．

帰納法の原理を少し異なる形で始めることでこの問題を克服しよう．2節の形では帰納法の原理の仮定は，$S(k)$ がある整数 $k \geq 1$ に対して真であると仮定している．実際にはもし $S(k)$ から $S(k+1)$ を証明しようとしているならば，$S(1), S(2), \ldots, S(k)$ が真であることはすでにわかっている．こうして，帰納法の仮定において $S(k)$ のみならず $S(1), S(2), \ldots, S(k-1)$ もまた真であると仮定し，そして $S(k+1)$ を証明するためにこの情報すべてを使ったとしても，原理はほとんどなにも変わらない．この変更を取り入れると，原理の言明は次の通りになる．

有限帰納法の原理 正の整数 n のそれぞれに対して，次の2つの性質を有す

る言明 $S(n)$ があるとしよう.

(1) $S(1)$ は真である.

(2) $S(1), \ldots, S(k)$ が正の整数 k に対して真であれば, $S(k+1)$ もまた真である.

このとき $S(n)$ はすべての正の整数 n に対して真である.

この形の原理を使えば, もはや補題を $h(x)$ の次数 m に関する帰納法によって証明することは易しい. $m=1$ なら $h(x)=ax+b$ である整数 a と b が存在する. ゆえに

$$h(x)=ax+b=a(x-\alpha)+a\alpha+b=a(x-\alpha)+h(\alpha)$$

である. さて, 補題が整数係数で次数が $m-1$ 以下のすべての多項式に対して成り立つとしよう. この事実から, 補題が整数係数の m 次多項式 $h(x)$ に対して成り立つことを結論づけたい.

$$h(x)=a_m x^m + a_{m-1}x^{m-1}+\cdots+a_1 x+a_0$$

ただし, $a_m \neq 0$ としよう. $g(x)=h(x)-a_m x^{m-1}(x-\alpha)$, すなわち

$$g(x)=(a_{m-1}+a_m\alpha)x^{m-1}+a_{m-2}x^{m-2}+\cdots+a_1 x+a_0$$

とする. 明らかに $g(x)$ の次数は $m-1$ 以下である. しかしながら, 次数がちょうど $m-1$ であるのは $a_{m-1}+a_m\alpha \neq 0$ のときに限るが, これが成り立つかどうか知る術がない. したがって, $g(x)$ が $m-1$ より小さい次数を持つこともあり得る. もし2節の形で帰納法の原理を使っているとしたら, ここで困ったことになる. 後々の参照の便のために, $g(\alpha)=h(\alpha)$ であることにも注意しよう.

$g(x)$ の次数は $m-1$ 以下であるから, 帰納法の仮定によって

$$g(x)=j(x)(x-\alpha)+g(\alpha)$$

となる. ただし, $j(x)$ は整数係数で次数が $g(x)$ より1次だけ低い多項式である. $g(\alpha)=h(\alpha)$ であるから,

$$g(x)=j(x)(x-\alpha)+h(\alpha)$$

である．しかし，$h(x) = g(x) + a_m x^{m-1}(x-\alpha)$ であるから，

$$h(x) = (j(x) + a_m x^{m-1})(x-\alpha) + h(\alpha)$$

である．結局，$j(x)$ の次数は $m-1$ より小さいから，$j(x) + a_m x^{m-1}$ の次数はちょうど $m-1$ である．これで補題の証明が完結する．

補題にはもっと直接的な証明がある．しかし，それには多項式の除算の予備知識が想定される．前と同様 $h(x)$ を整数係数の m 次多項式とする．$h(x)$ を $x-\alpha$ で割って，次のような2つの多項式 $q(x)$ および $r(x)$ を見出す．

$$h(x) = q(x)(x-\alpha) + r(x) \tag{4.3}$$

ここで $r(x) = 0$ であるか，あるいは $r(x)$ は $x-\alpha$ より低次である．したがって，$r(x)$ は次数 0 でなければならない．これは $r(x) = c$ が整数であることを意味する．式(4.3)で x を α に置き換えれば，

$$h(\alpha) = q(\alpha)(\alpha-\alpha) + c = c$$

となる．ゆえに，式(4.3)を

$$h(x) = q(x)(x-\alpha) + h(\alpha)$$

の形に書き直すことができ，証明が完結する．

5 練習問題

1. 帰納法により次のことを証明せよ．
   (1) すべての整数 $n \geq 1$ に対して，$n^3 + 2n$ は 3 で割り切れる．
   (2) $n > 0$ が奇数のとき $n^3 - n$ は常に 24 で割り切れる．
   (3) 凸 n 角形はちょうど $n(n-3)/2$ 個の対角線を持つ．
   (4) 整数 $n \geq 1$ のそれぞれに対し，$\sum_{k=1}^{n} k(k+1) = n(n+1)(n+2)/3$ である．

2. $n = 1, 2, \ldots$ に対し公式 $h_n = 1 + 3n(n-1)$ によって定義される数は **6角数**[1] と

---

[1] [訳注] 6角数の別の定義は，ここでの定義のように同心の正 6 角形ではなく，1つの頂点を共有する正 6 角形について同様に定義されるものである．この定義では h_n に相当するのは，$n(2n-1)$ である．

呼ばれる．その名称はこれらの数が同心の正 6 角形の辺の周りに整列できる事実に由来する．

(1) $n = 1, 2, 3, 4, 5$ に対して，最初の n 個の 6 角数の和を計算せよ．これらのデータを使って最初の n 個の 6 角数の和の公式を推測せよ．

(2) (1) で得られた公式を有限帰納法で証明せよ．

3. f_n がフィボナッチ数列の n 番目の数のとき，$f_0 = f_1 = 1$ および $f_n = f_{n-1} + f_{n-2}$ であることを想い起こそう．n に関する帰納法により
$$f_n = \frac{\alpha^n - \beta^n}{\sqrt{5}}$$
を示せ．ここに α と β は 2 次方程式 $x^2 - x - 1 = 0$ の根である．

4. 次によって再帰的に定義される正の整数の列 $S_0, S_1, S_2 \ldots$ を考えよう．
$$S_0 = 4 \quad \text{および} \quad S_{k+1} = S_k^2 - 2$$
$\omega = 2 + \sqrt{3}$ および $\varpi = 2 - \sqrt{3}$ とする．n に関する帰納法により $S_n = \omega^{2^n} + \varpi^{2^n}$ を示せ．

5. 有限帰納法の原理は非常に有用である．しかし，注意深く扱わねばならない．たとえば，色付きボールの有限集合においてすべてのボールが同じ色を持たねばならないことの，次の証明のどこに間違いがあるのであろうか．証明は集合の元の数に関する帰納法による．

> もし集合がただ 1 つのボールを持てば，言明は明らかに真である．さて k 個の色付きボールすべての集合において，すべてのボールが同じ色を持つと仮定しよう．これを使って，$k+1$ 個のボールの集合内のすべてのボールは，同じ色を持たなければならないことを示したい．この後の方の集合内のボールを $b_1, \ldots, b_{k+1}$ で表そう．b_{k+1} を取り除くと k 個のボールの集合が得られる．こうして，帰納法の仮定により，$b_1, \ldots, b_k$ は同じ色を持たねばならない．そこで b_{k+1} が集合 $\{b_1, \ldots, b_k\}$ の 1 つのボールと同じ色を持つことを示しさえすれば，証明が完結する．しかし集合 $b_2, \ldots, b_{k+1}$ もまた k 個の元を持つ．であるからそのすべてのボールは同じ色を持つ．こうして，b_{k+1} はたとえば b_2 と同じ色を持つ．ゆえに，ボール $b_1, \ldots, b_{k+1}$ は同じ色を持つ．

6. 3^n 個の硬貨を持っているが，その内の 1 つは偽物で他のものより軽いとしよう．いま一対の天秤が与えられるが重りは与えられていないとする．硬貨の重さを量

る唯一の方法は，いくつかを片方の天秤に，またもう一方にいくつかを載せ，釣り合うかどうかをみることである．偽硬貨を見出すために n 回の試行で十分であることを有限帰納法により示せ．

7. p_n を n 番目の素数とする．したがって，たとえば $p_1 = 2, p_2 = 3, p_3 = 5$ である．n 番目の素数の n による上界を見出したい．

   (1) $p_{n+1} \leq p_1 \ldots p_n + 1$ を示せ．
   (2) 有限帰納法と(1)を使って，n 番目の素数は不等式 $p_n \leq 2^{2^n}$ を満たすことを示せ．

8. フェルマーの定理を使って，$2^{70} + 3^{70}$ が 13 で割り切れることを示せ．

9. a を基数 10 で書かれた正の整数とする．a^5 と a の一の位の数字は同じであることを示せ．

10. すべての整数 n に対して，数 $n^3 + (n+1)^3 + (n+2)^3$ は 9 で割り切れることをフェルマーの定理を使って示せ．

11. $p \neq 2, 5$ を素数とする．p は集合

    $$\{1, 11, 111, 1111, 11111, \ldots\}$$

    のある元を割り切ることを示せ．

    ヒント：フェルマーの定理により，$p > 5$ のとき $10^{p-1} - 1$ は p で割り切れることになる．$p = 3$ の場合は別に扱わなければならない．

12. 方程式 $x^{13} + 12x + 13y^6 = 1$ は整数解を持たないことを示せ．

    ヒント：13 を法として還元し，フェルマーの定理を使え．

13. 次の除算の剰余を見出せ．

    (1) $39^{50!}$ 割る 2251
    (2) 19^{39^4} 割る 191

14. この問題の目的は，$p = 4n + 1$ が素数のとき，p が $a^2 + b^2$ を割り切るような整数 a と b があることを示すことである．x と y を p と互いに素な 2 つの整数とする．$a = x^n$ および $b = y^n$ とおく．このとき

    $$(a^2 - b^2)(a^2 + b^2) = x^{4n} - y^{4n}$$

    である．

(1) フェルマーの定理を使い $x^{4n} - y^{4n}$ は p で割り切れることを示せ.

(2) (1)を使い, p は $a^2 + b^2$ あるいは $a^2 - b^2$ を割り切ることを示せ.

p が $a^2 + b^2$ を割り切るなら, 結論は証明される. したがって, 背理法により任意の整数 x と y に対して p は $x^{2n} - y^{2n} = a^2 - b^2$ を割り切る, と仮定することができる. 特にこれは x が任意の整数で $y = 1$ のとき成り立たなければならない. この場合任意の整数 x に対して $x^{2n} - 1$ は p で割り切れる.

(3) すべての整数 x に対し $x^{2n} \equiv 1 \pmod{p}$ なら, 4 節の定理と矛盾することを示せ.

(4) これらの結果を使い, $a^2 + b^2$ が p で割り切れるような整数 a と b が存在しなければならないことを示せ.

フェルマーは, $4n + 1$ の形のすべての素数は 2 つの平方数の和として書くことができる, というより強い結果を知っていた. Weil 1987, 第 II 章 VII 節, VIII 節を参照していただきたい. 上の結果を第 4 章の問題 13 と比較せよ.

15. この問題でフェルマーの定理のオイラーの証明を記述する. フェルマーの証明と違い, これは有限帰納法を使わない. p を素数, また $\overline{a} \neq \overline{0}$ を $U(p) = \mathbb{Z}_p \setminus \{\overline{0}\}$ の元とする. 次の部分集合を考えよう.

$$S = \{\overline{a}, \overline{2a}, \ldots, \overline{(p-1)a}\}$$

(1) S の元はすべて異なることを示せ.

(2) S は $p - 1$ 個の元を持つことを示し, $S = U(p)$ を結論せよ.

(3) (2)は, S のすべての元の積が $\overline{(p-1)!} = \overline{1} \cdot \overline{2} \cdots \overline{(p-1)}$ に等しいことを含意することを示せ.

(4) S の元の積はまた $\overline{a}^{p-1}\overline{(p-1)!}$ に等しいことを示せ.

(5) (3)と(4)はフェルマーの定理を含意することを示せ.

16. p を素数とし, a を p で割り切れない整数とする. $\mathbb{Z}_p$ における $\overline{a}$ の逆元は $\overline{a}^{p-2}$ であることを示せ.

17. $p = 4k + 3$ を正の素数とする. 整数 a が与えられるとき, 方程式 $x^2 \equiv a \pmod{p}$ を考える.

(1) 方程式が解を持たないような a と p の例をいくつか与えよ.

(2) もし方程式が解を持てば, それは p を法として $\pm a^{k+1}$ と合同であることを示せ.

ヒント：方程式が解を持てば，$b^2 \equiv a \pmod{p}$ となるような整数 b が存在する．こうして
$$(a^{k+1})^2 \equiv b^{4(k+1)} \equiv b^{4k+2} \cdot b^2 \pmod{p}$$
となる．いまや(2)はフェルマーの定理により直ちに導かれる．

18. 問題 16 からの成果を使って整数 a と素数 p を入力として与えられるとき，p を法とする a の逆元を求めるプログラムを書け．プログラムはまず p が a を割り切るかどうか検査すべきである．

19. $p = 4k + 3$ を正の素数とする．p と正の整数 a が与えられるとき，$x^2 \equiv a \pmod{p}$ の解を計算するプログラムを書け．この方程式が解 b を持てば，$b \equiv \pm a^{k+1} \pmod{p}$ であることが問題 17 からわかっていることに注意しよう．こうして，プログラムは p を法とする a^{k+1} の剰余を計算し，この数が本当に与えられた方程式の解であるかを検査する．出力は方程式の解であるか，あるいは解を持たないというメッセージである．これは第 11 章の問題 8 で終わる一連の問題の 2 番目の問題である．

20. 数論におけるいくつかの問題は，ある整数 a に対して方程式
$$a^{p-1} \equiv 1 \pmod{p^2}$$
を満たす素数に到達する．正の整数 $a > 1$ と r を入力として持つとき，上の方程式を満たす $a+1$ から r までの区間内のすべての素数 p を見出すプログラムを書け．プログラムは最初にエラトステネスのふるいを用いて r 以下の素数を見出さなければならない．それからこれらの素数の中で上の合同式をも満たすものが探索される．$r = 10^5$ なら，合同式を満たす素数の個数は，$a = 2, 5, 10, 14$ のとき 2 であり，$a = 19$ のとき 5 である．

第6章 擬素数

本章では，因数の全数探索をしないで数が合成数であることを示すために，フェルマーの定理をどのように使うことができるかを見ることにしよう．本章の最後では，様々な計算機代数系が，数が素数か合成数かを調べるため使う戦略を議論する．

1 擬素数

フェルマーの定理から，p が素数でかつ a が p で割り切れない整数なら，$a^{p-1} \equiv 1 \pmod{p}$ である．さてある正の奇数 n が素数であるかどうかを問われるとしよう．また，p で割り切れず $b^{n-1} \not\equiv 1 \pmod{n}$ であるような整数 b をなんとかして見つけるとしよう．すると，フェルマーの定理から n は素数ではあり得ないことになる．数 b は n が合成数であるという事実の**証拠**と呼ばれる．こうしてこれが数の素因数分解に頼らない，合成数であることを判定する方法である．この判定法に関する問題は，証拠を見出すことができない限りうまく機能しないことである．そして証拠を見出すためには運が必要である．しかし，後でわかることだが，そのような証拠はむしろ見つかりやすいのである．

すべての整数の中から証拠 b を探す必要はないことに注意しよう．実際，n を法とする合同式を扱っているから，探索を区間 $0 \leq b \leq n-1$ に制限することが可能である．また b は n の倍数であってはならないから，0 は除外でき，また $1^{n-1} \equiv 1 \pmod{n}$ はすべての n に対して成り立つから，1 は除外でき

る.さらに,n は奇数と仮定しているから,$(n-1)^{n-1} \equiv 1 \pmod{n}$ である.こうして,合同式はまた $n-1$ によっても満たされる.ゆえに $1 < b < n-1$ と仮定することができる.この判定法を使う前に,定理の形で述べておこう.

合成数判定 $n > 0$ を奇数とする.次のような整数 b が存在すれば,n は合成数である.

(1) $1 < b < n-1$,かつ

(2) $b^{n-1} \not\equiv 1 \pmod{n}$

1 並び数 $R(n)$ は次の式で定義されることを想い起こそう.

$$R(n) = \frac{10^n - 1}{9}$$

言い換えると,それは数字 1 を n 回続けて得られる整数である.第 2 章の問題 5 を見ていただきたい.n が合成数のとき,$R(n)$ は合成数であることを見てきた.しかしながら 229 は素数であるから,$R(229)$ が素数であるか合成数であるかを事前にいうことはできない.さらに,この数は 200 桁以上であるから,素因数分解アルゴリズムを使うのは良い考えではない.代わりに,$b = 2$ として合成数判定法を適用しよう.計算機代数系を援用すれば,$R(229)$ を法とする $2^{R(229)-1}$ の剰余を計算するのはたやすい.それは

10451650058433339778175376885982835488612737233884898570848288405666898406290825536552313452374268256539145527606121567512885287283062854774198632697829520351103663852079821692412346101479040743884170069248576365931104545032921750

であり,$R(229)$ を法として 1 と合同ではない.したがって $R(229)$ は合成数である.

我々の興味は合成数よりは素数にあるから,フェルマーの定理を数が素数であることの証明に使うことができるかどうかを問うのは理にかなっている.より精確には,$n > 0$ はある整数 $1 < b < n-1$ に対し,$b^{n-1} \equiv 1 \pmod{n}$ を満たす奇数であるとしよう.このとき n は必ず素数であろうか.有名な哲学者にして数学者ライプニッツは,答えは肯定的であると信じた.彼は実際に

素数判定法としてこれを使った．その際，計算を簡単にするためいつも $b = 2$ を選んだ．

残念ながら，ライプニッツはこの点について全く間違っていた．たとえば，$2^{340} \equiv 1 \pmod{341}$ である．こうして，ライプニッツによれば341は素数でなければならない．しかし，$341 = 11 \cdot 31$ は合成数である．この判定で"偽の肯定的"な結果を与える数は擬素数として知られる．言い換えると，正の整数 n が奇数の合成数であって，ある整数 $1 < b < n-1$ に対して $b^{n-1} \equiv 1 \pmod{n}$ を満たすとき，**底 b に関する擬素数**と呼ばれる．したがって，341は底2に関する擬素数である．

確かに100パーセント正確ではないにしろ，それでもライプニッツの判定法は至極有用である．ランダムに選んだ小さい数に対して，この判定法は失敗するより成功することが多い．どうしてそうなのかを見るため，素数と底2に関する擬素数をある範囲内で勘定してみよう．たとえば，1と 10^9 の間には50,847,534個の素数があるが，底2に関する擬素数は5597個しかない．こうして，ライプニッツの判定法を通るこの範囲の数は，底2に関する擬素数であるよりは素数であることの方がずっと多い．

さらに，ただ1つの底に対してのみ判定法を適用してきたが，いくつかの異なる底を使えば，検出されない合成数の個数はかなり減少する．たとえば，$3^{340} \equiv 56 \pmod{341}$ であるから，3は341が合成数である事実の証拠である．実際，1と 10^9 の間には底2および3に関する擬素数は1272個あるが，底2, 3, 5に関する擬素数は685個しかない．

検査しなければならないのは有限個の底に対してだけであるから，n が合成数であってなおかつこれらすべての底に関して擬素数である，ということがあり得るかどうかを問うのは理にかなっている．$n > 2$ とし，ある $1 < b < n-1$ に対し $b^{n-1} \equiv 1 \pmod{n}$ であるとしよう．$b^{n-1} = b \cdot b^{n-2}$ であるから，合同式から b は n を法として可逆であることになる．可逆性定理によりこれは $\gcd(b, n) = 1$ ということと同値である．こうして，n が合成数で b が n と互いに素でないなら，$b^{n-1} \not\equiv 1 \pmod{n}$ である．特に，n のどの因数も n が合成数であることの証拠となる．こうして，上の質問への答えは否でなければならない．

前の段落の結果の観点からいって何を結論することができるであろう．我々

の目標は，与えられた数が素数であるかどうかを決定する効率の良い方法を見つけることであることを想い起こそう．さて，もしこの数が小さな因数を持てば，それは第2章の試行除算アルゴリズムで容易に見出せる．そこで実用的には，合成数判定法は考察している数の因数がすべてかなり大きいときのみ適用される．こうして，上に呈した疑問は実用的興味に乏しい．大きな数 n が 2 と $n-2$ の間のすべての底に関して擬素数かどうかを調べることを試すより，因数を探索する方が速いであろう．ではあるが，次の節で見るように，話はこれで終わりではない．

先へ進む前に，いくつかの本では $\pi(10^9)$，すなわち数 10^9 より小さい正の素数の個数の値として，上に与えたのより小さい値を載せているものがあることを注意しておくのは良いことかもしれない．これは偶然の誤植ではない．というのはすべての本が同じ数を与えているからである．なにが起こったかといえば，1893年デンマークの数学者 N. P. ベアテルセンが $\pi(10^9)$ の計算で誤りを犯したのである．その結果として計数が正しい値より56個の素数だけ不足したのであった．皮肉にも彼の計算は表の誤りを正すことを意図したものであった．その代わりに彼は新たな誤りをおかし，これはつい最近の1993年に発行された本にも見出されるのである．

2 カーマイケル数

前の節の終わりで見たように，正の奇数 n が合成数で n と互いに素でない底 b が選ばれると，n は底 b に関する擬素数にはならない．残念ながら，これはあまり助けにはならない．実用的には，計算を限界内に保つため，単に小さい素数の中から底をいくつか選ぶ．n の最小の因数が非常に大きいと，これらの底はすべて n と互いに素になる．そこで，真に考えるべき問題は，1節の終わりで扱ったものの改良した形のものである．新しい質問は，正の奇数 n で n と互いに素な底 b のすべてに関して擬素数となるものがあり得るか，である．先走っていえば，この問題への答えは肯定である．

b が n と互いに素であるとき，$b^n \equiv b \pmod{n}$ は $b^{n-1} \equiv 1 \pmod{n}$ を含意することに注意しよう．こうして(名目上はより強い)質問へと導かれる．**合成数**でなおかつすべての整数 b に対し $b^n \equiv b \pmod{n}$ を満たす正の奇数 n

2 カーマイケル数

はあるだろうか．問題をこの形に書き直すことの利点の 1 つは，b についてのそれ以上の仮定を必要としないことである．そのような数の例を与えた最初の数学者は R. D. カーマイケルで，1912 年に論文が発表された．Carmichael 1912 を参照していただきたい．それらの数がカーマイケル数と呼ばれる由縁である．

我々が述べるべき多くのことで，カーマイケル数は非常に重要な役目を果すので，きちんとした定義を与えておくのは良い考えである．奇数 $n > 0$ は，n が合成数で，すべての整数 b に対して $b^n \equiv b \pmod{n}$ のとき，**カーマイケル数**であるという．もちろん，合同式を $1 < b < n - 1$ について検査するだけで良い．というのは n を法として考えているからである．

カーマイケル自身が示した通り，最小のカーマイケル数は 561 である．原理的には定義からこれを確かめることができる．しかしながら，かなり小さい数に対してさえ，これは大変長くて退屈である．561 がカーマイケル数であることを**定義**から**直接**証明するためには，合同式 $b^{561} \equiv b \pmod{561}$ が $b = 2, 3, 4, \ldots, 559$ に対して成り立つことを確かめなければならない．これは合計 558 個の底を与える．これは計算機があれば大した仕事には見えないかもしれないが，しかし

$$349{,}407{,}515{,}342{,}287{,}435{,}050{,}603{,}204{,}719{,}587{,}201$$

がカーマイケル数であることを示すのはどうであろうか．まさに理論の振り出しに戻るべきときである．

561 がカーマイケル数であることを証明する間接的アプローチを試みよう．まず，この数は簡単に素因数分解されることに注意しよう．

$$561 = 3 \cdot 11 \cdot 17$$

さて，b を整数として，次を示したい．

$$b^{561} \equiv b \pmod{561} \tag{2.1}$$

我々の戦略は $b^{561} - b$ が 3, 11, そして 17 で割り切れることを示すことから成る．これらは**異なる素数**であるから，第 2 章 6 節の補題を使い，これらの素数の積が $b^{561} - b$ を割り切る，と結論することができる．しかし，積は

561 である．よって，式(2.1)が成り立つことを証明したことになる．

この戦略がうまくいくには，$b^{561}-b$ が 561 の各素因数で割り切れることを証明できなければならない．そこにフェルマーの定理が助けになってくれる．17 については詳しく計算し，3 と 11 については練習問題としておこう．そこで，$b^{561}-b$ が 17 で割り切れること，すなわち合同式を使っていえば

$$b^{561} \equiv b \pmod{17} \tag{2.2}$$

を示したい．2 つの場合を考えねばならない．17 が b を割り切るとき，式(2.2)の両辺は 17 を法としてゼロと合同である．であるからこの場合，合同式は成り立つことが確かめられる．次に 17 が b を割り切らないと仮定する．このとき，フェルマーの定理から $b^{16} \equiv 1 \pmod{17}$ となる．これを式(2.2)に適用する前に，561 の 16 による除算の剰余を決めなければならない．しかし，$561 = 35 \cdot 16 + 1$ である．したがって

$$b^{561} \equiv (b^{16})^{35} \cdot b \equiv b \pmod{17}$$

となる．561 の 16 による除算の剰余が 1 であるために，フェルマーの定理から簡単に計算できたことに注意しよう．運よく 561 の $2(= 3-1)$ および $10 (= 11-1)$ による除算の剰余もまた 1 である．したがって，3 と 11 に対する計算は上のと同様に容易である．

こうして，この戦略の成功は 561 の 2 つの性質に依存していた．第 1 に 561 を各素因数マイナス 1 で割ると剰余 1 を残す．第 2 に各素因数は 561 の素因数分解において重複度 1 で現れる．この証拠は大変運が良い例を選択した，という事実を指し示しているように思われる．そうでなければカーマイケル数は非常に稀であるに違いない．真実は実に驚くべきことであるとわかる．無限に多くのカーマイケル数があり，それらすべては 561 での計算の実行を簡単にした性質を共有するのである．これらの観察から出てくるカーマイケル数の特徴づけは，この主題に関するカーマイケルの論文の 13 年前に，A. コーセルトによって初めて与えられた．しかしながら，コーセルトは体系的に述べた性質を満たす数の例を全く与えなかった．

コーセルトの定理 奇数 $n > 0$ がカーマイケル数であるのは，n の各素因数 p に対して，次の条件が成り立つときかつそのときに限る．

(1) p^2 は n を割り切らない．

(2) $p-1$ は $n-1$ を割り切る．

数 n が上の(1)および(2)を満たすならカーマイケル数であることを，まず示そう．これをするために，561がカーマイケル数であることを示すために使った戦略を繰り返す．p が n の素因数であるとしよう．まず

$$b^n \equiv b \pmod{p} \tag{2.3}$$

を示す．b が p で割り切れるとき，式(2.3)の両辺は0と合同である．ゆえにこの場合，合同式は成り立つ．今度は p は b を割り切らないと仮定する．フェルマーの定理から $b^{p-1} \equiv 1 \pmod{p}$ である．これを式(2.3)に適用する前に，n の $p-1$ による除算の剰余を決めなければならない．ところで，(2)により $p-1$ は $n-1$ を割り切る．こうして，ある整数 q に対して $n-1 = (p-1)q$ であるから，

$$n = (n-1) + 1 = (p-1)q + 1$$

である．したがって

$$b^n \equiv (b^{p-1})^q \cdot b \equiv b \pmod{p}$$

となる．ここで2番目の合同式はフェルマーの定理から導かれる．要するに，p が n の素因数なら，すべての整数 b について $b^n \equiv b \pmod{p}$ である．

さて，(1)から $n = p_1 \ldots p_k$，ただし $p_1 < \cdots < p_k$ は素数である．しかし，$b^n - b$ はこれらの素数のそれぞれで割り切れることをすでに見た．これらの素数はすべて異なっているから，第2章6節の補題から $b^n - b$ は $p_1 \ldots p_k = n$ で割り切れる．言い換えると $b^n \equiv b \pmod{n}$ である．これらの計算は任意の整数 b に対し成り立つから，n はカーマイケル数であると結論する．

もし n が(1)と(2)を満たせば，それはカーマイケル数であることを示した．次に逆を考えよう．n はカーマイケル数であるとしよう．まず p^2 が n を割り切れば，矛盾が生ずることを証明しよう．これは n がカーマイケル数なら(1)が成り立つことを示すことになる．

n はカーマイケル数であるから，$b^n \not\equiv b \pmod{n}$ であるような整数 b を見出せば，矛盾が起こることに注意しよう．$b = p$ と選ぶ．すると

$$p^n - p = p(p^{n-1} - 1)$$

である．しかし p は $p^{n-1} - 1$ を割り切らないから，p^2 は $p^n - p$ を割り切ることがない．p^2 は n を割り切ると仮定しているから，n は $p^n - p$ を割り切ることができないことになる．言い換えると，$p^n \not\equiv p \pmod{n}$ であり，n はカーマイケル数ではない．

証明を完結するためには，n がカーマイケル数なら，(2) が成り立つことを示すだけで良い．しかしながら，これには**原始根定理**が必要になるが，それは第10章ではじめて証明する．コーセルトの定理の証明の結末は，したがって第10章3節まで待たねばならない．

残念なことに，与えられた整数がカーマイケル数であることを，コーセルトの定理を使って調べるには，まずその完全な素因数分解を見出さなければならない．数が大きいとき，これはまったく気力を失わせるほどの作業になることがある．幸い大きなカーマイケル数は小さな因数をたくさん持つことがしばしばである．たとえば，本節の冒頭で与えた36桁の数は，20個の素因数を持つ最小のカーマイケル数である．その完全な素因数分解は次の通りである．

11·13·17·19·29·31·37·41·43·61·71·73·97·101· 109·113·151·181·193·641

計算機代数系を使えば，これがカーマイケル数であることはすぐに確かめられる．いくつかのカーマイケル数を含む整数の族に関する問題3を見ていただきたい．

1912年の論文で，カーマイケルは今では彼の名で呼ばれる数の例を15個与え，"このリストは際限なく続くことができる"と付言した．こうして，彼は無限に多くのカーマイケル数があると暗に言っているように思われる．しかしながら，これの証明はとてつもなく難しいことがまもなくわかった．この問題が難しい理由は，カーマイケル数が非常に稀であるからである．たとえば，1 と 10^9 の間には，50,847,534 個の素数があるのに対して，カーマイケル数は 646 個しかない．問題は Alford, Granville, and Pomerance 1994 で最終的に解決し，そこで実際無限に多くのカーマイケル数があることが示されている．彼らの結果の副産物は素数判定法に深い関わりを有しており，こ

3 ミラーの判定法

フェルマーの定理は，因数を探索することなく与えられた数が合成数であるかを調べる方法を提供することを 1 節で見た．しかしながらこのアプローチはいつもうまくいくとは限らず，運悪ければ悲惨にも失敗することもあり得る．2 節で試みたのは，この場合の運の悪さが意味することを明確にすることであった．そこではカーマイケル数が多くの底に関して素数のように振舞うので，展開してきた判定法で合成数の性質を見分けることが事実上で不可能であることを見た．しかしカーマイケル数によってさえも簡単にはだまされないように，この判定法を改良できる．新しい判定法は 1976 年に G. L. ミラーによって提起された．

$n > 0$ を奇数とし，前と同様底と呼ぶ整数 $1 < b < n-1$ を選ぶ．n は奇数であるから $n-1$ は偶数である．**ミラーの判定法**の第 1 段階は，$n-1 = 2^k q$ であるような $k \geq 1$ を見出すことからなる．ここに q は奇数である．言い換えると，$n-1$ を割り切る 2 の最大べき，およびその余因数 q を見出さなければならない．

さて判定は次のような n を法とするべきの列の剰余の計算によって進行する．

$$b^q, b^{2q}, \ldots, b^{2^{k-1}q}, b^{2^k q}$$

n が素数のときこの列がどんな性質を有するかを見出そう．こうして，次に注意するまでは，n **は素数**であると仮定する．フェルマーの定理によれば

$$b^{2^k q} \equiv b^{n-1} \equiv 1 \pmod{n}$$

である．ゆえに，n が素数のとき列の最後の剰余は常に 1 である．もちろん列の前の方の元が 1 であるとわかることもあり得る．j を $b^{2^j q} \equiv 1 \pmod{n}$ であるような**最小**の指数であるとしよう．$j \geq 1$ なら

$$b^{2^j q} - 1 = (b^{2^{j-1}q} - 1)(b^{2^{j-1}q} + 1)$$

である．n は素数で，$b^{2^j q} - 1$ を割り切ると仮定しているから，n は $b^{2^{j-1}q} - 1$

を割り切るか, n は $b^{2^{j-1}q}+1$ を割り切るかのいずれかである. しかし, j は $b^{2^{j}q}-1$ が n で割り切れる最小の指数である. したがって, n は $b^{2^{j-1}q}-1$ の因数ではない. つまり $b^{2^{j-1}q}+1$ は n で割り切れなければならず, よって $b^{2^{j-1}q} \equiv -1 \pmod{n}$ であると結論する.

上の議論は, もし n が素数なら列

$$b^q, b^{2q}, \ldots, b^{2^{k-1}q}$$

の中のべきの1つは, n を法として -1 と合同でなければならないことを示している. いや, これですべてではない. 議論は j が 0 より大きいことに依存している. $j=0$ なら $b^q \equiv 1 \pmod{n}$ である. しかし q は奇数であるから, b^q-1 を素因数分解する直接的方法を持たない. だから n が**素数である**とき, n を法とするべき剰余の列の要素に対して, 次の 2 つのうちの 1 つが起き得る. その最初の要素が 1 であるか, あるいは要素の 1 つが $n-1$ である. これらのどちらも起きないとしたら, n は合成数でなければならない.

ミラーの判定法で使われる剰余列は, 各剰余が(最初のものを除いて)その前の剰余の平方であるから, 計算が非常に易しい. 実際, $j \geq 1$ に対して $b^{2^{j}q} = (b^{2^{j-1}q})^2$ である. 結果として, 系列がもし $n-1$ に等しい剰余を持てば, それより後のものはすべて n を法として 1 と合同である.

再び, 運がよければ与えられた数が合成数であることを示すことができる判定法を持つこととなった. しかしながら, ミラーの判定法は 1 節の判定法よりずっと効率が良い. その理由を理解するため, n が底 b に関する擬素数なら, べきの列は n を法として 1 と合同な要素を持たなければならないことに注意しよう. しかし n は素数でないから, このべきの前に $n-1$ が来ないチャンスが大きい. この場合, ミラーの判定法はその数が合成数であると判定する. ミラーの判定法のアルゴリズムは次の通りである.

ミラーの判定法

入力：奇数 $n > 0$ および底 b, ただし $1 < b < n-1$ である.
出力：" n は合成数である" あるいは "判定不能" の 2 つのメッセージのうちの 1 つ.

Step 1 奇数の余因数を見出すために必要なだけの回数, $n-1$ を 2 で割る. こうして $n-1 = 2^k q$ で q が奇数であるような, 正の整数 k と q を見出した.
Step 2 $i = 0$ および $r = n$ を法とする b^q の剰余, とおいて始める.
Step 3 もし $i = 0$ かつ $r = 1$, あるいは $i \geq 0$ かつ $r = n-1$ なら, 出力は "判定不能" である. そうでなければ, Step 4 へ行く.
Step 4 i を 1 だけ増し r を n を法とする r^2 の剰余で置き換える. Step 5 へ行く.
Step 5 もし $i < k$ なら, Step 3 へ戻る. そうでなければ, 出力は "n は合成数である" となる.

出力が**判定不能**のとき, 原理的には 2 つのことが起こり得る. n は素数であるか, あるいは合成数であるかである. 残念ながら, 第 2 の場合が実際起こる. いくつかの例を良い話から始めて眺めてみよう. 1 節で見たように 341 は底 2 に関する擬素数であるから, これはミラーの判定法の良い目標である. まず $340 = 2^2 \cdot 85$ である. さて, 指数 85 および 170 に対して, 341 を法とする 2 のべき剰余を見つけなければならない.

$$2^{85} \equiv 32 \pmod{341}$$
$$2^{170} \equiv 32^2 \equiv 1 \pmod{341}$$

これは出力が**合成数**であることを意味する.

さらに劇的な例がカーマイケル数 561 によって提供される. ミラーの判定法を底 2 に適用してみよう. 単純な計算によって $560 = 2^4 \cdot 35$ が示される. 561 を法とする 2 のべきの剰余列は次の通りである.

指数	35	$2 \cdot 35$	$2^2 \cdot 35$	$2^3 \cdot 35$
べき	263	166	67	1

ゆえに, 出力は**合成数**である. 561 はカーマイケル数であるが, 可能な最小の底だけを使ってそれが合成数であることを突き止めた.

さて, 悪い話の番である. 7 を底として使ってミラーの判定法を 25 に適用しよう. $24 = 2^3 \cdot 3$ であるから, 剰余列は次の通りである.

指数	3	$2\cdot 3$	$2^2\cdot 3$
べき	18	24	1

25が合成数であるにもかかわらず，判定の出力は判定不能である．もちろん底として7を選んだのはわけがあってのことである．底が2であったなら，出力は合成数となったであろう．

$n>0$ は奇数で $1<b<n-1$ とする．n が合成数ではあるが，底 b に関するミラーの判定法の出力が判定不能であれば，n は底 b に関する**強擬素数**と呼ばれる．上の例は25が底7に関する強擬素数であることを示している．ある数が底 b に関する強擬素数なら，その数は同じ底に関して擬素数であることは容易にわかる．問題7を参照していただきたい．

すでに言った通り，25は底2に関する強擬素数ではない．底2に関する最小の強擬素数は2047である．さらに，1と 10^9 の間に底2に関する強擬素数は1282個しかない．このことはこの判定法の有効性の良い目安を与える．もちろん，複数の底に関してミラーの判定法を適用して，非常に見事な水準にまで有効性を高めることができる．たとえば，底2, 3, 5に関する最小の強擬素数は25,326,001である．

さらに，"強いカーマイケル数"はない．これは M. O. ラビンの結果から導かれる．

ラビンの定理 $n>0$ を奇数とする．ミラーの判定法を n に適用するとき，1と $n-1$ の間の $n/4$ 個より多くの底に対して出力が "判定不能" なら，n は素数である．

詳細については Rabin 1980, 定理1，および Knuth 1981, 4.5.4節，問題22を参照していただきたい．いうまでもなく，n が大きければ，ミラーの判定法を $n/4$ 個の底に対して適用することは実用的ではない．この事実にもかかわらず，次の節で見るようにほとんどの実用的な素数判定法はラビンの定理に基づいている．

4 素数判定と計算機代数

多くの計算機代数系は，与えられた数が素数かどうかを判定する簡単な指令

を持っている．このことについて初心者が最も驚くことは，与えられた数が非常に大きなときでさえ，答えがほとんど瞬時に返ってくることである．何が起きているかといえば，ほとんどの系は数が素数かどうかを調べるために，底の十分大きな集合に対して適用するミラーの判定法に頼っているということである．

ミラーの判定法をこのように使うことの背後にある理論的根拠はラビンの定理にある．n を奇数の**合成数**とし，底 b を 1 と $n-1$ の間でランダムに選ぶ．ミラーの判定法を n と b に対して適用するとき，判定不能の出力が得られる確率は，ラビンの定理から

$$\frac{n/4}{n} = \frac{1}{4}$$

以下になる．であるから，この場合 n が合成数である確率は $1/4$ と仮定するのはもっともらしい．さて，k 個の底を選ぶとこの確率は $1/4^k$ のはずである．こうして，より多くの底を選ぶことにより，この確率を望むだけ小さくすることができる．

このような考察によって**ラビンの確率的素数判定法**が得られる．これは確率的判定法であるから，誤る確率をどれほど小さくしたいのかを決めなければならない．その確率が ϵ より小さくなければならないと決めたとして，k を $1/4^k < \epsilon$ であるような正の整数とする．ラビンの判定法は k 個の底の選択と，その底すべてに対するミラーの判定法の適用とからなる．上の議論によって，合成数がすべての底に対して判定不能の出力を持つ確率は $1/4^k$ 以下であり，よって ϵ より小さく，これは所望の結果である．これらの底をどのように選ぶべきか．もちろん底は小さく抑えるのが便利である，というのはそうでなければミラーの判定に要する計算の実行に時間がかかり過ぎるからである．普通の選択は最初の k 個の正の素数である．

もちろん，判定する数が素数であることを相当確かにしたければ，ϵ を非常に小さく選ばなければならない．たとえば $\epsilon = 10^{-20}$ とする．$1/4^{40}$ は 10^{-24} 程度の大きさであるから，10^{-20} より小さい誤り確率を達成するためには 40 個の底を選べば良いであろう．底は最初の 40 個の素数であると仮定しよう．残念ながら，選択した底が 300 より小さい素数のとき，ミラーの判定法が判定不能の出力を出す (397 桁の) カーマイケル数がある (Arnault 1995 を参照していただきたい)．このような素数は 62 個あるから，この数は選んだ底の

すべてに対して判定不能の出力を出すであろう！

ラビンの判定法が周知の計算機代数系でどのように実装されているかを見よう．もちろん，系はそれぞれ独自の戦略を持つ．たとえば，Maple V.2[1]は3段階で素数判定をする．まず 10^3 より小さい素因数の探索をする．そのような因数が見つからなければ，系はミラーの判定法を底 $2, 3, 5, 7$ および 11 に対して適用する．最後に，与えられた数が次のような数の族のいずれかに属さないことを検査する．

$$(u+1)\left(k\frac{u}{2}+1\right), \quad 3 \leq k \leq 9$$
$$(u+1)(ku+1), \quad 5 \leq k \leq 20$$

この最後の段階の根拠は，系が標準として使う底に対してこれらの族の中に多くの既知の強擬素数があることである（Pomerance et al. 1980 を参照していただきたい）．しかしながら，合成数

$$12{,}530{,}759{,}607{,}784{,}496{,}010{,}584{,}573{,}923$$

は Maple V.2 では素数と判定される．この数の最小の素因数は286,472,803である．Maple のもっと新しい版では素数判定法は修正されており，上の数は今は正しく合成数と同定される．

Axiom 1.1[2]は異なる戦略を持つ．それは判定する数に応じて使う底の個数を調整するというものである．Axiom 1.1 が使う判定法は，341,550,071,728,321 より小さい数に対して常に正しい素数判定をすることが示されている（Jaeschke 1993 を参照していただきたい）．この限界より大きな数に対しては，Axiom 1.1 の判定はミラーの判定法のための底として，最も小さい10個の正の素数を使う．Maple と同じく，この系もまたとりわけ厄介と考えられる数に対しさらに調べる．ここでも判定は完全ではなく，ある56桁の合成数については失敗する．

これらの系が採る戦略は，もし十分多くの底を選びさえすれば"完全な"判定を与える，と最初考えるかもしれない．しかし，これは理論的にさえ可能ではない，というのが真相である．カーマイケル数に関するアルフォード，グランヴィル，ポメランスの仕事の帰結の1つは，次の通りである．

---

[1] $Maple^{TM}$ は Waterloo Maple Software, Inc. の製品である．
[2] Axiom は NAG (Numerical Algorithms Group), Ltd. の登録商標である．

任意の有限個の底が与えられるとき，これらすべての底に対し強擬素数であるカーマイケル数が無限に多く存在する．

こういうわけで，固定した個数の底に適用するミラーの判定法に基づいて数が素数であることを主張する場合は，常に注意が必要である．1つの可能な対策が *Axiom 2.2* に実装されている．系は今では判定したい数の大きさに従って底の個数を増やしている．10進で $2k$ 桁の数に対し，系はほぼ k 個の底を選び，こうして判定の精度を上げている．

以上の系がどのように素数判定するかの詳細と，それぞれの判定が失敗する数の例を Arnault 1995 に見ることができる．ある数が素数であることを確実に主張することができる判定法を第10章で勉強することにする．予想される通り，これらの判定法はミラーの判定法ほど効率的でも使いやすくもない．

5 練習問題

1. 3つの数 645, 567, 701 の内どれが底2に関する擬素数であるか．どれが底3に関する擬素数か．どれが素数か．

2. n が底 a と ab に関する擬素数であるなら，n はまた底 b に関しても擬素数であることを示せ．

3. n を正の整数とし，$p_1 = 6n+1$, $p_2 = 12n+1$, $p_3 = 18n+1$ とおく．p_1, p_2, p_3 が素数なら，積 $p_1 p_2 p_3$ はカーマイケル数であることを示せ．これらの条件は $n = 1, 6, 35$ のとき満たされることを示せ．これらの n の値のそれぞれに対して，どのカーマイケル数が得られるか．

4. 29,341を素因数分解し，これがカーマイケル数であることを示せ．

5. $p_1 < p_2$ を2つの奇素数とする．$n = p_1 p_2$ と書き，$p_1 - 1$ および $p_2 - 1$ が $n - 1$ を割り切ると仮定する．$n - 1 \equiv p_1 - 1 \pmod{p_2 - 1}$ を示し，これを用いて矛盾を導け．カーマイケル数は素因数を2つだけ持つことはない，と結論せよ．

6. 3つの整数 645, 2047, 2309 の内どれが底2に関する強擬素数であるか．どれが底3に関する強擬素数か．どれが素数か．

7. 正の奇数 n が底 b に関する強擬素数なら，この底に関する擬素数であることを示せ．

第 6 章 擬素数

8. 10^6 より小さい底 2 および 3 に関する擬素数をすべて見出すプログラムを書け. n は次を満たす**奇数の合成数**のとき, 底 2 および 3 に関する擬素数であることを想い起こそう.

$$2^{n-1} \equiv 1 \pmod{n} \quad \text{かつ} \quad 3^{n-1} \equiv 1 \pmod{n}$$

したがってプログラムは, 奇数の合成数に対してのみ合同式を調べるものになる. これらの数を見出す 1 つの方法は, エラトステネスのふるいを 10^6 までの奇数に対し実行し, 素数でなく合成数を蓄えることである. 見出した擬素数のうちのいくつがカーマイケル数か.

9. d 個の素因数を持つカーマイケル数をすべて見出すプログラムを書け. ただし素因数はすべて 10^3 より小さいとする. 主な問題は d の小さい値に対してさえ, カーマイケル数のあるものは極めて大きいことである. こうして p が n の素因数のとき, 合同式を使い $p-1$ が $n-1$ を割り切ることを確かめることが必要である. さらにプログラムは数 $n = p_1 p_2 \ldots p_d$ を生成し終えると, n の因数を一度に 1 つずつ乗じ, 積のそれぞれを $p_i - 1$ を法として還元して, $p_i - 1$ を法とする n の剰余を計算する. すべての素因数は 10^3 より小さいから, こうすれば数はプログラミング言語の実現可能な範囲内に収まることになる. このプログラムを使い, $3 \leq d \leq 8$ に対して 10^3 より小さい d 個の因数のカーマイケル数をすべて見出せ. 因数を乗ずる必要はない. プログラムが得た数のそれぞれに対して因数を列挙するだけで良い.

10. 与えられた底のそれぞれについて, 最小の強擬素数を見出すプログラムを書け. 入力は整数 $b \geq 2$ である. プログラムはすべての奇数の合成数に対して, 出力が "判定不能" であるようなものを見出すまで, ミラーの判定法を (底 b について) 適用すべきである. これは底 b に関する最小の強擬素数である. もちろん探索は, 選んだプログラミング言語がサポートする最大の正の整数 K より小さい数に限定される. こうしてプログラムはとり得る 2 つの出力の 1 つを持つことができる. すなわち出力は, 底 b に関する最小の強擬素数であるか, あるいは "底 b に関する強擬素数で K より小さいものはない" というメッセージである. K より小さい奇数の合成数を見出すには, エラトステネスのふるいを使うことができる. そのプログラムを使い, 底 2, 3, 5 および 7 に関する最小の強擬素数を見出せ.

11. 底 2 に関する p^2 の形の擬素数を見出すプログラムを書け. ここで, p は $5 \cdot 10^4$ より小さい素数である. プログラムはエラトステネスのふるいを使いすべての正の素数 $p \leq r$ を見出し, 各素数をテストしてどれが $2^{p^2} \equiv 2 \pmod{p^2}$ を満たすかを見る. 底 2 に関する擬素数で平方数の例は, 上に指定した範囲には 2 つしかない.

第7章　連立合同式

本章では連立線形合同式を解く方法，すなわち**中国式剰余アルゴリズム**を学ぶ．最後の節でこのアルゴリズムが，複数の人たちの間で秘密鍵を分散する方式を実装するために，どのように使われるかをみることにする．

1　線形方程式

1つの線形方程式

$$ax \equiv b \pmod{n} \tag{1.1}$$

の場合から始めよう．ここで n は正の整数である．この方程式は $\gcd(a,n) = 1$ のとき簡単に解けることを第4章7節で見た．というのは，可逆性定理によって，$\gcd(a,n) = 1$ は $\mathbb{Z}_n$ において $\overline{a}$ が可逆であることを意味するからである．$\overline{\alpha}$ をその逆元とする．式(1.1)の両辺に α を乗ずれば，

$$\alpha(ax) \equiv \alpha b \pmod{n}$$

を得る．$\alpha a \equiv 1 \pmod{n}$ であるから，

$$x \equiv \alpha b \pmod{n}$$

となるが，これは方程式の解である．特に，n が素数で $a \not\equiv 0 \pmod{n}$ のとき，式(1.1)は常に解を持つ．

さて，$\overline{a}$ が $\mathbb{Z}_n$ において可逆でないとすれば，$\gcd(a,n) \neq 1$ である．しかし，もし式(1.1)が解を持てば，これは次のような $x,y \in \mathbb{Z}$ が存在することを意味する．

146 第7章 連立合同式

$$ax - ny = b \tag{1.2}$$

これは $\gcd(a,n)$ が b を割り切るときのみ可能である．こうして，式(1.1)が解を持てば，b は $\gcd(a,n)$ で割り切れる．もちろん $\bar{a}$ が $\mathbb{Z}_n$ に逆元を持てば，この場合 $\gcd(a,n) = 1$ であるから，この条件は満たされる．

上で到達した結論の逆もまた成り立つのか見るとしよう．$d = \gcd(a,n)$ が b を割り切るとしよう．するとある正の整数 a', b' および n' に対して $a = da'$, $b = db'$ かつ $n = dn'$ である．ゆえに，d を消去した後で式(1.2)は

$$a'x - n'y = b'$$

となるが，これは合同式 $a'x \equiv b' \pmod{n'}$ と同値である．これはもとの法 n の約数である n' を法とする合同式であることに注意しよう．さらに $\gcd(a',n') = 1$ であるから，新しい合同式は解を持たなければならない．こうして，$\gcd(a,n)$ が b を割り切るなら，式(1.1)は必ず解を持つことを示した．

まとめると，合同式(1.1)は $\gcd(a,n)$ が b を割り切るとき，かつそのときに限り解を持つ．第1章の問題7を参照していただきたい．さらに線形合同式を解くこの方法は，適用するのが極めて易しい．というのは，それは拡張ユークリッドアルゴリズムだけを使うからである．しかしながら，解が得られるときいささか驚くかもしれない．

合同式 $6x \equiv 4 \pmod{8}$ を解いてみよう．$\gcd(6,8) = 2 \neq 1$ であるから，$\bar{6}$ は $\mathbb{Z}_8$ において逆元を持たないことになる．与えられた合同式が解を持てば，$6x - 8y = 4$ である整数 x および y がなければならない．2で割れば $3x - 4y = 2$ を得るが，これは合同式 $3x \equiv 2 \pmod{4}$ と同値である．ところが $\bar{3}$ は $\mathbb{Z}_4$ においてそれ自身の逆元である．この最後の合同式に3を掛けると次の解に達する．

$$x \equiv 2 \pmod{4} \tag{1.3}$$

これはあまり満足できるものではない．8を法とする合同式で始めたから，結局は式(1.3)のように4ではなく8を法とする解を求めたい．これは簡単に直すことができる．式(1.3)から整数 x が $6x \equiv 4 \pmod{8}$ の解なら，ある $k \in \mathbb{Z}$ に対して $x = 2 + 4k$ であることが導かれる．k が偶数なら，$x \equiv 2 \pmod{8}$ は解の1つである．他方 k が奇数なら，$k = 2m+1$ かつ $x = 6 + 8m$

である．こうして，$x \equiv 6 \pmod 8$ はもう 1 つの解である．さらに k は偶数であるか奇数であるから，これらが可能である解のすべてである．したがって，方程式 $\overline{6} \cdot \overline{x} = \overline{4}$ は $\mathbb{Z}_8$ において 2 つの相異なる解 $\overline{2}$ および $\overline{6}$ を持つ．こうして，**2 つの解を有する線形方程式**が存在する．第 5 章 4 節で見たように，この例では合同式の法が合成数であるからこそ，このようなことが起こり得るのである．

2 天文学の例

本節では連立線形合同式を解く方法を記述する．これは非常に古くからあるアルゴリズムで，古代には天文学の問題を解くのに使われた．最初の問題は現代的であるが，古代の天文学者をも惹きつけたであろう．

> 3 つの衛星が今夜リーズの子午線を横切る．第 1 のものは午前 1 時に，第 2 のものは午前 4 時に，そして第 3 のものは午前 8 時に．各衛星は異なる周期を持つ．第 1 のものは地球の周りを 1 周するのに 13 時間，第 2 のものは 15 時間，そして第 3 のものは 19 時間を要する．3 つの衛星すべてがリーズの子午線を同時に横切るまでに (午前 0 時から) 何時間経過するであろうか．

問題が合同式の言葉にどのように翻訳されるかをみよう．x を衛星が同時にリーズの子午線を横切るまでに，今夜の午前 0 時から経過した時間数としよう．第 1 の衛星は午前 1 時を最初にして，子午線を 13 時間ごとに横切る．ゆえにある整数 t について $x = 1 + 13t$ でなければならない．言い換えると，$x \equiv 1 \pmod{13}$ である．他の 2 つの衛星に対応する方程式は

$$x \equiv 4 \pmod{15} \quad \text{および} \quad x \equiv 8 \pmod{19}$$

である．

3 つの衛星はこれら 3 つの方程式を満たす x の値に対して同時にリーズの子午線を横切る．したがって問題に答えるには次の連立線形合同式を解きさえすれば良い．

$$x \equiv 1 \pmod{13}$$
$$x \equiv 4 \pmod{15} \qquad (2.1)$$
$$x \equiv 8 \pmod{19}$$

法が異なっているから，これらの式を加えたり引いたりすることはできないことに注意しよう．合同式を整数に関わる方程式に換えることでこの問題を克服することにする．

したがって，$x \equiv 1 \pmod{13}$ は $x = 1 + 13t$ に対応するが，これは整数である．2番目の方程式で x を $1 + 13t$ で置き換えると，

$$1 + 13t \equiv 4 \pmod{15} \quad \text{よって} \quad 13t \equiv 3 \pmod{15}$$

を得る．しかし，13 は 15 を法として可逆であり，その逆元は 7 である．$13t \equiv 3 \pmod{15}$ に 7 を乗じ，数を 15 を法とする剰余で置き換えると

$$t \equiv 6 \pmod{15}$$

となる．ゆえに，t はある整数 u について $t = 6 + 15u$ の形に書くことができる．したがって

$$x = 1 + 13t = 1 + 13(6 + 15u) = 79 + 195u$$

である．$79 + 195u$ の形の数は，すべて式 (2.1) の最初の 2 つの合同式の整数解であることに注意しよう．最後に，連立合同式の最後の式において x を $79 + 195u$ で置き換える．そうして

$$79 + 195u \equiv 8 \pmod{19} \quad \text{であるから} \quad 5u \equiv 5 \pmod{19}$$

を得る．5 は 19 を法として可逆であるから，上の方程式から消去することができ，$u \equiv 1 \pmod{19}$ となる．この合同式を整数の方程式として書き直せば，ある整数 v について $u = 1 + 19v$ となる．こうして

$$x = 79 + 195u = 79 + 195(1 + 19v) = 274 + 3705v$$

である．

衛星について何を結論できるであろうか．x は衛星が同時にリーズの子午線を横切るまでに，今夜の午前 0 時から経過した時間数であることを想い起こそう．こうして 3 つの合同式を満たす x の最小の正の値を見出さなければ

ならない．$x = 274 + 3705v$ であるから，これは 274 である．ゆえに，3 つの衛星は，今夜午前 0 時の 274 時間後にリーズの子午線を同時に横切る．これは 11 日と 10 時間に相当する．しかし一般解はこれ以上の情報を与える．3705 の任意の倍数を 274 に加えると，連立合同式の別の解が得られる．言い換えると，衛星は最初の交差の後 3705 時間ごとに同時に子午線を横切る．これは 154 日と 9 時間に相当する．

次の節では連立線形合同式を解くために上で使った方法の詳しい解析を行うことにする．一度に 2 つの合同式を解くことによって，この 3 つの連立合同式を解いたことに注意しよう．実際，まず最初の 2 つの合同式の解 $x = 79 + 195u$ を得た．これは $x \equiv 79 \pmod{195}$ と同値である．3 つの合同式の解を見出すため，それから次のような 2 つの別の連立合同式を解いた．

$$x \equiv 79 \pmod{195}$$
$$x \equiv 8 \pmod{19}$$

一般に，複数の連立線形合同式を解くためには，2 つの連立合同式をいくつか解かなければならない．したがって，次の節では 2 つの連立合同式を解くために使うアルゴリズムを詳細に解析するだけで良い．

3　中国式剰余アルゴリズム：互いに素な法

中国式剰余アルゴリズムは，それが見出される最初の場所の 1 つが紀元 287 年から 473 年の間に書かれた『孫子算経』であるところから，そう命名されている．孫子はその著書で数値例を解き，それから同じ種類の問題の解の規則を述べた．同じ問題のさらに一般的解析が例とともに，1247 年秦九韶によって著された『数書九章』に見出すことができる．類似の問題が，インドのバスカラ（紀元 6 世紀）とゲラサのニコマコスを含む他の多くの数学者の著作にも見出すことができる．この定理に関する歴史については，Kangsheng 1988 を参照していただきたい．

中国式剰余アルゴリズムは，2 節の連立線形合同式を解くために使った方法を一般化したものに過ぎない．本節でこれを詳しく解析する．

次のような系を考える．

150 第 7 章 連立合同式

$$x \equiv a \pmod{m}$$
$$x \equiv b \pmod{n} \tag{3.1}$$

2 節でのように，最初の合同式から $x = a + my$ となる．ここで y は整数である．2 番目の合同式で x を $a + my$ で置き換えると，$a + my \equiv b \pmod{n}$ を得る．言い換えると，

$$my \equiv (b - a) \pmod{n} \tag{3.2}$$

である．しかし 1 節から，この方程式は m と n の最大公約数が $b - a$ を割り切るとき，かつそのときに限り解を有することを知っている．確かにこの条件が成り立つようにするには，$\gcd(n, m) = 1$ を仮定すれば十分である．同じことであるが，$\overline{m}$ が $\mathbb{Z}_n$ において逆元を持つことを仮定しても良い．その逆元を $\overline{\alpha}$ と呼ぼう．

もはや式 (3.2) を解くのは易しい．式の両辺に α を掛けると，$y \equiv \alpha(b - a)$ $\pmod{n}$ を得る．したがって，z を整数として $y = \alpha(b - a) + nz$ である．$x = a + my$ であるから，

$$x = a + m\alpha(b - a) + mnz$$

を得る．ところが，$\mathbb{Z}_n$ において $\overline{\alpha m} = \overline{1}$ である．ゆえに，ある整数 β が存在して $1 - \alpha m = \beta n$ である．こうして

$$x = a(1 - m\alpha) + m\alpha b + mnz = a\beta n + m\alpha b + mnz$$

となる．連立線形合同式の解をこのように書くことの利点は α と β が容易に計算されることである．実際，$1 = \alpha m + \beta n$ であるから，α と β は m と n に拡張ユークリッドアルゴリズムを適用することにより見出される．まとめると，$\gcd(m, n) = 1$ ならば任意に与えられた整数 k に対して数 $a\beta n + b\alpha m + kmn$ は連立線形合同式 (3.1) の解である．

上の連立線形合同式は解をいくつ持つであろうか．整数解を考えるなら，無限にある．つまり，先に得た公式に従えば k の選択ごとに異なる解を持つ．しかし，この点をもう少し詳しく考えよう．x および y が式 (3.1) の 2 つの整数解であるとする．すると $x \equiv a \pmod{m}$ かつ $y \equiv a \pmod{m}$ である．2 番目の式を最初の式から引いて，$x - y \equiv 0 \pmod{m}$ と結論する．同じこ

とであるが，$x - y$ は m で割り切れる．2番目の合同式に同じことをすれば，$x - y$ は n で割り切れることになる．しかし，$\gcd(m,n) = 1$ であるから，第2章4節の補題により，$x - y$ は mn で割り切れる．ゆえに，x および y が式 (3.1) の整数解であれば，$x \equiv y \pmod{mn}$ である．こうして，連立合同式は無限に多くの整数解を持つのであるが，それらはすべて mn を法として合同である．言い換えると，系は $\mathbb{Z}_{mn}$ においてただ1つの解を持つ．しかし，これは $\gcd(m,n) = 1$ を仮定しているからこそ成り立つことを忘れてはならない．これらすべての事実をまとめて1つの定理にしよう．

中国式剰余定理 m と n を互いに素な正の整数とする．連立線形合同式

$$x \equiv a \pmod{m}$$
$$x \equiv b \pmod{n}$$

は $\mathbb{Z}_{mn}$ において1つ，そしてただ1つの解を持つ．

　この定理を本当に理解しているかをみる良い方法は，その幾何学的解釈を考察することである．mn 個の要素からなる表を持っているとしよう．表の列は $\mathbb{Z}_m$ の元により，また行は $\mathbb{Z}_n$ の元により添え字づけられる．x が $\overline{a} \in \mathbb{Z}_m$ で添え字づけられた列と，$\overline{b} \in \mathbb{Z}_n$ で添え字づけられた行の交点にある要素であれば，

- $0 \leq x \leq mn - 1$
- $x \equiv a \pmod{m}$
- $x \equiv b \pmod{n}$

である．要素 x はこの表で**座標** $(\overline{a}, \overline{b})$ を持つ，ということにしよう．$0 \leq x \leq mn - 1$ と仮定しているから，これらの整数を mn を法とする類の代表元と考えることができる．こうして，x は実は $\mathbb{Z}_{mn}$ の類 $\overline{x}$ を表す．

　この表について中国式剰余定理は何を教えてくれるのであろうか．$\gcd(m,n) = 1$ と仮定しているから，定理からこの表のどの要素もすべて，0 と $mn - 1$ の間にあるちょうど1つの整数に，すなわち $\mathbb{Z}_{mn}$ の1つの類に対応することになる．したがって，異なる要素は相異なる座標を持ち，また

第7章 連立合同式

逆も真である．しかし，法は互いに素と仮定していることを忘れないように．$m=4$ かつ $n=5$ に対する表は次のようになる．

	$\overline{0}$	$\overline{1}$	$\overline{2}$	$\overline{3}$
$\overline{0}$	$\overline{0}$	$\overline{5}$	$\overline{10}$	$\overline{15}$
$\overline{1}$	$\overline{16}$	$\overline{1}$	$\overline{6}$	$\overline{11}$
$\overline{2}$	$\overline{12}$	$\overline{17}$	$\overline{2}$	$\overline{7}$
$\overline{3}$	$\overline{8}$	$\overline{13}$	$\overline{18}$	$\overline{3}$
$\overline{4}$	$\overline{4}$	$\overline{9}$	$\overline{14}$	$\overline{19}$

この表は直積 $\mathbb{Z}_4 \times \mathbb{Z}_5$ に対応することに注意しよう．一見，この表のすべてのマスの要素を求めるには，連立線形合同式を20組解くことが必要に思われるかもしれない．しかし，中国式剰余定理は"逆行分析"によって求めるべきであると示唆している．すなわち，0 と $mn-1$ の間の整数 x が与えられるとき，m を法とする剰余と n を法とする剰余とを計算することによりそのマスを見出せ．こうして，上の例において14は4を法として剰余2を持ち，5を法として剰余4を持つから，それは座標 $(\overline{2}, \overline{4})$ を持つと結論する．

しかしこれで終わりではない．もっとうまくできる．事実，全く数を計算しないで表全体を埋めることが可能である．どのようにするか理解するため，$\mathbb{Z}_4$ に対する幾何学的解釈ができることを想い起こそう．4つの類は円周上等間隔にある点で表される．$\mathbb{Z}_5$ に対しても類似の表現が成り立つ．

こうして，上の表は実は写像のようなものである．それは3次元の面の平面表現である．この面を見出すため，次のようにする．$\mathbb{Z}_4$ の類（水平座標）は円周上に並んでいるから，表の右の縁と左の縁を貼り合わせる．こうすると円筒が得られる．しかし，$\mathbb{Z}_5$ の類（垂直座標）もまた円周上に置かれる．そこで円筒の上の縁と底の縁もまた貼り合わされなければならない．こうしてできた面を**トーラス**と呼び，これはドーナツ—真中を抜ける穴を持つもの—のように見える．

表の各マスの要素を見出す仕事に戻ろう．要素 0, 1, 2 および 3 は 4 と 5 の両方より小さいから，両方の法に対してそれ自身の剰余に等しい．であるか

ら，座標を求めるのに何らの計算を必要としない．上の表にこれら 4 つの要素が入ると次のようになる．

	$\bar{0}$	$\bar{1}$	$\bar{2}$	$\bar{3}$
$\bar{0}$	$\bar{0}$			
$\bar{1}$		$\bar{1}$		
$\bar{2}$			$\bar{2}$	
$\bar{3}$				$\bar{3}$
$\bar{4}$				

整数の列に沿って移動するとき，常に列を 1 つ右へ，一行下へ行くことに注意しよう．問題は表の右の縁に到達してしまったことである．もし列が右にもう 1 つあれば，4 はその列で 3 がいる場所から一行下，すなわち最後の行に居場所を見つけるであろう．しかし右にはもう列がない．そこで幾何学的解釈が助けとなる．左の縁を右の縁に貼り合わせると，左の第 1 列を最後の列の右に見ることができることがわかる．表に戻ると，これは最後の列から最初の列へ "跳ぶ" べきこと，このとき同時に一行下がることを意味する．したがって，4 は第 1 列と最後の行の交点に属する．

	$\bar{0}$	$\bar{1}$	$\bar{2}$	$\bar{3}$
$\bar{0}$	$\bar{0}$			
$\bar{1}$		$\bar{1}$		
$\bar{2}$			$\bar{2}$	
$\bar{3}$				$\bar{3}$
$\bar{4}$	$\bar{4}$			

しかしながら，新しい問題を抱えたようである．ここで底の縁に達したからである．ところが，幾何学的解釈により，底の縁と上の縁もまた貼り合わせることができる．こうして，底の縁を通って第 1 行へ行くことができる．このとき初めて直前のマスの一列右へ行くことになる．この例においてこの

ようにすると，次の表を得る．

	$\bar{0}$	$\bar{1}$	$\bar{2}$	$\bar{3}$
$\bar{0}$	$\bar{0}$	$\bar{5}$		
$\bar{1}$		$\bar{1}$		
$\bar{2}$			$\bar{2}$	
$\bar{3}$				$\bar{3}$
$\bar{4}$	$\bar{4}$			

さて，これですべての要素がしかるべき場所につくまでこのように続行することができる．

4 中国式剰余アルゴリズム：一般の場合

連立線形合同式の解を，法が互いに素であるときに非常に詳細に解析した．この場合に限ったのは，後の章で使うのがこの場合だけであるという理由からであった．しかしながら，中国式剰余アルゴリズムは法が互いに素でない連立線形合同式を解くために使うこともできる．この場合，アルゴリズムのすべてのステップで現われる線形合同式を解くとき，前になかった注意が必要である．1つの例で十分である．次の連立合同式を考えよう．

$$x \equiv 3 \pmod{12}$$
$$x \equiv 19 \pmod{8}$$

第1の方程式からある整数 y に対し $x = 3 + 12y$ を得る．第2の方程式で x を $3 + 12y$ で置き換えると，$12y \equiv 16 \pmod{8}$ を得る．$\gcd(12, 8) = 4$ は 16 を割り切るから，この後の方の合同式は解を持たなければならない．実際合同式は $12y - 8z = 16$ と同値であり，これは 4 で割れば $3y - 2z = 4$ となる．したがって，$3y \equiv 4 \pmod 2$ である．しかし $3 \equiv 1 \pmod 2$ であるから，$y \equiv 0 \pmod 2$ である．したがって，ある整数 k に対して $y = 2k$ となる．最後に，$x = 3 + 12y$ において y を $2k$ で置き換えれば，$x = 3 + 24k$ を得る．この場合 24 を法としてただ1つの解があることがわかる．しかしな

がら，$8 \cdot 12 = 96$ である．24 と 2 つの法 8 および 12 の間の関係は何であろうか．問題 5 に答えがある．

与えられた互いに素でない法の対に対して，どんな解も持たない連立線形合同式を書くことは常に可能である．3 節の幾何学的表現で考えると，このことはもし法が互いに素でないなら，表には常に空白のマスがあることを意味している．

ここでも表を埋めるためには何らの計算もする必要がない．ステップごとにいつも一列右そして一行下へ移動しながらマスを整数 $0, 1, \ldots$ で埋めるだけで良い．ただし最右列から最左列へ，および最下行から最上行へ "跳び" 忘れしないように．法が互いに素でないときこれを行うと，$mn - 1$ に達する前に座標 $(\bar{0}, \bar{0})$ の要素に戻ってくる．このことがいくつかの要素が空のままである理由を説明している．$m = 4$ および $n = 6$ のとき，表は次の通りである．

	$\bar{0}$	$\bar{1}$	$\bar{2}$	$\bar{3}$
$\bar{0}$	$\bar{0}$		$\bar{6}$	
$\bar{1}$		$\bar{1}$		$\bar{7}$
$\bar{2}$	$\bar{8}$		$\bar{2}$	
$\bar{3}$		$\bar{9}$		$\bar{3}$
$\bar{4}$	$\bar{4}$		$\overline{10}$	
$\bar{5}$		$\bar{5}$		$\overline{11}$

5 べき，再び

中国式剰余定理には 3 個以上の方程式に対するものがある．それを述べるが，証明は読者諸氏にお任せする．それは単に中国式剰余アルゴリズムの別の応用に過ぎないからである．まず定義である．正の整数 $n_1, \ldots, n_k$ は，添え字 i と j が異なるときはいつも $\gcd(n_i, n_j) = 1$ であれば，**対ごとに互いに素である**といわれる．たとえば 3 つの法 n_1, n_2, n_3 は，$\gcd(n_1, n_2) = \gcd(n_1, n_3) = \gcd(n_2, n_3) = 1$ のとき，対ごとに互いに素である．

中国式剰余定理 $n_1, \ldots, n_k$ を対ごとに互いに素な正の整数とする．連立線形合同式

$$x \equiv a_1 \pmod{n_1}$$
$$x \equiv a_2 \pmod{n_2}$$
$$\vdots$$
$$x \equiv a_k \pmod{n_k}$$

は $\mathbb{Z}_{n_1\ldots n_k}$ において 1 つ，そしてただ 1 つの解を持つ．

n の完全な素因数分解が既知のとき，n を法とするべき剰余の計算を簡単にするために，中国式剰余定理を使うことができる．また n の素因数分解において各素因数は重複度 1 を持つと仮定する．なぜならこれがその方法が最も効果的である場合であるからである．

n が素因数分解され，$n = p_1 \ldots p_k$，ただし $0 < p_1 < \cdots < p_k$ は素数であるとしよう．正の整数 a および m が与えられるとき，まず n の各素因数を法とする a^m の剰余を計算する．もし素因数があまりに大きくなければ，計算は非常に速い．これは m と a が大きいときでさえそうである．フェルマーの定理が役立つからである．これらの計算を実行し，次を得たとしよう．

$$a^m \equiv r_1 \pmod{p_1} \quad \text{かつ} \quad 0 \leq r_1 < p_1$$
$$a^m \equiv r_2 \pmod{p_2} \quad \text{かつ} \quad 0 \leq r_2 < p_2$$
$$\vdots$$
$$a^m \equiv r_k \pmod{p_k} \quad \text{かつ} \quad 0 \leq r_k < p_k$$

こうして，n を法とする a^m の剰余を見出すためには，次の連立合同式を解くだけで良い．

$$x \equiv r_1 \pmod{p_1}$$
$$x \equiv r_2 \pmod{p_2}$$
$$\vdots$$
$$x \equiv r_k \pmod{p_k}$$

この連立合同式の法は相異なる素数であるから，必然的に対ごとに互いに素であることに注意しよう．ゆえに，中国式剰余定理により系は常に解を持つ．これをたとえば，$0 \le r \le n-1$ とする．さらに，任意の 2 つの解は $p_1 \cdots p_k = n$ を法として合同である．a^m もまた連立合同式の解であるから，$a^m \equiv r \pmod{n}$ でなければならない．こうして，r は n を法とする a^m の剰余である．

例を示そう．1155 を法とする 2^{6754} の剰余を見出したいとしよう．1155 を素因数分解すると，これは $3 \cdot 5 \cdot 7 \cdot 11$ に等しいことがわかる．各素数に対してフェルマーの定理を使い，

$$2^{6754} \equiv 1 \pmod{3}$$
$$2^{6754} \equiv 4 \pmod{5}$$
$$2^{6754} \equiv 2 \pmod{7}$$
$$2^{6754} \equiv 5 \pmod{11}$$

を得る．こうして，次の連立合同式

$$x \equiv 1 \pmod{3}$$
$$x \equiv 4 \pmod{5}$$
$$x \equiv 2 \pmod{7}$$
$$x \equiv 5 \pmod{11}$$

を中国式剰余アルゴリズムによって解かなければならない．$x = 1 + 3y$ であるから，2 番目の合同式は

$$1 + 3y \equiv 4 \pmod{5} \quad \text{となり，さらに} \quad y \equiv 1 \pmod{5}$$

となる．これは 3 が 5 を法として可逆であり，方程式の両辺から消去できるからである．こうして，$x = 4 + 15z$ となる．3 番目の合同式で x を $4 + 15z$ で置き換えてそれを解くと，$x = 79 + 105t$ を得る．最後に，4 番目の合同式を t について解くと，$t \equiv 6 \pmod{11}$ を得る．ゆえに，$x = 709 + 1155u$ となり，709 が 1155 を法とする 2^{6754} の剰余である．

6 秘密分散について

かってベンジャミン・フランクリンは "3 人は，もしその内の 2 人が死ねば秘密が守られよう" といった．本節では生きている者の間で秘密を分散するための中国式剰余定理に基づいた安全なシステムを学ぶ．次のシナリオを想像しよう．銀行の金庫室は毎日開けられなければならず，銀行はそれにアクセスできる 5 人の上級金銭出納係を雇っている．しかし，安全性の理由のために，金庫室へのアクセスが許可されるには，5 人の上級金銭出納係の内の少なくとも 2 人がいることを要するシステムを管理者側は望む．もちろん問題は，5 人の上級金銭出納係のどの 2 人でも銀行にいればアクセスが許可されるが，そうでなければ許可されるべきでない，ということである．

同じ問題をもう少し一般的に考えてみよう．銀行の金庫室へのアクセスを得るために鍵を知る必要があるが，この鍵を正の整数 s と仮定することができる．n 人の上級金銭出納係の間で，めいめいが s に関して何かを知っているように，この鍵を分散したい．この部分情報を鍵の**分身**と呼ぼう．さらに，金庫室へのアクセスは，少なくとも k 人の上級金銭出納係が銀行に居なければ可能であってはならない．ここで $k \geq 2$ は n より小さい正の整数である．次のように鍵を分散することによりこれを達成する．

- k 個以上の分身がわかれば，s を見出すことは**易しい**．
- k 個未満の分身しか知らなければ，s を見出すことは**難しい**．

各人が受け取る鍵の分身は，実は正の整数の**順序対** n 個の集合 $\mathbb{S}$ の元である．要求される性質を持つ $\mathbb{S}$ を構成するため，まず対ごとに互いに素な n 個の正の整数の集合 $\mathcal{L}$ を選ぶ．N を $\mathcal{L}$ の**最も小さい** k 個の数の積とし，また M を $\mathcal{L}$ の**最も大きい** $k-1$ 個の数の積とする．$M < N$ のとき $\mathcal{L}$ は**閾値** k を持つという．この条件から $\mathcal{L}$ の任意の k 個(以上)の元の積は常に N より**大きい**こと，および k 個未満のそれの元の積は常に M より小さいことが導かれる．

鍵 s は $M < s < N$ なるように選ばれており，$\mathbb{S}$ を (m, s_m) の形の数の集合とする．ただし $m \in \mathcal{L}$ で，s_m は m を法とする s の剰余である．このような対が上級金銭出納係が受け取ることになる**鍵の分身**である．集合 $\mathcal{L}$ の閾値

が $k \geq 2$ であるという事実は，すべての $m \in \mathcal{L}$ に対して $s > m$ であることを意味する．特に，すべての $m \in \mathcal{L}$ に対して $s_m < s$ である．

もし k 人以上の上級金銭出納係が銀行にいれば何が起こるだろうか．この場合，ある $t \geq k$ に対して $\mathbb{S}$ の n 個の対のうち t 個がわかる．対が $(m_1, s_1), \ldots, (m_t, s_t)$ のとき，次の連立線形合同式を考える．

$$
\begin{aligned}
x &\equiv s_1 \pmod{m_1} \\
x &\equiv s_2 \pmod{m_2} \\
&\vdots \\
x &\equiv s_t \pmod{m_t}
\end{aligned}
\tag{6.1}
$$

$\mathcal{L}$ の元は対ごとに互いに素である．であるから，中国式剰余定理により連立合同式は解 $0 \leq x_0 < m_1 \ldots m_t$ を持つ．しかし，x_0 は s と等しいのであろうか．ここが議論の要点で，$\mathcal{L}$ が閾値 k を持っていることを知る必要があるところである．$t \geq k$ であるから，

$$m_1 \ldots m_t \geq N > s$$

となる．しかし s はまた式 (6.1) の解でもあるから，中国式剰余定理により，

$$x_0 \equiv s \pmod{m_1 \ldots m_t}$$

である．s と x_0 は $m_1 \ldots m_t$ より小さい正の整数であるから，$s = x_0$ となる．

さて，今度は k 人未満の上級金銭出納係が銀行にいるとしよう．すると，いま t は k より小さいけれども，それでも式 (6.1) を解くことができる．x_0 をその最小の非負の解とすると，$0 \leq x_0 < m_1 \ldots m_t$ である．しかし，$\mathcal{L}$ の k 個未満の元の積は常に s より小さい．ゆえに，$x_0 < M < s$ である．したがって，s を見出すためには連立線形合同式を解くだけで十分ではない．しかしながら，x_0 および s はともに式 (6.1) の解であるから，

$$s = x_0 + y \cdot (m_1 \ldots m_t)$$

である．ただし，y は正の整数である．ところが

$$N > s > M > x_0$$

であるから，
$$\frac{M-x_0}{m_1\ldots m_t} \leq y = \frac{s-x_0}{m_1\ldots m_t} \leq \frac{N-x_0}{m_1\ldots m_t}$$
である．$t<k$ を使って，少なくとも
$$d = \left[\frac{N-M}{M}\right]$$
個の整数の中で y を探索することが必要であると結論する．d が非常に大きいように法を選べば，この探索は全く実行不能になる．

それでも問題は残されている．これらの条件すべてが満たされるように $\mathcal{L}$ を選ぶことができるのであろうか．答えは肯定であるが，しかしそれには本書で扱わなかった素数の分布に関する結果を使う．この点に関する適切な議論については Kranakis 1986, 第1章5節を参照していただきたい．

構成を復習しよう．必要なデータは銀行の金庫室へのアクセスを有する上級金銭出納係の人数 n，およびシステムが金庫室へのアクセスを彼らに許可するために銀行にいなければならない最小の人数からなる．第1の数は $\mathcal{L}$ の大きさを，第2の数はその閾値 k を決める．次に，n 個の元と閾値 k を持つ集合 $\mathcal{L}$ を選び——これはこの構成の中で詳しく論じなかった部分である——また上に定義した数 M と N を計算しなければならない．$\mathcal{L}$ は上の数 d が非常に大きくなるように選ばなければならない．もしそうでなければ鍵は単純な探索で見つかってしまうことを想い起こしていただきたい．鍵 s は M と N の間の区間でランダムに選んだ整数である．いまや $\mathbb{S}$ の元を計算しスタッフの間でそれを分散することができる．もちろんこの方式の安全性は，k が大きいほど，同じ銀行内で不正を働く上級金銭出納係を k 人見つけることが困難になる，という事実に依存する．もし彼らが皆不誠実ならお手上げである．100 パーセント安全なシステムなどありはしない．

例を示そう．銀行には5人の上級金銭出納係がおり，セキュリティシステムによって彼らに金庫室を開けることを許可されるためには，少なくとも2人がいなければならないとしよう．こうして，$\mathcal{L}$ は5元集合でなければならず，またその閾値は2でなければならない．小さい方の素数の中で $\mathcal{L}$ の元を選んで，
$$\mathcal{L} = \{11, 13, 17, 19, 23\}$$

とする．この集合の中の最も小さい 2 つの素数の積は $N = 11 \cdot 13 = 143$ である．他方 $k = 2$ であるから，$\mathcal{L}$ の中の最も大きな $k - 1$ 個の素数の積は，実際は $\mathcal{L}$ の最大元に等しい．こうして，$M = 23$ で，$\mathcal{L}$ は閾値 2 を持つ．いま，s は 23 と 143 の間のどんな整数でもよく，たとえば $s = 30$ としよう．このとき
$$\mathbb{S} = \{(11,8),(13,4),(17,13),(19,11),(23,7)\}$$
である．最後に，もし分身 $(17,13)$ と $(23,7)$ を持つ上級金銭出納係が銀行にいれば何が起こるだろうか．彼らが鍵の分身を入れると，セキュリティシステムは連立合同式
$$x \equiv 13 \pmod{17}$$
$$x \equiv 7 \pmod{23}$$
を解いて，最小の正の解が 30 であることを見出す．これは正しい鍵であるから，金庫室へのアクセスが許可される．

7 練習問題

1. 次の連立合同式を解け．
$$x \equiv 1 \pmod 2$$
$$x \equiv 2 \pmod 5$$
$$x \equiv 5 \pmod{12}$$

   なおこの問題は中国の一行によって 717 年に出題されている．

2. 『孫子算経』からの問題．個数がわからないある物がある．その数は次々に 3 で割ると剰余 2，5 で割ると剰余 3，7 で割ると剰余 2 である．その数は何か．

3. インドの 6 世紀の算術の小冊子である『アリアバティア』からの問題．8 で割ると 5 余り，9 で割ると剰余 4 を残し，7 で割ると剰余 1 を残す最小の正の数を見出せ．

4. 古代インドの天文学では，カルパ[1]はその初めと終わりでは惑星の基本となる天文

---

[1] [訳注] カルパはヒンズー教，仏教における劫 (こう)，長時である．

第8章 群

議論については，Weyl 1982 を参照していただきたい．

　正3角形のあらゆる対称を見つけることを試みよう．まず，120°, 240°, 360° の3つの反時計回りの回転がある．最後のものは 0° の回転と一致する．また3つの鏡映がある．これらはそれぞれ3角形の角を2等分する線の軸(あるいは鏡)である．これら6つの変換は前の段落の規準を明らかに満たしているから，正3角形の対称である．さらに，これらが正3角形の対称のすべてであることを示すことができる——これについては本節の終わりでさらにふれよう．

　集合はあるが，演算が欠けている．3角形を形成する点の集合の変換として対称を考えれば，演算は対称の合成である．写像の合成は必ず結合的であるから，群の演算の最初の性質は明らかに満たされている．単位元の役割は 0° の回転が演じている．これは実は3角形に何もしないという変換である．

　逆元はどうか．120° の回転の逆元は 240° の回転であり，また逆もそうである．理由は $120 + 240 = 360$ であり，360° の回転は実質的に 0° の回転と同じであるからである．各鏡映は明らかにそれ自身の逆元である．ゆえに，上に述べたすべての対称は逆元を持ち，正3角形の対称の集合は対称の合成を伴って，位数6の群で，通常 D_3 で表される．

　正3角形の頂点に番号を与えよう．図示のように1と2は底辺の頂点，3は上の頂点とする．

　いまや3角形の対称を頂点の置換として記述することができる．たとえば 120° の回転は，各頂点を反時計方向にその隣接する頂点の場所へ移す．この置換を記述する非常に実際的な次のような表記法がある．

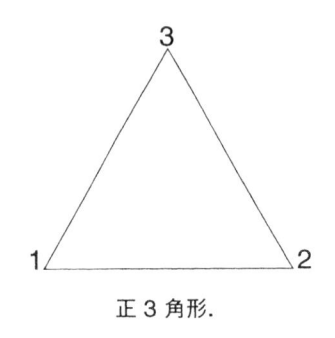

正3角形．

$$\begin{pmatrix} 1 & 2 & 3 \\ 2 & 3 & 1 \end{pmatrix}$$

これは，3角形に適用するとき，もともと頂点2があった場所に頂点1を，もともと頂点3があった場所に頂点2を，そしてもともと頂点1があった場所に頂点3を移動する変換である．上の行には常に$1, 2, 3$をこの順に書き，下の行には3角形に変換を施した後に各頂点が移る場所を書く．場所は変換を施す前に占めていた頂点名で名づけられていることに注意しよう．もう1つ例を示そう．頂点3の角を2等分する直線に関する鏡映は

$$\begin{pmatrix} 1 & 2 & 3 \\ 2 & 1 & 3 \end{pmatrix}$$

である．ρを$120°$の回転とすると，

$$\rho^2 = \rho\rho$$

は$240°$の回転であり，$\rho^3 = e$は単位元—$360°$の回転である．σを鏡映のどれかとすれば，$\sigma^2 = e$である．$\sigma\rho$に対応する対称を同定したい．$\sigma\rho$はρ^2に等しくなり得ないことに注意しよう．実際，$\sigma\rho = \rho^2$に右からρ^2を"乗じ"て$\rho^3 = e$を使えば，$\sigma = \rho$となるが，これは矛盾である．同様に，$\sigma\rho \neq e$および$\sigma\rho \neq \rho$を示すことができる．ゆえに$\sigma\rho$は回転ではあり得ず，$\sigma\rho$は鏡映でなければならない．しかしながら，$\sigma\rho \neq \sigma$である．なぜなら$\sigma\rho = \sigma$は$\rho = e$を含意し，これもまた矛盾だからである．したがって，$\sigma\rho$はσと異なる鏡映でなければならない．

上に述べた頂点3を移動させない鏡映をσ_3で表そう．そうするとρは頂点1を頂点2の位置へ移動する一方，σ_3は頂点2を頂点1の位置へ移動する．こうして$\sigma_3\rho(1) = 1$，言い換えると頂点1は$\sigma_3\rho$のもとで位置を変えない．頂点1を移動させない鏡映をσ_1で表すことにする．したがって，$\sigma_3\rho = \sigma_1$である．

上に導入した表記法を使って$\sigma_3\rho$を計算することもできた．つまり

$$\sigma_3 = \begin{pmatrix} 1 & 2 & 3 \\ 2 & 1 & 3 \end{pmatrix} \quad \text{および} \quad \rho = \begin{pmatrix} 1 & 2 & 3 \\ 2 & 3 & 1 \end{pmatrix}$$

である．計算を実行する前に，$\sigma_3\rho(1)$はσ_3の先にρが1に適用されるので

$$1 \xrightarrow{\rho} 2 \xrightarrow{\sigma_3} 1$$

であることに注意しよう。ゆえに

$$\sigma_3\rho = \begin{pmatrix} 1 & 2 & 3 \\ 2 & 1 & 3 \end{pmatrix}\begin{pmatrix} 1 & 2 & 3 \\ 2 & 3 & 1 \end{pmatrix} = \begin{pmatrix} 1 & 2 & 3 \\ 1 & 3 & 2 \end{pmatrix} = \sigma_1$$

である.

群の基本性質だけを使い, $\sigma_3\rho = \sigma_1$ を出発点としてとって, D_3 の元の間の他のいくつかの関係を計算することができる. たとえば G を群とし, $\star$ をその演算とする. $x, y \in G$ ならば $x \star y$ の逆元は $y' \star x'$ である. これが事実であることを確かめるには, これら2つの元を掛ければ十分で,

$$(x \star y) \star (y' \star x') = x \star (y \star y') \star x' = x \star e \star x' = x \star x' = e$$

である. この簡単な事実を使い, 元の逆元を表すのにプライムを使い続けると

$$(\sigma_3\rho)' = \rho^2\sigma_3$$

となる. しかし, $\sigma_3\rho = \sigma_1$ であることを見てきた. $\sigma_1^2 = e$ であるから, $\rho^2\sigma_3 = \sigma_1$ と結論する. したがって

$$\sigma_3\rho = \sigma_1 = \rho^2\sigma_3 \neq \rho\sigma_3$$

である. 特に, D_3 はアーベル群でない.

$\sigma_3\rho = \sigma_1$ から導かれる関係が他にも多くある. σ_3 を左から掛けて $\sigma_3^2 = e$ を使えば $\rho = \sigma_3\sigma_1$ となる, その一方 ρ^2 を右から掛けると $\sigma_3 = \sigma_1\rho^2$ を得る. D_3 の演算は可換ではないから, 与えられた元を式の左右どちらから掛けるのかを指定しなければならない.

これらの計算を十分推し進めると, D_3 の乗法表を埋め尽くすことができる. 一般に, 有限群の**乗法表**とは行と列が群の元で添え字づけられた表のことである. 群演算が $\star$ ならば, x で添え字づけられた行と y で添え字づけられた列の交点のマスの要素は $x \star y$ である. 群 D_3 の乗法表は次の通りである.

	e	ρ	ρ^2	σ_1	σ_2	σ_3
e	e	ρ	ρ^2	σ_1	σ_2	σ_3
ρ	ρ	ρ^2	e	σ_3	σ_1	σ_2
ρ^2	ρ^2	e	ρ	σ_2	σ_3	σ_1
σ_1	σ_1	σ_2	σ_3	e	ρ	ρ^2
σ_2	σ_2	σ_3	σ_1	ρ^2	e	ρ
σ_3	σ_3	σ_1	σ_2	ρ	ρ^2	e

この表の行にも列にも同じ元が繰り返し現れることがないことに注意しよう．これは一般的事実で，任意の群の乗法表について真である．それを証明するため，演算が $\star$ である群 G があるとしよう．$a \in G$ で添え字づけられた行の要素は，ある $x \in G$ について $a \star x$ の形をしている．さて，ある $x, y \in G$ が存在して $a \star x = a \star y$ であるならば，

$$x = a' \star (a \star x) = a' \star (a \star y) = y$$

である．ここに a' は G における a の逆元である．こうして，要素 $a \star x$ と $a \star y$ が等しいのは，これらが同じ列に属するときに限る．特に，群 G の乗法表の与えられた行の要素は，相異なっていなければならない．類似の議論で列に対して対応する結果が証明される．

一般に，D_n と記される正 n 角形の対称の群は位数 $2n$ で，$360/n$ 度の回転 ρ と任意の 1 つの鏡映で生成される．σ が鏡映のとき，

$$\sigma\rho = \rho^{n-1}\sigma$$

である．この群は位数 $2n$ の 2 面体群と呼ばれる．この記述が正多角形の対称の群全体に対応することを示すためには，線形代数を使うことが必要である．詳細は Artin 1991, 第 5 章に見られる．

3 エピソード

群論は多項式方程式の理論から芽生えた比較的新しい数学の分野である．2次方程式はキリストの千年以上も前にバビロニア人によって日常的に解かれ

ていた．ギリシャ人は幾何学の方により興味を持っていて，この主題には大した貢献はしなかった．方程式への関心はアラブ人によって蘇った．彼らは3次の多項式方程式を解く方法を探し求めた．本当の進歩発展は，しかしながらルネッサンスのイタリアで初めて花開いた．

　3次および4次の多項式方程式を解く公式の発見の歴史は，陰謀と裏切りに満ちている．これはすべて最古の中世の大学の1つのボローニャ大学の教授であるシピオーネ・デル・フェッロに始まる．デル・フェッロが3次方程式の解をいつ発見したかは知られていない．がしかし1526年頃の彼の死の間際に，その方法を教え子のアントニオ・マリア・フィオールに説明した．

　当時学者間の競争は普通であって，フィオールはベニスの数学教授ニッコロ・タルタリア("どもりのひと")に挑戦する決意をした．コンテストは30問からなり，敗者は30回の宴会をおごることになっていた．割り当てられた時間の終了する日のちょっと前，タルタリアはひらめきを得た．独力で3次方程式の根を見出す方法を発見したのである．そして提案された問題すべてを数時間の内に解いた．フィオールはそうはうまくいかず，競争相手が出した問題のほとんどを解くことができなかった．こうして，タルタリアは勝者と宣言された上，紳士的なやり方として30回の宴会の権利を放棄した――彼には勝利の名誉で十分であった．

　タルタリアはこの勝利によって，有名な医者でありしかも数学者にして占星術師のジェロラモ・カルダノに招待され訪問することになった．タルタリアは3次方程式の解の詳細をカルダノに話したが，しかしカルダノにそれを秘密にするようにと誓わせた．カルダノはその方法を拡張して，結局1545年その著書『アルス・マグナ』($Ars\ magna$)の中で発表した．3次方程式の解法のほかに，その本は4次方程式の解法を3次方程式の解法に帰着する方法を含んでいた．この最後の結果はカルダノの友人で秘書のロドヴィコ・フェラリが得たものである．

　タルタリアが激怒したのはいうまでもない．彼は偽証のかどでカルダノを告訴し，その上ことの顛末を誓約の全文を含め公表した．しかしながら，タルタリアに先んじてデル・フェッロが同じ結果を発見していたことを，そうしているうちにカルダノが見出すということが起こった．このことによって結果を公表するのは自由である，というのが彼の見解であった．3次方程式

の解は最初デル・フェッロにより見出され，後にタルタリアにより再発見された，とその本の中で明言している．

次の300年間数学者は4次より高次の方程式を解く類似の方法を探したが，徒労に終わった．彼らが望んだのは，多項式方程式の係数に対し次々に演算を施して根を見出す方法であった．しかしながら，加算，減算，乗算，除算，べき根をとる演算だけが許されるのであった．これは専門家の間ではべき根による方程式の解法として知られる．

これらの制約のために問題は解けないというのが真実である．この事実の最初の完全な証明は，ノルウェー人数学者N. H. アーベルによって1824年に与えられた．アーベルは数学の多くの分野，特に解析学と代数幾何学に貢献したので，我々は今日アーベル群，アーベル関数および級数の収束に関するアーベルの定理などの用語を使っている．彼の業績は，27歳の誕生日を前にして肺結核で亡くなったことを思えば一層驚くべきことである．彼の名声の偉大さのゆえに名誉を称える像がオスローの中心の王室公園内に建立された．

多項式方程式をべき根によって解く問題への完全な解答は，アーベルと同時代のE. ガロアによって見出された．彼は各多項式方程式には有限群が対応し，その群は方程式がべき根によって解くことができるかどうかを完全に決定することを示した．群は有限であるから，これは少なくとも原理的にはアルゴリズムにかえることができる．

ガロアの生涯はアーベルよりもさらに悲劇的であった．彼の父は政治的理由で自殺し，その研究成果といえばパリの学士院（科学アカデミー）の会員によって理解不能とみなされた．その上エコール・ポリテクニックの入学試験に合格することができなかったのである．実は，ポリテクニックの試験官たちの馬鹿さかげんに苛立ったあまり彼は，試験官の一人に黒板消しを投げつけたのである！　財政的援助を必要としたので，彼は師範学校であるエコール・プレパトワールに入学する決心をした．ガロアはまたフランスが君主制であったとき，既に熱心な共和党員であった．そして政治活動のためついにはエコール・プレパトワールから追放された．

彼は政治活動のかどで監獄にいて1832年にコレラの流行期に病院に移された．そこで少女と恋に落ちたが，しかしその件についてはほとんど知られていない．わかっていることはそれからまもなく決闘を挑まれたことである．

E. ガロア (1811〜1832).

　決闘の理由は明らかではない．最近の研究によれば，恋愛の失敗と仕事が認められないことに落胆して共和主義の信条のために命を捧げたのかもしれないとも考えられている．王党派によって殺されたと装い，それを理由にして葬儀の間に蜂起しようとの考えである．そこでも悲劇があった．葬儀の間に指導者たちはラマルク将軍の死を聞いた．有名な将軍の葬儀にはもっと多くの群集が集まるであろうから，そのときまで蜂起を延ばした方が良いとすぐに決まった．こうして，ガロアの葬儀では何事も起こらなかった．
　決闘前夜死を覚悟したガロアは，友人オーギュスト・シュヴァリエに最期の手紙を書いた．この手紙で彼の発見を振り返った後，次のように結論した．

> ガウスあるいヤコビにこれらの定理の真偽についてでなくその重要性について，公に彼らの意見を求めてほしい．将来この混乱を整理することが有益であると誰かわかるものと思う．

　瀕死の重傷を負ってガロアは決闘場に捨てられていた．数時間後ようやく通りがかりの農夫が彼を病院に運んだ．迫り来る死の前に知らされた身内は

ただ一人，弟だけであった．死の淵にたってガロアはなおも"泣くな．20歳で死ぬ勇気が要るのだ"というだけの力を残していた．

ジョセフ・リューヴィルはようやく"混乱を整理"し，ガロアの遺品として眠っていたままであったすばらしい成果を世に明らかにした人物であった．1846年リューヴィルはガロアが残した最期の手紙を含むすべての数学論文—印刷して僅か64頁—を公刊した．20世紀の最も偉大な数学者の一人のH. ワイルはシュヴァリエへの手紙で次の言葉を記している．

> この手紙は，内包するアイディアの斬新さと深さをもって判断するなら，人類の全著作物の中でおそらく最も重要な一品である．

今日ガロアを現代代数学の創始者の一人とみなすことに何の不思議もない．群(彼がそう名づけた)の概念が，現在数学において占める重要な地位にまで育ったのは彼の仕事を通してであった．ガロアの仕事に関するさらに多くの詳細を Edwards 1984 に見ることができる．この書は方程式の理論へのガロア自身のアプローチにほぼ従っている．同じ題材への現代的アプローチとしては，Artin 1991 を参照していただきたい．多項式方程式の理論の歴史に関するさらに多くの詳細は van der Waerden 1985 に見ることができる．ガロアの最新の伝記は Rigatelli 1996 で，決闘の詳しい説明を含んでいる．

4 算術群

我々の究極の関心が，素数と整数の素因数分解にあるという事実を見失ってはならない．これらは整数の乗法的構造に関連する数論的性質である．本節でこれらの性質の研究の助けになる群を導入する．

n を正の整数とする．第4章7節から $U(n)$ は $\mathbb{Z}_n$ の可逆元の集合，すなわち

$$U(n) = \{\overline{a} \in \mathbb{Z}_n : \gcd(a, n) = 1\}$$

であることを想い起こそう．この集合は $\mathbb{Z}_n$ における類の乗法の演算のための群であることを示そう．

まずはじめに，$\mathbb{Z}_n$ の2つの元の積は $\mathbb{Z}_n$ の元であることを知っている．同じことは $U(n)$ の元に対しても成り立つのだろうか．言い換えると，$U(n)$ の

2 つの元の積は $U(n)$ の元である，ということは真であろうか．もしそうでないなら，類の乗法は 1 節の意味において $U(n)$ の演算ではない．

言い換えると，$\mathbb{Z}_n$ の 2 つの可逆類の積はまた $\mathbb{Z}_n$ の可逆類であるかどうか確かめなければならない．これは第 4 章 7 節ですでに確かめたことであるが，議論は非常に単純で結果は非常に重要であるので，ここで繰り返した方が良いだろう．$\overline{a}$ および $\overline{b}$ は $U(n)$ の元であり，その逆元はそれぞれ $\overline{a'}$ および $\overline{b'}$ であるとしよう．このとき $\overline{ab}$ は可逆でその逆元は $\overline{a'b'}$ である．これがそうであることを確かめるには，2 つの元を掛けてみれば良い．

$$\overline{ab} \cdot \overline{a'b'} = \overline{aa'} \cdot \overline{bb'} = \overline{1}$$

いまや集合 $U(n)$ を手にいれたことになる．そこでは n を法とする類の乗法の演算が定義されている．この演算が要求される性質を満たすことを示さなければならない．結合則は易しい，というのは $\mathbb{Z}_n$ における乗法が結合的であることをすでに知っているからである．単位元は $\overline{1}$ である．それは $\mathbb{Z}_n$ の可逆元であるから，$U(n)$ に属する．$U(n)$ のすべての元が逆元を持つことは，$U(n)$ の定義から導かれる．こうして乗法の演算のもとで集合 $U(n)$ は確かに群である．

群 $U(n)$ が有限位数であることは明らかである．なぜならそれは n 元集合である $\mathbb{Z}_n$ の部分集合であるから．しかし後の章での応用のために，$U(n)$ の位数を正確に知る必要がある．実際，$U(n)$ の位数はよく現れるので特別の記号，$\phi(n)$ を持っている．つまり，正の整数 n のそれぞれに対し集合 $U(n)$ の元の個数を表すのが関数 ϕ である．これは**オイラーの関数**あるいは**トーシェント関数**と呼ばれる．

$\phi(n)$ の一般的公式を見出したいが，まずはいくつかの特殊な場合から始めよう．p は正の素数であるとしよう．すると，p より小さいすべての正の整数は p と互いに素である．ゆえに

$$U(p) = \mathbb{Z}_p \setminus \{\overline{0}\}$$

は $p-1$ 個の元を持つ．こうして，$\phi(p) = p-1$ である．

p が正の素数のとき，$\phi(p^k)$ も計算するのは易しい．しなければならないのは，p^k との最大公約数が 1 で p^k より小さい非負の整数を数えることだけで

ある.しかし p は素数であるから,$\gcd(a,p^k)=1$ であるのは p が a を割り切らないときかつそのときに限る.ゆえに,p で**割り切れず** p^k より小さい非負の整数を数えれば十分である.しかしながら,**割り切れる**ものを数える方が易しい.実際,$0 \leq a < p^k$ が p で割り切れれば,

$$a = pb \quad \text{ただし} \quad 0 \leq b < p^{k-1}$$

である.したがって,p^k より小さい p で**割り切れる**非負の整数が p^{k-1} 個ある.p^k より小さい非負の整数は p^k 個あるから,同じ区間内に $p^k - p^{k-1}$ 個の p で**割り切れない**整数があると結論する.したがって

$$\phi(p^k) = p^k - p^{k-1} = p^{k-1}(p-1)$$

となる.一般的公式を得るためには,次の結果を証明しなければならない.

定理 m と n が $\gcd(m,n)=1$ である正の整数のとき,

$$\phi(mn) = \phi(m)\phi(n)$$

である.

証明に入る前に,m と n が互いに素であるという仮定が必要なことに注意すべきである.たとえば,もし $m = n = p$ であれば,

$$\phi(mn) = \phi(p^2) = p(p-1) \quad \text{しかし} \quad \phi(m)\phi(n) = \phi(p)^2 = (p-1)^2$$

である.

定理の証明は中国式剰余定理の幾何学的解釈,すなわち第 7 章 3 節の表を使う.それがどのように構成されるのか想い起こそう.$\gcd(m,n)=1$ である 2 つ正の整数 m と n で始める.次に m 列で n 行の表を描く.各列は m より小さい非負の整数で,また各行は n より小さい非負の整数で添え字づけられる.これらの数をそれぞれ $\mathbb{Z}_m$ および $\mathbb{Z}_n$ における類と考えることにする.こうして,mn 個のマスの表があることになる.列 a と行 b の交わりのマスの要素は

$$x \equiv a \pmod{m}$$
$$x \equiv b \pmod{n}$$

および $0 \leq x \leq mn-1$ を満たす整数 x である.整数 a と b は x の**座標**である.m と n は互いに素であるから,中国式剰余定理からすべてのマスの要素は上の条件によって一意に定義されることが導かれる.x を $\mathbb{Z}_{mn}$ における類と考えることにする.

定理の証明 $\overline{x} \in \mathbb{Z}_{mn}$,ただし $0 \leq x \leq mn-1$ としよう.a および b を上で構成した表における x の座標とする.次の主張を証明することから始めよう.

主張:$\overline{a} \in U(m)$ かつ $\overline{b} \in U(n)$ のときかつこのときに限り $\overline{x} \in U(mn)$ である.

まず,$\overline{x} \in U(mn)$ としよう.すると,$\overline{x}$ は逆元 $\overline{x}' \in U(mn)$ を持ち,$xx' \equiv 1 \pmod{mn}$ である.しかし,この合同式が成り立つのは $xx'-1$ が mn で割り切れるとき,かつそのときに限る.特に,$xx'-1$ は m で割り切れなければならない.ゆえに,$xx' \equiv 1 \pmod{m}$ である.しかし,定義により $x \equiv a \pmod{m}$ である.こうして,$ax' \equiv 1 \pmod{m}$ であるから,$\overline{a}$ は $\mathbb{Z}_m$ において可逆である.同様の議論で $\overline{b}$ が $\mathbb{Z}_n$ において可逆であることが示される.

逆を証明するために,$\overline{x}$ は座標が $\overline{a} \in U(m)$ および $\overline{b} \in U(n)$ を満たす $\mathbb{Z}_{mn}$ の元であるとしよう.$\overline{x}$ は $\mathbb{Z}_{mn}$ の可逆元であることを示したい.仮定により $\overline{a}$ は $\mathbb{Z}_m$ において逆元 $\overline{a'}$ を,そして $\overline{b}$ は $\mathbb{Z}_n$ において逆元 $\overline{b'}$ を持つ.もし $\overline{x} \in \mathbb{Z}_{mn}$ が逆元を持つなら,それは表のどこかに見つかるはずである.その座標は何か.座標が今ほど定義した類 $\overline{a'}$ と $\overline{b'}$ である,と期待するのは理にかなっている.こうして,$0 \leq y \leq mn-1$ を

$$y \equiv a' \pmod{m}$$
$$y \equiv b' \pmod{n}$$

のような整数とする.$\overline{y} \in \mathbb{Z}_{mn}$ が $\overline{x}$ の逆元であることを証明しよう.$x \equiv a \pmod{m}$ かつ $y \equiv a' \pmod{m}$ であるから,

$$xy \equiv aa' \equiv 1 \pmod{m}$$

となる.ゆえに,$xy-1$ は m で割り切れる.同様の議論で $xy-1$ は n で割り切れることが示される.しかし $\gcd(m,n) = 1$ であるので,第 2 章 6 節の

補題により $xy-1$ は mn で割り切れる．言い換えると，
$$\mathbb{Z}_{mn}\text{において，}\quad \overline{x}\cdot\overline{y}=\overline{1}$$
であり，主張の証明が完結する．

上の主張を使えば定理を証明するのは易しい．$\phi(mn)$ を計算したい．定義によりこれは $U(mn)$ の元の個数に等しい．ゆえに主張により，表の要素で第1座標が $U(m)$ に属し，第2座標が $U(n)$ に属するものの個数を数えなければなければならない．しかし $U(m)$ は $\phi(m)$ 個の元を持ち，そして $U(n)$ は $\phi(n)$ 個の元を持つ．であるからそれらの要素の個数は $\phi(m)\phi(n)$ である．したがって $\phi(mn)=\phi(m)\phi(n)$ となり，定理が証明された．

さて，これで与えられた任意の正の整数 n に対する $\phi(n)$ の公式を見出す用意ができた．最初に n を素因数分解しなければならない．
$$n=p_1^{e_1}\ldots p_k^{e_k}$$
ただし $0<p_1<\cdots<p_k$ は相異なる素数である．定理により
$$\phi(n)=\phi(p_1^{e_1})\ldots\phi(p_k^{e_k})$$
である．先に導いた素数べきの ϕ に対する公式を使って，
$$\phi(n)=p_1^{e_1-1}\ldots p_k^{e_k-1}(p_1-1)\ldots(p_k-1)$$
を得る．たとえば $n=120=8\cdot3\cdot5$ なら，
$$\phi(120)=2^2(2-1)(3-1)(5-1)=32$$
である．

公式を適用するには，まず n を完全に素因数分解できなければならないことに注意しよう．もし大きな整数 n に対して $\phi(n)$ を本当に知る必要があるとすれば，これは悪い話である．しかしながら第11章で見るように，RSA暗号系を安全なものとしているのはまさにこの困難さなのである．

5 部分群

群 H が群 G の部分集合で同じ演算を共有するとき，H は G の**部分群**であ

るという．この定義はここから先非常に重要であるので，以下に注意深く分析しよう．

G を群とし，その演算を $\star$ で表す．G の空でない部分集合 H が G の**部分群**であるとは，次が成り立つときをいう．

(1) $a, b \in H$ のとき必ず $a \star b \in H$ である．

(2) G の単位元は H に属する．

(3) $a \in H$ ならばその逆元 a' もまた H の元である．

1 節の用語を使えば，条件 (1) は (G に対する演算である) $\star$ はまた集合 H に対する演算でもある，ということである．

加法を持つ群 $\mathbb{Z}$ における例で始めよう．n を正の整数とし，n の正および負の倍数すべての集合を N で表そう．N は $\mathbb{Z}$ の部分群であろうか．まず，2 つの整数が n の倍数のとき，それらの和もそうである．よって (1) が成り立つことが確かめられる．$\mathbb{Z}$ の単位元は 0 で，これは n の倍数，ゆえに $0 \in N$ である．最後に，$-a \cdot n = (-a) \cdot n \in N$．よって，$N$ のどの元の逆元もまた N に属する．こうして，N は実際 $\mathbb{Z}$ の部分群である．この例は 8 節に再び現れる．

1 節の例の中にいくつかの部分群がある．すなわち，こうして加法のもとで $\mathbb{Z}$ は $\mathbb{Q}$ の部分群であり，$\mathbb{Q}$ は $\mathbb{R}$ の部分群で，$\mathbb{R}$ は $\mathbb{C}$ の部分群である．乗法のもとで零を除く有理数の集合は零を除く実数の集合の部分群であり，零を除く実数の集合は零を除く複素数の集合の部分群である．どの群も少なくとも 2 つの部分群，すなわち群全体および単位元のみを元とする部分群を持っていることに注意しよう．

他方，$\mathbb{Q} \setminus \{0\}$ は乗法のもとで群であり，これは $\mathbb{Q}$ に含まれる．$\mathbb{Q}$ は加法のもとで群である．しかしながらこの場合には，$\mathbb{Q} \setminus \{0\}$ は $\mathbb{Q}$ の部分群であるとはいわない．これら 2 つは同じ演算を共有しないからである．

有限群は非常に興味深い．有限集合が群であるという事実は，その位数の間に多くの予期しない関係が存在することを含意する．これらの関係によって群の部分群を見出しやすくなる．これらの関係式の最も簡単な**ラグランジュの定理**と呼ばれるものを学ぶことにする．ところで，J. L. ラグランジュはガ

ロアが生まれた1年後に亡くなった. そして多項式方程式の理論に関する彼の仕事は, ガロア自身のこの主題に関する仕事に大いに影響した. ラグランジュはまた数論や力学のような数学の他の種々の分野にも貢献した.

ラグランジュの定理 有限群において任意の部分群の位数はもとの群の位数を割り切る.

ラグランジュの定理がいっていること, および特にいっていないことを明確にしよう. G は有限群と仮定し H を G の部分集合としよう. すると, 明らかに H は G よりも少ない元を持つ. ラグランジュの定理は, さらに H が G の部分群であれば, H の位数は実は G の位数を割り切る, といっている. これは部分群になることができる部分集合を厳しく制限する. しかしながら, k が G の位数の約数であれば, 位数 k の部分群を持たなければならない, というのは真ではない.

この定理の証明は8節で与えられることになる. 我々はまず定理の深い意味を理解しなければならない. そしてこれはその応用をいくつか見ることでしか判断できない. D_3, すなわち位数6の正3角形の対称の群を見よう. こうして, ラグランジュの定理により, 位数が6の因数である1, 2, 3, 6の部分群しか存在しない. すべての部分群は単位元を含まなければならないから, 1つの元からなる可能な部分群は $\{e\}$ だけである. D_3 の位数6の唯一の可能な部分群は, D_3 自身であることも明らかである. こうして D_3 の位数2および3の部分群を見出す仕事が残されている. 次の節で群の部分群を計算する系統的な方法を考えた後で, この仕事をしよう.

6 巡回部分群

G を有限群とし, その演算を $\star$ で表す. a を G の元とする. 次のように書く.

$$a^k = a \star a \star \cdots \star a \quad (k \text{ 回})$$

これは a の k 乗べきである. さて, a のべきの集合

$$H = \{e, a, a^2, a^3, \ldots\}$$

を考えよう．一見するとこれは無限集合のようである．一見というのは，$H \subseteq G$ で G は有限集合であるから，H もまた有限でなければならないからである．しかしこれが成り立つのは，指数の異なる a のべきで等しいものが存在するときに限る．言い換えると，$a^m = a^n$ であるような正の整数 $n > m$ がなければならない．

a' を G における a の逆元とする．$a^m = a^n$ の両辺に $(a')^m$ を乗じて $a^{n-m} = e$，すなわち単位元を得る．ゆえに，元 $a \in G$ が与えられるとき，正の整数 k で $a^k = e$ となるものが存在する．こうして

$$a \star a^{k-1} = a^k = e$$

であるから，a の逆元は a^{k-1} であり，これはまた a のべきである．特に，a の逆元は H に属する．a の 2 つのべきを掛けると a のべきを得るから，H は G の部分群であると結論するに十分のことをすでに知っている．

H の位数はどれだけだろうか．k が $a^k = e$ である最小の正の整数であるとしよう．$n > k$ なら n を k で除すことができるので，$n = kq + r$ かつ $0 \leq r \leq k - 1$ である．したがって

$$a^n = a^{kq+r} = (a^k)^q \star a^r$$

である．しかし $a^k = e$ であるから $a^n = a^r$ である．言い換えると，指数が k より大きいすべての a のべきは，より小さいある指数のべきに等しい．こうして

$$H = \{e, a, a^2, \ldots, a^{k-1}\}$$

である．さらに，これらの元はすべて相異なる．というのは，もし $r \leq s < k$ かつ $a^r = a^s$ ならば，$a^{s-r} = e$ であるからである．$s - r < k$ であるから $s - r = 0$，すなわち $r = s$ でなければならない．H の位数は k であると結論する．

こうして，与えられた有限群 G の部分群を構成する次のような簡単な方法が得られた．任意の元 $a \in G$ を選べば，次が成り立つ．

- G における a のべきの集合 H は G の部分群である．
- H の位数は $a^k = e$ である最小の正の整数 k に等しい．

次の用語を導入すると便利である．部分群 H が元 a のべきの集合に等しいとき，H を G の巡回部分群，a を H の**生成元**という．$a^k = e$ である最小の正の整数 k を a の**位数**という．上の議論から a の位数は a により生成される巡回部分群の位数に等しいと結論する．

簡単な応用として，位数が素数 p の群 G の構造を決定することができる．そのような群の例は，加法の演算を持つ $\mathbb{Z}_p$ である．H は G の任意の部分群であるとしよう．ラグランジュの定理により，H の位数は G の位数 p を割り切らなければならない．p は素数であるから H の位数は 1 あるいは p である．第 1 の場合は $H = \{e\}$ で，第 2 の場合は $H = G$ である．こうして，G のすべての部分群を見出した．さて，G において $a \neq e$ を選び，H を a により生成される巡回部分群とする．$e \neq a \in H$ であるから，上の議論から $H = G$ となる．特に，G は巡回群で，e を別にすれば G のどの元も生成元である．これらの結果は次の定理にまとめられる．

定理（素数位数の群） G が素数位数の群のとき次が成り立つ．

- G は巡回群である．
- G は G 自身および $\{e\}$ の 2 つの部分群だけを持つ．
- G の e を除くすべての元は群全体を生成する．

こうして，素数位数のすべての群は巡回群であるが，しかし逆は真ではない．たとえば $U(5)$ は位数 $\phi(5) = 4$ であるが，それは巡回群であり，$\overline{2}$ はその生成元の 1 つである．第 10 章でこの例に戻り，そこで原始根定理を証明することにする．

巡回部分群だけを詳しく議論したが，群の部分群がすべて巡回群であるというのは真ではない．このことは次の節の例から明らかになる．

7 部分群を見出す

前節の結果を適用して D_3 の部分群をすべて見出そう．D_3 の位数 2 と 3 の部分群を決めるだけで十分であることを 5 節で見た．しかし 2 と 3 は素数であるから，6 節の定理によりこれらの部分群は巡回群でなければならない．さ

らに，巡回部分群はその生成元によって完全に決められる．こうして，D_3 のどの元が位数 2 であり，どの元が位数 3 であるかを見出せば十分である．

$\rho^2 \neq e$ かつ $\rho^3 = e$ であるから，ρ は位数 3 となる．また

$$(\rho^2)^2 = \rho^3 \rho = \rho \qquad \text{かつ} \qquad (\rho^2)^3 = (\rho^3) = e$$

であるから，ρ^2 の位数もまた 3 である．鏡映のそれぞれはそれ自身の逆元であるから，3 つの鏡映は位数 2 でなければならない．ρ が生成する巡回部分群は

$$R = \{e, \rho, \rho^2\}$$

で，ρ^2 が生成する巡回部分群と一致する．ゆえに，R は D_3 の位数 3 の唯一の部分群であって，ρ および ρ^2 の両方によって生成される．鏡映のそれぞれは，位数 2 の D_3 の部分群，すなわち

$$\{e, \sigma_1\}, \{e, \sigma_2\}, \{e, \sigma_3\}$$

を生成する．

こうして，$\{e\}$ および D_3 自身を別にすれば，D_3 の部分群はこれらだけであることを証明した．D_3 は巡回部分群だけしか持たないことになるのであろうか．実はそうではない，なぜなら群 D_3 自身は巡回群ではないからである．実際，もし D_3 が巡回群ならば，その生成元は位数 6 の元でなければならない．しかし，すでに見たように，D_3 のすべての元は位数 1, 2, 3 のどれかである．しかしながら，D_3 の真部分群はどれも巡回群であるというのは真である．なお，群 G の部分群 H が**真部分群**であるとは，$H \neq G$ であるときをいう．

次に，巡回群でなく，しかも非巡回真部分群を含む群の例を見出したい．我々の考える群は n を法とする乗法を持つ

$$U(16) = \{\overline{1}, \overline{3}, \overline{5}, \overline{7}, \overline{9}, \overline{11}, \overline{13}, \overline{15}\}$$

である．この群の位数は $\phi(16) = 8$ である．ラグランジュの定理により，それは位数 1, 2, 4, 8 の部分群しか持つことができない．位数 1 および 8 の部分群はそれぞれ $\{\overline{1}\}$ および $U(16)$ である．

位数 2 および 4 の巡回部分群を見出すためには，$U(16)$ の各元の位数を計

算しなければならない. $\overline{7}, \overline{9}, \overline{15}$ は位数 2, また $\overline{3}, \overline{5}, \overline{11}, \overline{13}$ は位数 4 であることがすぐにわかる. こうして, $U(16)$ は位数 8 の元を持たない. 特に, $U(16)$ は巡回群ではない.

$U(16)$ の真部分群はすべて巡回群であろうか. 素数位数の部分群は巡回群でなければならないことを想起しよう. したがって, $U(16)$ の非巡回真部分群の位数は, 8 より小さく 8 の約数でもある合成数でなければならない. ゆえに, そのような部分群が存在すれば, その位数は 4 でなければならない. その上, 巡回群でない部分群は, 位数 4 の元を持たない. ラグランジュの定理によりこれは, そのような部分群の元は $\overline{1}$ を別にすればすべて位数 2 でなければならないことを含意する. しかし, $U(16)$ は位数 2 の元をちょうど 3 個持ち, 単位元とあわせると 4 元集合, すなわち

$$\{\overline{1}, \overline{7}, \overline{9}, \overline{15}\}$$

が作られる. これが $U(16)$ の部分群であることは簡単に確かめられる. こうして, $U(16)$ は位数 4 の真の非巡回部分群を持つ.

前節の結果を使いフェルマーの定理を素数でない法へと一般化することもできる.

オイラーの定理 n および a を 2 つの整数とする. $n > 0$ かつ $\gcd(a, n) = 1$ のとき,

$$a^{\phi(n)} \equiv 1 \pmod{n}$$

である.

証明はラグランジュの定理の直接の帰結である. a と n は互いに素であるから, $\overline{a} \in U(n)$ となる. ラグランジュの定理により $\overline{a}$ の位数は $U(n)$ の位数 $\phi(n)$ を割り切る. $\overline{a}$ の位数を k で表せば, ある正の整数 r に対して $\phi(n) = kr$ である. したがって

$$(\overline{a})^{\phi(n)} = (\overline{a}^k)^r = \overline{1}$$

となり, これはオイラーの定理の合同式と同値である.

8 ラグランジュの定理

次の定理の述べていることを想い起こそう.

ラグランジュの定理 有限群において任意の部分群の位数はもとの群の位数を割り切る.

定理の証明で使う同値関係を定義することから始めよう. G を演算 $\star$ を持つ群とし, H を G の部分群とする. G の 2 つの元 x および y は,

$$x \star y' \in H$$

のとき H **を法として合同**であるという. ここに y' は G における y の逆元である. これが成り立つとき $x \equiv y \pmod{H}$ と書く.

この関係の例は第 4 章で定義した n を法とする合同である. G を加法を持つ群 $\mathbb{Z}$ とし, H を n の倍数(正および負両方の倍数)すべての集合とする. $\mathbb{Z}$ における演算は加法であるから, $y' = -y$ である. こうして, 定義により, $x \equiv y \pmod{H}$ であるのは $x - y \in H$ (これは $x - y$ が n の倍数であることを意味する)のときかつそのときに限る. したがって, この例では, $x \equiv y \pmod{H}$ は $x \equiv y \pmod{n}$ と同値である.

群 G における H を法とする合同の一般の場合に戻ろう. それが同値関係を特徴づける 3 つの性質を満たすことを確かめなければならない. $x, y, z \in G$ とする.

反射律: $x \equiv x \pmod{H}$ を示さなければならない. しかしながら, 定義によりこれは $x \star x' \in H$ なら成り立つが, このことは $x \star x' = e$ および H が部分群である事実から順々に導かれる.

対称律: $x \equiv y \pmod{H}$ ならば, 定義により $x \star y' \in H$ である. しかし, 部分群の元の逆元はまたその部分群に属する. こうして, $y \star x'$, すなわち $x \star y'$ の逆元は H に属する. しかしながら, $y \star x' \in H$ は $y \equiv x \pmod{H}$ を含意し, これは対称律が成り立つことを示す.

推移律: $x \equiv y \pmod{H}$ かつ $y \equiv z \pmod{H}$ とする. これら 2 つの合同式はそれぞれ $x \star y' \in H$ および $y \star z' \in H$ と同値である. H は部分群であ

8 ラグランジュの定理 **185**

るから，
$$x \star z' = (x \star y') \star (y \star z') \in H$$
である．こうして，$x \equiv z \pmod{H}$ となり，推移律が証明される．

こうして，H を法とする合同は反射的，対称的かつ推移的であり，したがって同値関係である．H が G の部分群になる条件と，H を法とする合同が同値関係となる性質の間には正確な対応があることに注意しよう．ラグランジュの定理はこれらすべての事実の巧妙な均衡によっている．

H を法とする合同は同値関係であるとわかったので，この関係のもとでの元 $x \in G$ の同値類を見出してみよう．定義により x の同値類は
$$\{y \in G : y \equiv x \pmod{H}\}$$
である．しかし，$y \equiv x \pmod{H}$ は $y \star x' \in H$ と同じことである．こうして，ある $h \in H$ に対して $y = h \star x$ である．したがって，x の同値類は
$$\{h \star x : h \in H\}$$
の形に書くことができる．これはこの類を $H \star x$ と表記しても良いことを示唆する．単位元 e の類は H 自身であることに注意しよう．いまやラグランジュの定理を証明する準備が整った．

ラグランジュの定理の証明 G を有限群とし，$\star$ でその演算を表す．H を G の部分群とする．まず，H を法とする同値類の元の個数を数えなければならない．$x \in G$ のとき，その同値類は
$$H \star x = \{h \star x : h \in H\}$$
である．$H \star x$ は H と同数の元を持つことを示すことにする．$H \star x$ の元は，H の元に G の固定した元 x を乗じて得られるから，$H \star x$ が H より多くの元を持ち得ないことは明らかである．さて，$h_1, h_2 \in H$ としよう．$h_1 \star x = h_2 \star x$ であれば，x' を x の逆元として
$$h_1 = (h_1 \star x) \star x' = (h_2 \star x) \star x' = h_2$$
である．H の相異なる元に右から x を乗ずると，$H \star x$ の相異なる元を生ず

ることになる.こうして,$H \star x$ の元の個数は H のそれと同じである.

これらの種々の事実を適切な順序に組み合わせて証明が得られる.まず,H を法とする合同は同値関係であるから,G は同値類の和集合である.この和集合のことをいうとき,相異なる類だけを考えていることにする.相異なる類は必ず互いに素であるから,G の位数はそれぞれの類の元の個数の和に等しいことになる.しかし,すべての類は同じ数,すなわち H の位数に等しい個数の元を持つ.したがって,G の位数は,H の位数掛ける(相異なる)同値類の数に等しい.特に,H の位数は G の位数を割り切る.

最後にコメントを1つ.5節で注意したようにラグランジュの定理の逆は偽である.言い換えると,G が位数 n の群で k が n の因数のとき,G が位数 k の部分群を持つことは必ずしも真ではない.たとえば正四面体の対称の群は位数 12 であるが,しかし位数 6 の部分群を持たない.その証明については問題 20, 21, 22 を参照していただきたい.しかしながら,k が G の位数を割り切る素数ならば,G は位数 k の部分群を持たなければならない.これは**コーシーの定理**と呼ばれ,たとえば Rotman 1984, 定理 4.2, p. 56 で証明されている.

9 練習問題

1. 正方形の対称の群 D_4 の位数は 8 である.
   (1) D_4 の各元を正方形の頂点の置換として書け.
   (2) D_4 の各元の逆元を見出せ.
   (3) ρ を反時計回りの 90° の回転,σ を正方形の鏡映の 1 つとする.$\sigma\rho = \rho^3\sigma$ を示せ.
   (4) D_4 の乗法表を計算せよ.

2. G を群とする.G のすべての元の平方が単位元に等しければ,それはアーベル群であることを示せ.

3. $\phi(125), \phi(16200)$ および $\phi(10!)$ を計算せよ.

4. n を正の整数とし,p を n の素因数とする.
   (1) $p - 1$ は常に $\phi(n)$ を割り切ることを示せ.

(2) p は必ずしも $\phi(n)$ を割り切らないことを示せ.

(3) $n > \phi(n)$ を示せ.

5. $\phi(n) = 18$ となる n の値を見出せ. $\phi(n) = 10$ および $\phi(n) = 14$ に対して同じことをせよ.

6. $\phi(n)$ が素数であれば, $n = 3, 4, 6$ のどれかであることを示せ.

7. k を正の整数とする. 問題 5 と 6 からわかるように, 方程式 $\phi(n) = k$ を解くことは非常に時間がかかることがある. しかしながら, $n\phi(n) = k$ を解くための比較的単純なアルゴリズムがあり, これを記述しよう. $k = n\phi(n)$ とし, p が k を割り切る最大の素数であるとしよう. 次のことを示せ.

(1) n の最大の素因数は p 以下である.

(2) $n\phi(n)$ の素因数分解における p の重複度は奇数でなければならない.

k の素因数分解における p の重複度が偶数のとき, $k = n\phi(n)$ は解を持たないことが(2)から導かれる. k の素因数分解において p が奇数の重複度を持つとする. 方程式の解が存在すること, および $n = p^e c$, ただし $\gcd(c, p) = 1$ を仮定すれば,

$$k = n\phi(n) = p^{2e-1}(p-1)c\phi(c)$$

である. この最後の方程式を使って e を計算することができる. なぜなら, k の素因数分解における p の重複度がわかっているからである. 一旦 e が見つかってしまえば,

$$\frac{k}{p^{2e-1}(p-1)} = c\phi(c)$$

と書ける. 今度は同じ方法を使い c を割り切る最大の素数を見出すことができる. 同様に続けることができる. この手続きはなぜ停止するのか.

8. n が正の整数で $\phi(n) = n - 1$ のとき, n は素数であることを示せ.

9. r が奇数であるとして, n を $n = 2^k r$ の形に書くとき, $\phi(n) = n/2$ ならば n は 2 のべきであることを示せ.

10. m が n を割り切れば $\phi(mn) = m\phi(n)$ であることを示せ.

11. 正方形の対称の群 D_4 のすべての部分群を見出せ.

12. $U(2)$ および $U(4)$ は巡回群であるが, $U(8)$ は巡回群でないことを示せ.

13. G は位数 n の有限巡回群であるとする．m が n を割り切れば G は位数 m の元を持つことを示せ．なぜこれがラグランジュの定理の逆が巡回群に対して成り立つことを含意するのか説明せよ．

14. 群 $U(20)$ を考える．

    (1) $U(20)$ の位数を計算せよ．
    (2) $U(20)$ の各元の位数を計算せよ．
    (3) $U(20)$ は巡回群でないことを示せ．
    (4) $U(20)$ の位数 4 の部分群をすべて見出せ．
    (5) $U(20)$ の非巡回部分群を見出せ．

15. G を有限群とし，S_1 と S_2 を G の 2 つの部分群とする．次のことを示せ．

    (1) $S_1 \cap S_2$ は G の部分群である．
    (2) S_1 の位数と S_2 の位数が互いに素ならば，$S_1 \cap S_2 = \{e\}$ である．
    (3) $S_1 \cup S_2$ は G の部分群とは限らない．

    ヒント：(2)を証明するには，$S_1 \cap S_2$ は S_1 と S_2 の部分群であることを想起しよう．ラグランジュの定理および位数が互いに素であるという事実を使い，$S_1 \cap S_2 = \{e\}$ を示せ．(3)を証明するため，部分群の和集合が部分群ではない例を与えれば十分である．$G = D_3$ を試してみよ．

16. n を正の奇数の合成数とする．$U(n)$ の次の部分集合を考える．
$$H(n) = \{\overline{b} \in U(n) : n \text{ は底 } b \text{ に関する擬素数 }\}$$
    次の言明のどれが真でどれが偽か．

    (1) $H(n)$ は $U(n)$ の部分群である．
    (2) n が合成数であるから，$H(n)$ が $U(n)$ と等しいことはあり得ない．
    (3) n が合成数であるから，$U(n)$ は位数 $n-1$ の元を持つことができない．

17. 60 を法とする 7^{9876} の剰余，および 125 を法とする $3^{87,654}$ の剰余を計算せよ．

18. $p > 0$ を素数とし，r を正の整数とする．p^r にオイラーの定理を適用し，p^r が底 b に関する擬素数であるのは，$b^{p-1} \equiv 1 \pmod{p^r}$ のときかつそのときに限ることを示せ．

19. 前の問題を使い 1093^2 は底 2 に関する擬素数であることを示せ．

20. G を有限群とし H を G の部分群とする．G の位数を H の位数で除した商は 2 であると仮定し，g を H に属さない G の元とする．

   (1) $g^2 \notin H \star g$ を示せ．
   (2) なぜ G は互いに素な H と $H \star g$ の和集合なのか説明せよ．
   (3) $g^2 \in H$ を示せ．

21. $\mathbb{T}$ を正四面体の対称の群 とする．これは位数 12 の群である．

   (1) $\mathbb{T}$ の元をすべて見出せ．
   (2) $\mathbb{T}$ に位数 3 の元はいくつあるか．

22. $\mathbb{T}$ を正四面体の対称の群とする．この問題の目的は，この群が位数 6 の部分群を持たないことの証明を与えることである．証明は背理法によるので，H が $\mathbb{T}$ の位数 6 の部分群であるとする．H は $\mathbb{T}$ の位数 3 の元をすべて含むことを示し，問題 21 を使って矛盾を導け．

   ヒント：問題 20 により，α が $\mathbb{T}$ の位数 3 の元なら，$(\alpha^2)^2 = \alpha^3 \alpha = \alpha$ は H に属する．

23. 問題 18 に基づいて底 2 に関する p^2 の形の擬素数を計算するプログラムを書け．ただし $p < 5 \cdot 10^4$ は素数である．第 6 章の問題 11 を参照していただきたい．

24. 入力として整数 $k > 0$ を持ち，$\phi(k)$ を計算するプログラムを書け．プログラムは実質的に k の完全な素因数分解を計算するアルゴリズムからなる．このアルゴリズムを使い $\phi(k) = \phi(k+1)$ が成り立つ 10^5 より小さい正の整数 k をすべて見出せ．$\phi(k) = \phi(k+1)$ のような k が無限に多く存在するかどうかは知られていない．

25. 整数 $k > 0$ がトーシェントであるとは，方程式 $\phi(n) = k$ が解を持つことをいう．問題 7 のアルゴリズムを実装するプログラムを書け．このアルゴリズムを使って，10^5 より小さい正の整数のどれがトーシェントであることを示すことができるか．

第9章 メルセンヌとフェルマー

 本章のはじめの2つの節で,メルセンヌ数とフェルマー数の因数を見出す古典的方法を学ぶ.しかしながら,フェルマーとオイラーのもともとのアプローチに従うのでなく,第8章で展開した群論の言葉と結果を縦横に駆使する.この方法によってこれらの問題を簡明典雅に扱うことができる.4節では,メルセンヌ数の非常に効率の良い素数判定法を証明するために同じ方法が適用される.

1 メルセンヌ数

 非常に大きな素数を作る最良の方法の一つは,指数公式を使うことである.素数を得るための指数公式で最も古いものは,メルセンヌに因んで名づけられている.n を正の整数とする.n 番目の**メルセンヌ数**とは

$$M(n) = 2^n - 1$$

のことであることを想い起こそう.n が合成数のとき $M(n)$ もまた合成数であることを見てきた.というのは,$n = rs$ であれば,

$$2^n - 1 = (2^r)^s - 1 = (2^r - 1)(2^{r(s-1)} + 2^{r(s-2)} + \cdots + 2^r + 1)$$

である.ゆえに,$M(r)$ は $M(n) = M(rs)$ の因数である.もちろん $M(s)$ もまた $M(n)$ の因数である.

 こうして,メルセンヌ数の中で素数を見出したいのであれば,p を素数として $M(p)$ の形の中を探すだけで良い.しかしながら,すべての素数 p に対し

て $M(p)$ が素数であるというのは真ではない．本節では指数が素数であるがあまり大きくないときに，メルセンヌ数の因数を見出すために使うことができる方法を記述する．この方法の鍵はフェルマーによって発見された $M(p)$ の因数の一般公式である．この公式を証明するために，群についてのもう一つの一般的な結果が必要である．

主補題 G を有限群とし，その演算を $\star$ で表す．$a \in G$ とする．正の整数 t が $a^t = e$ を満たすのは，t が a の位数で割り切れるときかつそのときに限る．

証明 $s > 0$ を a の位数とする．s が t を割れば，ある正の整数 r について $t = sr$ で，
$$a^t = (a^s)^r = e$$
である．逆を証明するため，$a^t = e$ とする．a の位数は $a^s = e$ であるような最小の正の整数 s であるから，$s \leq t$ である．t を s で割って，
$$t = sq + r, \quad ただし \quad 0 \leq r < s$$
を得る．こうして，$a^s = e$ であるから
$$e = a^t = (a^s)^q \star a^r = a^r$$
となる．$r < s$ であるから，これは $r = 0$ のときのみ起こり得る．

さて，メルセンヌ数に戻ろう．$p \neq 2$ は素数であり，q は $M(p) = 2^p - 1$ の素因数であるとする．そうすると
$$2^p \equiv 1 \pmod{q}$$
である．この合同式を群 $U(q) = \mathbb{Z}_q \setminus \{\overline{0}\}$ における方程式，すなわち
$$\overline{2}^p = \overline{1}$$
として考えることにする．$U(q)$ の元として $\overline{2}$ の位数は何であろうか．主補題と前の方程式から $\overline{2}$ の位数は p を割り切ることが導かれる．しかし p は素数であるから，したがって $\overline{2}$ の位数は 1 あるいは p でなければならない．しかしながら，$\overline{2}^1 = \overline{1}$ は $\overline{1} = \overline{0}$ を含意するが，これは矛盾である．したがって，

$U(q)$ において $\overline{2}$ の位数は p である. 仮定により $p \neq 2$ であるから, $\overline{2}$ の位数は p である. 他方, フェルマーの定理により,

$$U(q) \text{ において,} \qquad \overline{2}^{q-1} = \overline{1}$$

である. 再び, 主補題は $\overline{2}$ の位数が $q-1$ を割り切ることを含意する. $\overline{2}$ の位数は p であるから, 整数 k が存在して $q-1 = kp$ であることが導かれる.

しかし, さらに進めることができる. 実際, $M(p) = 2^p - 1$ は奇数であるから, その素因数もまた奇数でなければならない. 特に, q は奇数である. ゆえに, $q-1$ は偶数である. p は奇数であるから, $q-1$ に関する式において右辺の数 k は偶数でなければならないと結論する. ゆえに, ある整数 r に対して $q-1 = 2rp$ である. 以上で, 次の結果を証明した.

フェルマーの方法 $p \neq 2$ を素数とし, q を $M(p)$ の素因数とする. すると, ある正の整数 r に対して $q = 1 + 2rp$ である.

この方法を使って $M(11) = 2047$ の因数を見出そう. 公式により $M(11)$ のどの素因数も $q = 1 + 22r$ の形である. ここで $r = 1, 2, \ldots$ のとき q を計算し, これらの数のうちのどれが $M(11)$ の因数であるか (もしあったとして) 見出さなければならない. 事前にこの探索をどこまでいかなければならないか決めておくと役立つ. 第 2 章 2 節から, もし $M(p)$ が合成数であり, $q = 1 + 2rp$ がその**最小**の素因数であれば,

$$\sqrt{M(p)} \geq q = 1 + 2rp$$

であることを想い起こそう. $\sqrt{M(p)} < 2^{p/2}$ であるから,

$$r < \frac{2^{p/2} - 1}{2p}$$

がわかる. $p = 11$ のとき $r \leq 2$ が得られる. こうして, r のとり得る値は, この場合 1 と 2 だけである. 公式 $q = 1 + 22r$ に $r = 1$ を代入すると $q = 23$ が得られる. 簡単な除算でこれは実際 $M(11) = 2047$ の因数であることが示される. 他の素因数は $89 = 1 + 22 \cdot 4$ である. 第 2 章 2 節のアルゴリズムを使って, 試行除算により $M(11)$ を素因数分解しようとしたとすると, どのようになっていたかを考えてみるのは興味深い. その場合, 計算をやめるまで

に23以下の奇素数のそれぞれで $M(11)$ を割ってみなければならなかったであろう．そのような素数は8個ある．

メルセンヌ数の歴史は興味をそそる変わった物語の宝庫である．最もおもしろいのは，1903年のアメリカ数学会の会議における F. N. コールの講演の話である．彼はまったく沈黙したまま2つの数を掛け算して，

$$M(67) = 193{,}707{,}721 \cdot 761{,}838{,}257{,}287$$

を証明した．聴衆は熱狂的に賞賛した！今日にいたるまで，簡単な方法でどのようにしてこれらの因数に達したのか，誰にもわからない．

第3章で述べたように，非常に大きい既知の素数の多くはメルセンヌ数である．もちろん，与えられたメルセンヌ数が素数であることを調べるには，フェルマーのよりずっと良い方法がある．これらのうちで最もよく使われるのは，リュカーレーマーの判定法である．これは4節で説明することにする．

2　フェルマー数

$M(n) = 2^n - 1$ が素数であれば，n もまた素数でなければならないことを見てきた．これは $2^n + 1$ が素数であるような n の値を決定することを試してみるべきであることを示唆する．さて，$p = 2^n + 1$ が素数であると仮定すると，

$$U(p) \text{ において，} \quad \overline{2}^n = -\overline{1} \tag{2.1}$$

である．したがって

$$U(p) \text{ において，} \quad \overline{2}^{2n} = \overline{1}$$

である．こうして，主補題により，$U(p)$ の元としての $\overline{2}$ の位数は $2n$ を割り切る．ここでこの位数を正確に計算しなければならない．式(2.1)から $\overline{2}$ の位数は，n でも n の約数でもあり得ないことに注意しよう．位数は $2n$ を割り切るから，2の倍数でなければならない．こうして，$\overline{2}$ の位数が $2r$ であるような正の整数 r が存在する．明らかに r は n を割り切る．さて，$U(p)$ において $\overline{2}^{2r} = \overline{1}$ であることは，$\mathbb{Z}_p$ において

$$\overline{0} = \overline{2}^{2r} - \overline{1} = (\overline{2}^r - \overline{1})(\overline{2}^r + \overline{1})$$

を含意する．p は素数であると仮定しているから，

$$2^r \equiv 1 \pmod{p} \quad \text{あるいは} \quad 2^r \equiv -1 \pmod{p}$$

と結論する．ゆえに，p は 2^r+1 あるいは 2^r-1 を割り切る．しかし，$p=2^n+1$ かつ $n \geq r$ であるから，$r=n$ でなければ矛盾が生じ，$U(p)$ において $\overline{2}$ の位数は $2n$ である．

$p-1=2^n$ であるから，フェルマーの定理から

$$U(p) \text{ において}, \quad \overline{2}^{2^n} = \overline{1}$$

となる．ゆえに，$\overline{2}$ の位数 ($2n$ である) は 2^n を割り切る．特に，n は 2 のべきでなければならない．要約すると，2^n+1 が素数のとき n は 2 のべきである．

これが 2^n+1 の形の素数を探すとき $2^{2^k}+1$ の形の数，すなわちフェルマー数だけを考えれば良い理由である．第 3 章で見たようにこのような数は常に素数である，とフェルマーは信じていた．$0 \leq k \leq 4$ のとき $F(k)$ が素数であるのは真であるが，しかし $F(5)$ は合成数である．これは 1730 年オイラーによって示された．皮肉にもオイラーの方法は，1 節で記述したメルセンヌ数の因数を見出すフェルマー自身の方法に忠実に従っている．オイラーの方法がどのように機能するかみよう．

q は $F(k)$ の素因数であるとする．すると

$$U(q) \text{ において}, \quad \overline{2}^{2^k} = -\overline{1} \tag{2.2}$$

であり，主補題により $\overline{2}$ の位数は 2^{k+1} を割り切ることになる．しかし，式 (2.2) はまた，この位数は 2^{k+1} より小さい 2 のべきではあり得ないことを含意する．ゆえに，$U(q)$ における $\overline{2}$ の位数は 2^{k+1} である．ところが，フェルマーの定理により $\overline{2}$ の位数は $q-1$ を割り切る．よって，$q-1 = 2^{k+1}r$ となる．

オイラーの方法 q が $F(k)$ の素因数のとき，正の整数 r で $q = 1 + 2^{k+1}r$ となるものが存在する．

オイラーの方法を使い $F(5) = 2^{32}+1$ の因数を見出すことにする．まず第 1 に，$F(5)$ のどんな素因数も $q = 1+64r$ の形でなければならない．こう

して, $F(5)$ を割り切るこのような形の $q < \sqrt{2^{32}+1} \leq 66{,}000$ があるかを, 決めなければならない. q の上界は, 困ったことに大きな数 $r < 1031$ を与える. q が素数である r の最小の値は $r = 3$ であり, これは $q = 193$ に対応する. 計算すると次のことがわかる.

$$2^{32} \equiv (2^8)^4 \equiv 63^4 \equiv 108 \pmod{193}$$

ゆえに, 193 は $F(5)$ の因数ではない. $r = 4$ に対し $q = 257$ となり, これも素数である. しかし

$$2^{32} \equiv 1 \pmod{257}$$

であるから, 257 も因数ではない. q が素数である r の次の値は $r = 7$ で, これは $q = 449$ を与える. しかし

$$2^{32} \equiv (2^{16})^2 \equiv 431^2 \equiv 324 \pmod{449}$$

で, 449 は因数ではない. 次の素数は $q = 577$ であるが, これは $r = 9$ に対応する. この場合,

$$2^{32} \equiv 287 \pmod{577}$$

であるから, 577 は $F(5)$ の因数でない. 最後に $r = 10$ のとき $q = 641$ となり, これは $F(5)$ の因数である.

運よく因数は比較的小さいので, オイラーの方法と電卓を使って見出すことができた. オイラーはもちろんすべてを手計算で行なった. 残念ながらこれほど幸運なことはそう多くない. 問題は $F(k)$ が 2 重指数関数であることである. したがって, k の比較的小さい値に対してさえ, オイラーの方法で因数を見出すことがほとんど不可能なほどに, 多数の可能な候補の中を探索する必要がある. しかしながら, 与えられたフェルマー数の因数を見出したいのであれば, オイラーのよりはずっと良い方法がある. Lenstra et al. 1993 および Pomerance 1996 を参照していただきたい. さらに驚くべきは, 次の章で見るように, 与えられたフェルマー数が素数か合成数かを決める非常に効率の良い判定法がある.

フェルマー数について多くのことが知られている. たとえば $k \leq 9$ のすべてのフェルマー数および $F(11)$ に対して, 完全な素因数分解が知られている.

さらに，$k \leq 32$ のとき $k = 14, 20, 22, 24, 28, 31$ を除いて，$F(k)$ の少なくとも一つの素因数が知られている．実はフェルマー数で素数であることがわかっているのは，$F(0), \ldots, F(4)$ だけであり，これらだけが素数であるという発見的な証拠がある．

なぜフェルマー数にそれほどの関心があるのであろうか．理由はいくつかあるが，その長くも波乱に満ちた歴史も確かにその１つである．フェルマー数はまた大きくて素因数分解が難しい数の豊かな源である．このことによりフェルマー数は，新しいアルゴリズムの能力をテストするときの良い目標になる．一方，素因数分解アルゴリズムは，しばしば単純な算術および論理演算を非常に多数回実行することを計算機に要求する．こうして，素因数分解アルゴリズムを実行することは，しばしば新しく設計した計算機のバグを見つける極めて効果的な方法である．

フェルマー数が興味深いことのもっと理論的な理由がある．1801 年[1]ガウスは，定規とコンパスを使って正 n 角形を描くことができれば，n は 2 のべきのフェルマー素数倍に等しいことを示した．つまり，$17 = F(2)$ であるから正 17 角形は定規とコンパスで描くことができるが，しかし正 7 角形は描くことはできないというのは 7 はフェルマー数でないからである．さらに詳細については，Artin 1991, 第 13 章 4 節を参照していただきたい．

3 フェルマー再び

因数がわかっている最大のフェルマー数は $F(23,471)$ であり，その因数は $5 \cdot 2^{23,473} + 1$ である．それはまた合成数であることがわかっている最大のフェルマー数でもある．これは巨大な数であって，どのようなすばらしいアルゴリズムによって因数分解できるかと疑問に思うかもしれない．答えは簡単である．前節で記述したオイラーの方法である．しかしながら，その方法を使うときはオイラーのようにではなく，前後逆さにして使う．オイラーは与えられたフェルマー数で始め，因数を見出そうとした．我々はある $F(m)$ の因数になる見込みのある数で始め，m を見出すことにする．

---

[1] [訳注] 高木貞治『近世数学史談』によれば，ガウスがこれを発見したのは 1796 年ゲッチンゲン大学の学生のときであったという．

そのアルゴリズムは2つの正の整数kとnを選ぶことで始まるが，そのうちkは奇数でなければならない．それから数$q = k \cdot 2^n + 1$を作る．オイラーの方法から，この数が$F(m)$を割り切れば$m \leq n-1$となる．しかしqが$F(m)$を割り切るのは，

$$2^{2^m} \equiv -1 \pmod{q}$$

が成り立つときかつそのときに限る．

上に述べたような大きな数を扱うには，合同式を計算する非常に効率の良い方法を必要とする．2のべきのみが絡んでくるから，これはいくぶん簡単になされる．なぜなら

$$(2^{2^i})^2 = 2^{2^{i+1}}$$

だからである．さて次のように進める．まず，$r = 2^{2^5}$ および $i = 5$ とする．変数iは指数を記録するために使う．$F(i)$は$i < 5$に対して素数であるから，$i = 5$で始める．アルゴリズムの核心は，qを法とするr^2の剰余でrを置き換えること，およびループごとにiを1だけ増すことからなる．アルゴリズムは$r = q-1$あるいは$i = n$になると停止する．最初の場合，qは$F(i)$を割り切る．2番目の場合，qはどの$F(i)$の因数でもない．$q = k \cdot 2^n + 1$が$F(i)$を割り切れば，$i \leq n-1$であることを想い起こそう．

この方法は，G. B. ゴスティンによって巧みな改良をいくつか加えられ，$F(15), F(25), F(27), F(147)$の因数を見出すために使われた（Gostin 1995を参照していただきたい）．彼のアルゴリズムは一部のルーチンを並列化してCとアセンブラで書かれた．プログラムはまず数百万の可能なqの値を生成する．次に小さい素数で割り切れる値が除去される．生き残った値を上に説明したように合同式においてテストする．

Gostin 1995, p. 394 にある表の一部を次の頁に再現した．それは$k \cdot 2^n + 1$が$F(m)$の因数であるようなm, k, nの値からなっている．

m	k	n
15	17,753,925,353	17
64	17,853,639	67
353	18,908,555	355
885	16,578,999	887
1082	82,165	1084
1225	79,707	1231
1451	13,143	1454
3506	501	3508
6390	303	6393
6909	6021	6912

4 リュカ–レーマーの判定法

本節では1878年に(ハノイの塔で名高い)E. リュカが最初に考えついたメルセンヌ数のための非常に優れた素数判定法を提示する．この判定法は1932年D. H. レーマーにより改良され，現在は**リュカ–レーマーの判定法**と呼ばれている．

リュカ–レーマーの判定法の主要な要素は，

$$S_0 = 4 \quad \text{および} \quad S_{k+1} = S_k^2 - 2$$

によって再帰的に定義される正の整数の列 $S_0, S_1, S_2, \ldots$ である．まず，この列の整数は，無理数のべきの和として書くことができることを示す．第5章の問題4を参照していただきたい． $\omega = 2 + \sqrt{3}$ および $\varpi = 2 - \sqrt{3}$ とする． $n \geq 0$ についての帰納法により

$$\omega^{2^n} + \varpi^{2^n} = S_n \tag{4.1}$$

を証明することにする．明らかに $\omega + \varpi = S_0$ である． $\omega^{2^{n-1}} + \varpi^{2^{n-1}} = S_{n-1}$ であるとする．両辺を平方して

$$\omega^{2^n} + 2(\omega\varpi)^{2^{n-1}} + \varpi^{2^n} = S_{n-1}^2$$

を得る. $\omega\varpi = 1$ であるから,

$$\omega^{2^n} + \varpi^{2^n} = S_{n-1}^2 - 2$$

となるが, これは定義により S_n に等しい.

リュカ–レーマーの判定法 p を奇素数とする. メルセンヌ数 $M(p)$ が素数であるのは, $S_{p-2} \equiv 0 \pmod{M(p)}$ のときかつこのときに限る.

条件が必要条件であることだけを証明する. 十分性の証明は本書の方法を越える. ここで示す証明はもともと Bruce 1993 に現れた. 初等的ではあるが, 直感的には正当化しにくい仕方で無理数を使う. 無理数を使うことを受け入れてしまえば, 証明の残りはほぼ前節の証明の型をたどっていく. ここでの無理数の由来を理解するためには, Bressoud 1989, 第 10 章および第 11 章を参照していただきたい.

リュカ–レーマーの判定法の証明は群論の言葉で表現されることになるが, 問題となる群は $U(p)$ よりはるかに変わったものである. 出発点は $a + b\sqrt{3}$ の形の実数の部分集合 $\mathbb{Z}[\sqrt{3}]$, ただし $a, b \in \mathbb{Z}$ である. このような数は実数であるから, 足したり掛けたりできる. $\mathbb{Z}[\sqrt{3}]$ に属する 2 つの数の和と積はまた, $\mathbb{Z}[\sqrt{3}]$ に属する. さらに $\mathbb{Z}$ と同じく, 集合 $\mathbb{Z}[\sqrt{3}]$ は加法の下で群であるが, しかし乗法の下ではそうではない. これらの事実はごく簡単に確かめることができる. すべての $a \in \mathbb{Z}$ は $a = a + 0\sqrt{3}$ の形に書くことができるから, $\mathbb{Z} \subseteq \mathbb{Z}[\sqrt{3}]$ である.

さて, $q \geq 0$ を素数とし,

$$I(q) = \{q\alpha : \alpha \in \mathbb{Z}[\sqrt{3}]\}$$

と書く. 明らかに $0 = 0q \in I(q)$ である. $q\alpha + q\beta = q(\alpha + \beta)$ であるから, $I(q)$ の 2 つの数の和もまた $I(q)$ に属することがわかる. さらに, 任意の $\alpha \in \mathbb{Z}[\sqrt{3}]$ に対して, $q\alpha$ と $-q\alpha$ はともに $I(q)$ に属する. こうして, $I(q)$ は加法群 $\mathbb{Z}[\sqrt{3}]$ の部分群である.

さて, $I(q)$ を法とする合同の関係は, 第 8 章 8 節で示したように $\mathbb{Z}[\sqrt{3}]$ に

おける同値関係である．$\alpha, \beta \in \mathbb{Z}[\sqrt{3}]$ ならば，$\alpha - \beta \in I(q)$ のとき $\alpha \equiv \beta$ (mod $I(q)$) であることを想い起こそう．第 4 章の問題 10 と 11 も参照していただきたい．

いま，$\alpha \in \mathbb{Z}[\sqrt{3}]$ であれば，$a_1, a_2 \in \mathbb{Z}$ として $\alpha = a_1 + a_2 \sqrt{3}$ である．a_1 と a_2 を q で割って，$a_1 = qb_1 + r_1$ および $a_2 = qb_2 + r_2$，$0 \leq r_1, r_2 < q$ を得る．$\rho = r_1 + r_2 \sqrt{3}$ と書くと，

$$\alpha - \rho = q(b_1 + b_2 \sqrt{3})$$

となる．よって，$\alpha \equiv \rho$ (mod $I(q)$) である．数 ρ は $I(q)$ を法とする α の**既約形**と呼ばれる．整数の除算の剰余は一意であるから，$\mathbb{Z}[\sqrt{3}]$ の各元は $I(q)$ を法とする唯一の既約形を持つ．$\mathbb{Z}[\sqrt{3}]$ には $I(q)$ を法とする相異なる既約形が，ちょうど q^2 個あることに注意しよう．

さて，$I(q)$ を法とする $\mathbb{Z}[\sqrt{3}]$ の同値類のそれぞれは，既約形の元によって表現することができる．さらに，既約形が違う元によって表現される 2 つの類は，相異ならなければならない．したがって，$I(q)$ を法とする同値類の集合 $\mathbb{Z}_q[\sqrt{3}]$ は，q^2 個の元を持たなければならない．

$I(q)$ を法とする $\alpha \in \mathbb{Z}[\sqrt{3}]$ の同値類 を $\widetilde{\alpha}$ で表すことにする．$\mathbb{Z}_q[\sqrt{3}]$ における乗法を

$$\widetilde{\alpha}\widetilde{\beta} = \widetilde{\alpha\beta}$$

によって定義することができる．この定義が類の代表元の選択に依らないことの証明は，法演算についての対応する結果の証明に似ている．第 4 章 3 節を参照していただきたい．$\alpha = a_1 + a_2\sqrt{3}$ かつ $\beta = b_1 + b_2\sqrt{3}$ ならば，簡単な計算により $\widetilde{\alpha}\widetilde{\beta}$ が

$$(a_1 b_1 + 3 a_2 b_2) + (a_1 b_2 + a_2 b_1)\sqrt{3}$$

で表されることが示される．

この乗法が結合的で，可換で，また単位元として $\widetilde{1}$ を持つことを確かめるのはたやすい．しかしながら，$\mathbb{Z}_q[\sqrt{3}]$ はこの演算の下で群ではない(問題 9 を参照していただきたい)．法演算の場合のように，$\mathbb{Z}_q[\sqrt{3}]$ の可逆元からなる集合 $V(q)$ を考えることでこの困難を回避する．これは群である．というのは容易に確かめることができるように，$\mathbb{Z}_q[\sqrt{3}]$ の可逆元の積はまた可逆で

あるからである．第8章4節を参照していただきたい．
$$V(q) \subset \mathbb{Z}_q[\sqrt{3}] \setminus \{\widetilde{0}\}$$
であるから，$V(q)$ の位数は必ず q^2 より小さいことが導かれることに注意しよう．$\omega\varpi = 1$ であるから，ω および ϖ はともに $V(q)$ に属することにも注意しよう．いまやリュカ–レーマーの判定法を証明する用意が整った．

リュカ–レーマーの判定法の証明 ある素数 p に対して，メルセンヌ数 $M(p)$ が S_{p-2} を割り切るとする．式 (4.1) により整数 r が存在して
$$\omega^{2^{p-2}} + \varpi^{2^{p-2}} = rM(p)$$
である．この式に $\omega^{2^{p-2}}$ を乗じ，$\omega\varpi = 1$ を想い起こせば，
$$\omega^{2^{p-1}} + 1 = rM(p)\omega^{2^{p-2}} \tag{4.2}$$
を得る．

ここで，$M(p)$ は合成数で q をその最小の素因数であると仮定し，矛盾を導いてみよう．q は $M(p)$ を割り切るから，式 (4.2) から $\mathbb{Z}_q[\sqrt{3}]$ において
$$\widetilde{\omega}^{2^{p-1}} = -\widetilde{1} \tag{4.3}$$
であることが導かれる．式 (4.3) を平方して
$$\widetilde{\omega}^{2^p} = \widetilde{1}$$
を得る．さて，主補題から $\widetilde{\omega}$ の位数は 2^p を割り切ることになるが，しかし式 (4.3) によれば，この位数は 2^p より小さい 2 のべきではあり得ないこともいえる．ゆえに，$V(q)$ における $\widetilde{\omega}$ の位数は 2^p である．ところが，ラグランジュの定理により，$\widetilde{\omega}$ の位数は $V(q)$ の位数を割り切る．$V(q)$ の位数は q^2-1 以下であるから，$2^p \leq q^2-1$ を得る．しかし，q は $M(p)$ の最小の素数の約数であり，したがって $q^2 \leq M(p)$ である．こうして
$$2^p \leq q^2 - 1 < 2^p - 1$$
となり，これは矛盾である．こうして，$M(p)$ が S_{p-2} を割り切るならば，$M(p)$ は素数である．このことは条件が必要条件であることを示している．✝

分性の証明については Bressoud 1989, 定理 11.10, p. 175 を参照していただきたい．

この判定法を証明するのは難しいとはいえ，使うことと実装することは非常に易しい．1978 年 2 人の高校生ローラ・ニックルとカート・ノルは，彼らの地区の大学のメインフレーム計算機でリュカ–レーマーの判定法を使い，$M(21{,}701)$ が素数であることを示した．彼らの手柄はニューヨークタイムズ紙 (the *New York Times*) の一面を飾った．この判定法はまた GIMPS，すなわち**大インターネットメルセンヌ素数探索** (*Great Internet Mersenne Prime Search*)[2] の基盤となっている．GIMPS はウェブを通じてフリーソフトウェア (およびソースコード) を提供しているから，パーソナルコンピュータの所有者なら誰でも大きい素数の探索に参加できる．最大の既知のメルセンヌ素数である 909,526 桁の数 $M(3{,}021{,}377)$ は GIMPS ソフトウェアを使って 1998 年 1 月に発見された．

5 練習問題

1. p, q を素数とする．合同式 $x^p \equiv 1 \pmod{q}$ が解 $x \not\equiv 1 \pmod{q}$ を持つとき，$q \equiv 1 \pmod{p}$ であることを示せ．

2. 合同式 $x^{17} \equiv 1 \pmod{43}$ の解をすべて見出せ．

3. 巡回群 $U(17)$ の生成元を見出せ．それらを使って合同式 $7^x \equiv 6 \pmod{17}$ を解け．

4. フェルマーの方法を使ってメルセンヌ数 $M(23)$ および $M(29)$ の素因数を見出し，$M(7)$ が素数であることを示せ．

5. オイラーの方法を使い $F(4)$ が素数であることを示せ．

6. $k \geq 2$ を整数，$\alpha = 2^{2^{k-2}}(2^{2^{k-1}} - 1)$ とする．p を $F(k) = 2^{2^k} + 1$ の素因数とする．次を示せ．

   (1) $\alpha^2 \equiv 2 \pmod{p}$

---

[2] http://www.utm.edu/research/primes/ の *The Prime Page* 上に，GIMPS ソフトウェアが見出せる．

(2) α の位数は p を法として 2^{k+2} である.

(3) $p = 2^{k+2}r + 1$, ただし r は正の整数である.

この結果はオイラーの方法による因数の探索の効率を少し良くすることに注意しよう.

7. $7 \cdot 2^{14} + 1$ をその素因数とするフェルマー数 $F(k)$ を見出せ.

8. 1640 年フレニクルはメルセンヌを通して, 10^{20} と 10^{22} の間に完全数があるかとフェルマーに尋ねた. フレニクルが述べているのは偶数の (すなわちユークリッド的) 完全数のことであることはわかっている. 第 2 章の問題 8, 9, 10 を参照していただきたい. この問題の目的は, この範囲内には偶数の完全数はないことのフェルマーの証明を与えることである. 偶数の完全数は, $2^n - 1$ をメルセンヌ素数としてすべて $2^{n-1}(2^n - 1)$ の形であることを, 上に述べた第 2 章の問題で示したことを想い起こそう.

(1) $n \geq 2$ のとき $-1 < \log(1 - 2^{-n}) < 0$ を示せ. ここに log は 10 を底とする対数を表す. そして
$$n\log 2 - 1 < \log(2^n - 1) < n\log 2$$
を結論せよ.

(2) 不等式
$$10^{20} < 2^{n-1}(2^n - 1) < 10^{22}$$
の対数をとり, (1) を使って $35 \leq n \leq 37$ を示せ. n は整数であることを忘れないように.

(3) $35 \leq n \leq 37$ のとき $M(n)$ は決して素数でないことを示せ.

さらに多くの詳細については Weil 1987, 第 II 章 IV 節を参照していただきたい.

9. $q \geq 0$ を素数とし, $V(q)$ で $\mathbb{Z}_q[\sqrt{3}]$ の可逆元の集合を表す.

(1) $\widetilde{0} \notin V(q)$ を示せ.

(2) a が q で割り切れない整数であるとき
$$\widetilde{a}, \widetilde{a\sqrt{3}} \in V(q)$$
を示せ.

(3) $V(5)$ のすべての元を見出せ.

10. メルセンヌ数の因数を見出すフェルマーの方法をプログラムせよ．プログラムの入力は素数 $p > 0$ であり，出力は $M(p) = 2^p - 1$ の最小の素因数であるか，あるいは $M(p)$ は素数である旨のメッセージである．プログラムは基本的に，付録の 2 節で提示した q を法とする 2^n の剰余の計算のためのアルゴリズムの適用からなる．ここに，ある $0 \leq r \leq [(2^{p/2} - 1)/2p]$ に対し $q = r \cdot 2^{n+1} + 1$ である．剰余が 1 ならば，q は $M(p)$ の因数である．もし与えられた範囲にそのような因数 q が見つからなければ，$M(p)$ は素数である．剰余を計算する前に，与えられた q が素数であるのかないのかを見出すのは得策ではない．このプログラムを使って，$M(p)$ が素数であるような素数 p を 2 と 300 の間で見出せ．(第 3 章 2 節を参照していただきたい)．

11. 3 節のアルゴリズムをプログラムせよ．それは入力として素数 p を持ち，p が $F(m)$ を割り切るような m の値を探索しなければならない．もちろんそのような m が存在しないかもしれないことを考慮しなければならない．$p = k \cdot 2^n + 1$ のとき $m < n$ であることに注意しよう．これは探索が失敗することが確実な上界を与える．このプログラムを使い，それぞれ $37 \cdot 2^{16} + 1$ および $11{,}131 \cdot 2^{12} + 1$ で割り切れるフェルマー数を見出せ．もし対応するフェルマー数のすべての桁を計算しなければならないとしたら，家庭用パソコンでこれらの数を見出すことは可能ではないであろうことに注意しよう．

第10章　素数判定と原始根

本章では p が素数のとき $U(p)$ は巡回群である，というガウスの有名な定理を証明する．これは第 6 章のものと違い，与えられた整数が素数であることを**証明**するのに使うことができる判定法を後押しするものである．この判定法をもってこの章を始めよう．

1　リュカの判定法

与えられた正の奇数 n が素数かどうかを決定したいものとする．可能な戦略は $U(n)$ の位数が $n-1$，言い換えると $\phi(n) = n-1$ であることを示そうとすることである．このことはすべての正の $a < n$ が n と互いに素であることを含意するから，n は素数でなければならない．一見これは絶望的な仕事に思われる．n が大きいとき，$U(n)$ の元をどのようにして数えることができるであろうか．トンネルの出口の光明は次の定理によって用意される．これは 5 節で証明されることになる．

原始根定理　p が素数のとき，$U(p)$ は巡回群である．

この定理から p が素数のとき，位数が $p-1$ である元 $\overline{b} \in U(p)$ が存在することがわかる．言い換えると，

$$\overline{b}^{p-1} = \overline{1} \quad \text{ただし} \, r < p-1 \, \text{なら} \quad \overline{b}^r \neq \overline{1}$$

である．これは次のような戦略を示唆する．奇数 $n > 0$ が与えられ，また何らかの方法で位数 $n-1$ の $\overline{b} \in U(n)$ を見出すものとする．ラグランジュの

定理により，$\bar{b}$ の位数は $U(n)$ の位数を割り切らなければならない．ゆえに，$n-1$ は $\phi(n)$ を割り切らなければならない．しかしながら $\phi(n) \leq n-1$ であるから，$\phi(n) = n-1$ である．こうして，n は素数である．**原始根定理**によれば，n が素数ならそのような b は常に存在する．しかし，これはそれを見出すのが簡単であるといっているのではない．そのためにはかなりの幸運を必要とするのである．

整数 n の素数判定にこの戦略を適用するためには，$U(n)$ の与えられた元の位数が $n-1$ であることを調べる簡単な方法が必要である．下に与える判定法の言明は 1927 年に D. H. レーマーが提案したもので，E. リュカが初めて示唆した少し弱い判定法に基づいていた．

リュカの判定法 n を正の奇数とし，b を $2 \leq b \leq n-1$ のような整数とする．もし $n-1$ の各素因数 p に対して，

(1) $b^{n-1} \equiv 1 \pmod{n}$

(2) $b^{(n-1)/p} \not\equiv 1 \pmod{n}$

が成り立つなら，n は素数である．

証明 k を $U(n)$ における $\bar{b}$ の位数とする．$k = n-1$ を示したい．$\bar{b}^{n-1} = \bar{1}$ であるから，主補題から k は $n-1$ を割り切ることがわかる．こうして，$n-1 = kt$ となる整数 $t \geq 1$ が存在する．$t=1$ を示さなければならない．

そうではなく $t > 1$ であるとする．すると t はある素数 q で割り切れる．しかし，もし q が t を割り切ると，q は $n-1$ を割り切る．したがって，$(n-1)/q$ および t/q は整数である．さらに

$$\frac{n-1}{q} = k \cdot \frac{t}{q}$$

から，k は $(n-1)/q$ を割り切ると結論する．主補題をもう一度使って，$\bar{b}^{(n-1)/q} = \bar{1}$ に達するが，これは仮定と矛盾する．したがって，$t=1$ であり，$k = n-1$ となる．さて，ラグランジュの定理により，$\bar{b}$ の位数は $U(n)$ の位数を割り切る．ゆえに，$n-1$ は $\phi(n) \leq n-1$ を割り切る．よって，$\phi(n) = n-1$ で n は素数である．

これまでの判定法は数が合成数であることのみ確実に検出した．リュカの判定法は数が素数であることのみ確実に検出する．この判定法を適用して成功を収めるためには，$n-1$ を完全に素因数分解しなければならないことに注意しよう．幸い，ある種類の数に対してはこれは簡単にできることがよくある．たとえばフェルマー数の因数はそうである．また，底 b の選択においても運がよくなければならず，そうでないと数が素数であっても判定不能との出力になる．

ジャン・フランソワ・テオフィル・ペピン (1826–1904) が初めて提案したフェルマー数の素数判定法を証明するため，リュカの判定法を使おう．

ペピンの判定法 フェルマー数 $F(k)$ が素数であるのは，ある $k > 1$ に対し
$$5^{(F(k)-1)/2} \equiv -1 \pmod{F(k)}$$
が成り立つときかつそのときに限る．

まず，上の合同式が満たされるとし，$F(k) - 1$ は 2 をその唯一の素因数として持つことに注意しよう．一方で
$$5^{F(k)-1} \equiv (5^{(F(k)-1)/2})^2 \equiv (-1)^2 \equiv 1 \pmod{F(k)}$$
であるが，$5^{(F(k)-1)/2} \equiv -1 \not\equiv 1 \pmod{F(k)}$ であるから，リュカの判定法により $F(k)$ は素数である．逆は証明するのがより難しく，**2 次相互法則**に依存し，ここでは証明しない．証明については Hardy and Wright 1994, 第 VI 章を参照していただきたい．

ペピンの判定法を使って $F(4)$ が素数であることを示そう．
$$\frac{F(4)-1}{2} = 2^{15}$$
であるが，
$$5^{2^{15}} \equiv 5^{32,768} \equiv 65{,}536 \equiv -1 \pmod{F(4)}$$
である．こうして，判定の条件が満たされることが確かめられるから，$F(4)$ は素数である．ペピンの判定法は $F(k)$ を法として平方を計算するだけでよく，またそれが極めて高速にできるので適用し易い．

第10章 素数判定と原始根

もう一つの例として，1並び数

$$R(19) = \underbrace{1,111,111,111,111,111,111}_{19}$$

が素数であることを証明しよう．リュカの判定法を適用するためには，まず $R(19) - 1$ の完全な素因数分解を見出さなければならない．それは次の通りである．

$$R(19) - 1 = 2 \cdot 3^2 \cdot 5 \cdot 7 \cdot 11 \cdot 13 \cdot 19 \cdot 37 \cdot 52{,}579 \cdot 333{,}667$$

最初の選択は $b = 2$ である．計算機代数系を使えば，

$$2^{R(19)-1} \equiv 1 \pmod{R(19)}$$

を示すのは易しい．しかし，残念なことに，

$$2^{(R(19)-1)/2} \equiv 1 \pmod{R(19)}$$

である．こうして，リュカの判定法の条件 (2) は $b = 2$ と $p = 2$ に対して成り立たない．ゆえに，2 は底として良い選択ではない．

次に $b = 3$ を選ぶ．計算機代数系を使って，

$$3^{R(19)-1} \equiv 1 \pmod{R(19)}$$

であるとわかるので，リュカの判定法の条件 (1) が成り立つ．さて，$R(19)$ を法として

$$3^{(R(19)-1)/p}$$

の剰余を，$R(19) - 1$ の素因数分解に現れる素数 p のそれぞれに対して見出さなければならない．計算機代数系の助けを借りて計算したこれらの剰余を次の表に示しておく．

素因数 p	$R(19)$ を法とする $3^{(R(19)-1)/p}$ の剰余
2	$R(19) - 1$
3	933,000,903,779,960,656
5	97,919,522,321,038,174
7	742,392,324,159,673,027
11	920,873,402,557,886,628
13	114,592,042,672,083,983
19	10^{11}
37	397,724,716,798,816,350
52,579	760,105,763,664,485,871
333,667	555,602,369,615,218,524

こうして,リュカの判定法の条件 (2) が $R(19) - 1$ の素因数のそれぞれに対して成り立つ.ゆえに,$R(19)$ は確かに素数である.

素数である 1 並び数はわずか 5 個しか知られていない.最初のものはもちろん $R(2) = 11$ であり,$R(19)$ は 2 番目のものである.他のものは $R(23)$,$R(317)$ および $R(1031)$ である.次の節で記述するリュカの判定法の改良版を使えば,$R(23)$ が素数であることを証明するのは難しくない (問題 4 を参照していただきたい).

2 もう一つの素数判定法

簡単な例から,リュカの判定法を適用するとき直面する最も明らかな困難の一つが明らかになる.この判定法を使って $n = 41$ が素数であることを示したいとする.まず,$n - 1 = 40$ を素因数分解しなければならないが,これは $n - 1 = 2^3 \cdot 5$ である.こうして,$2 \leq b \leq 40$ で,さらに次の合同式を満たすような整数 b を見出す必要がある.

$$b^{40} \equiv 1 \pmod{41}$$

$$b^{20} \not\equiv 1 \pmod{41}$$
$$b^8 \not\equiv 1 \pmod{41}$$

手始めに $b=2$ を試みると,すぐに $2^{20} \equiv 1 \pmod{41}$ であるとわかる.次に $b=3$ を試すと,$3^{20} \equiv 40 \pmod{41}$ ではあるものの,$3^8 \equiv 1 \pmod{41}$ であることがわかる.なおもさらにがっかりすることに,$2^8 \equiv 10 \pmod{41}$ である.すなわち,底が異なれば,$n-1$ の異なる素因数に関する合同式を満たす.厄介の原因はリュカの判定法がすべての合同式に一つの底を使わなくてはならないということである.$n=41$ に対して,そのような最小の底は 7 である.

1975 年にブリルハート,レーマー,セルフリッジは,異なる素因数には異なる底を選択できるようにリュカの判定法を書き直すことができることに気づいた.このことで判定法が格段に使いやすくなる.

素数判定法 $n>0$ は奇数で

$$n-1 = p_1^{e_1} \cdots p_r^{e_r}$$

とする.ただし,$p_1 < \cdots < p_r$ は正の素数である.各 $i=1,\ldots,r$ に対して,整数 b_i $(2 \leq b_i \leq n-1)$ が存在して,

$$b_i^{n-1} \equiv 1 \pmod{n} \quad \text{かつ}$$
$$b_i^{(n-1)/p_i} \not\equiv 1 \pmod{n}$$

であれば,n は素数である.

すべての b_i が相異なる必要はないことに注意しよう.

証明 $i=1$ とする.同じ議論が $i=2,\ldots,r$ に対して当てはまるからである.まず,$U(n)$ における b_1 の位数を計算しなければならない.その位数を s_1 で表そう.主補題および方程式 $b_1^{n-1} \equiv 1 \pmod{n}$ から s_1 は $n-1$ を割り切ることが導かれる.ゆえに,s_1 の素因数分解に現れる素数は,素数 $p_1,\ldots,p_r$ の中にある.こうして

$$s_1 = p_1^{k_1} \cdots p_r^{k_r}$$

2 もう一つの素数判定法

ただし，$k_1 \leq e_1, \ldots, k_r \leq e_r$ である．

他方，$b_1^{(n-1)/p_1} \not\equiv 1 \pmod{n}$ であることがわかっている．したがって，$(n-1)/p_1$ は s_1 で割れない．しかし

$$(n-1)/p_1 = p_1^{e_1-1} p_2^{e_2} \cdots p_r^{e_r}$$

である．s_1 と $(n-1)/p_1$ の素因数分解を比較し，s_1 は $(n-1)/p_1$ を割り切らないことを考慮すると，$k_1 = e_1$ とわかる．言い換えると，$p_1^{e_1}$ は s_1 を割り切る．

s_1 は $U(n)$ における $\overline{b_1}$ の位数であることを想い起こそう．ラグランジュの定理により，s_1 は $U(n)$ の位数を割り切る．したがって，s_1 は $\phi(n)$ を割り切る．$p_1^{e_1}$ は s_1 を割り切るから，$p_1^{e_1}$ は $\phi(n)$ を割り切ることになる．

類似の議論を $i = 2, \ldots, r$ に対して使うことができるので，判定の合同式は $p_1^{e_1}, p_2^{e_2}, \ldots, p_r^{e_r}$ が $\phi(n)$ を割り切ることを含意する．これらは相異なる素数のべきだから対ごとに互いに素である．こうして，第6章2節の補題により，積

$$p_1^{e_1} \cdots p_r^{e_r} = n - 1$$

もまた $\phi(n)$ を割り切る．$\phi(n) \leq n - 1$ であるから，$\phi(n) = n - 1$ でなければならない．ゆえに，n は素数である．

最後に，いろいろの章からの結果を一緒にして，素数判定のための効率的な戦略に達する．大きな奇数 $n > 0$ が与えられるとする．n が素数かどうかを調べるため，次のように進めることができる．

(1) n が 5000 より小さい素数で割り切れるかどうか調べる．

(2) n はこれらの素数のどれでも割り切れないと仮定し，最初の 20 個の素数を底として使って，n にミラーの判定法を適用する．

(3) これらすべての底に対してミラーの判定法の出力が"判定不能"であると仮定して，n に対して上の素数判定法を適用する．

3　カーマイケル数

カーマイケル数をその素因数分解によって特徴付けることが可能なことを見てきた．これはコーセルトの定理であるが，この結果については第 6 章 2 節で不完全な証明を与えた．欠けていた要素は**原始根定理**であったから，いまやコーセルトの定理の証明を仕上げることができる．まずは定理の言明を想い起こそう．

コーセルトの定理　奇数 $n > 0$ がカーマイケル数であるのは，n の各素因数 p に対して，次の条件が成り立つときかつそのときに限る．

(1) p^2 は n を割り切らない．

(2) $p - 1$ は $n - 1$ を割り切る．

第 6 章 2 節で，もし (1) および (2) が成り立てば，n はカーマイケル数であることを見た．また，n がカーマイケル数なら，(1) が成り立たなければならないことも示した．証明を仕上げるには，n がカーマイケル数のとき，(2) もまた成り立つことを示すだけで良い．これが**原始根定理**を使うところである．

n はカーマイケル数であるとする．定義により，すべての整数 b に対して $b^n \equiv b \pmod{n}$ である．p を n の素因数とする．**原始根定理**により群 $U(p)$ は巡回群であり，ある類 $\bar{a}$ により生成される．

n はカーマイケル数であるから，$a^n - a$ は n で割り切れる．p は n を割り切るから，p はまた $a^n - a$ をも割り切ることになる．こうして，$a^n \equiv a \pmod{p}$ である．ところが，p は a を割り切らない素数であるから，a は p を法として可逆である．したがって，$a^{n-1} \equiv 1 \pmod{p}$ であり，主補題から $\bar{a}$ の位数は $n - 1$ を割り切ることになる．しかしながら，$\bar{a}$ の位数は $p - 1$ である，というのは $\bar{a}$ は $U(p)$ の生成元であるからである．ゆえに，$p - 1$ は $n - 1$ を割り切ることになり，これで証明が完成する．

4　準備

本節では原始根定理の証明において重要な要素である，アーベル群の元の位数についての結果を証明する．

補題 アーベル群 G が位数 r と s の元を持てば，G は位数が r と s の最小公倍数である元を持つ．

次の節における原始根定理の証明はアルゴリズム的である．こうして，補題の証明はその言明と同じくらい重要である．というのは，その元が存在することがわかるだけでは不十分で，それを見出す方法を持たねばならないからである．

証明 いつも通り G の演算を $\star$ で表す．a および b はそれぞれ位数 r および s の G の元であるとする．最初に r と s を素数べきに分解しなければならない．たとえば $p_1, \ldots, p_k$ を相異なる素数として，

$$r = p_1^{e_1} \ldots p_k^{e_k} \quad \text{および} \quad s = p_1^{f_1} \ldots p_k^{f_k}$$

である．2 つの素因数分解において同じ素数を書いたことに注意しよう．これは r と s が同じ素因数を持つと仮定していることを意味するものではない．もし，たとえば素数の一つが r の因数でなければ，素因数分解におけるその重複度はゼロである．

また素数は昇順に並べるというこれまでの慣用に従わないことにも注意しよう．この証明の目的のためには，素数は次のように並べてあると仮定する方が良い．すなわち，ある $1 \leq g \leq k$ に対し，

$$e_1 \geq f_1, \ldots, e_g \geq f_g \quad \text{であるが} \quad e_{g+1} < f_{g+1}, \ldots, e_k < f_k$$

である．さて

$$r' = p_1^{e_1} \ldots p_g^{e_g} \quad \text{および} \quad s' = p_{g+1}^{f_{g+1}} \ldots p_k^{f_k}$$

と書く．r' と s' の素因数はすべて異なっているから，$\gcd(r', s') = 1$ であることに注意しよう．他方，$r's'$ は素数 $p_1, \ldots, p_k$ のべきの積である．さらに，p_i の重複度は数 e_i と f_i の大きい方である．したがって，$r's'$ は r と s の最小公倍数である．

r' は r を割り切り，s' は s を割り切るから，$r = r'u$ および $s = s'v$ であるような正の整数 u および v が存在する．$a \in G$ の位数が r であり，また $b \in G$ の位数が s であれば，$c = a^u \star b^v$ は位数が r と s の最小公倍数である

G の元であることを示したい.

これを証明する前に, 補題の仮定の一つが, 群はアーベルでなければならないことであることを想い起こそう. これが必要であるのは, $x, y \in G$ のとき

$$(x \star y)^q = x^q \star y^q$$

であるが, $\star$ が可換でなければこれは真でないことを知らなければならないからである. 実際, 補題の結果は群がアーベル群でなければ成り立たない. 本節の終わりの例でこのことを示す.

m を r と s の最小公倍数とし, n を c の位数とする. つまり, r と s はともに m を割り切る. 正の整数 t と q に対して $m = rt = sq$ であるとする. このとき

$$c^m = (a^u \star b^v)^m = a^{um} \star b^{vm} = (a^r)^{ut} \star (b^s)^{vq} = e$$

であり, 主補題から n は m を割り切らなければならないことが導かれる.

他方, n は c の位数であるから,

$$e = c^n = a^{un} \star b^{vn}$$

である. ゆえに, $r'u = r$ が a の位数であることから

$$e = (a^{un} \star b^{vn})^{r'} = (a^{r'u})^n \star b^{vnr'} = b^{vnr'}$$

となる. こうして, 主補題により, b の位数 (s である) は vnr' を割り切らなければならない. $s = s'v$ であるから, s' は nr' を割り切ることになる. しかしながら, r' と s' は互いに素である. したがって, 第2章6節の補題により s' は n を割り切る.

同様の議論によって r' は n を割り切ることが示される. しかし, r' と s' は互いに素である. したがって, 第2章6節の補題により, $r's'$ は n を割り切る. しかしながら, $r's'$ は r と s の最小公倍数であり, したがって m は n を割り切る. 議論の初めの部分で n は m を割り切ることを示したから, $m = n$ となり, かつ c は位数が r と s の最小公倍数の元である.

補題の証明から, もし r と s が互いに素であれば, $r' = r$ および $s' = s$ と選ぶことができることが導ける. すなわち, $u = v = 1$ であり, $c = a \star b$ の

位数は rs である．一般に，c を計算するには，a と b および r と s の素因数分解がわかれば十分である．

最後に，G がアーベル群であるという仮定を補題の言明から除くことができないことを示す例を与えるべきである．群 D_3 という例を与える．これは正 3 角形の対称の群であること，またアーベル群でないことを想い起こそう．鏡映 σ_1 と回転 ρ を考えよう．σ_1 の位数は 2 で，ρ の位数は 3 である．もし補題が非アーベル群に対しても真であれば，D_3 は位数 6 の元を持つであろう．しかし，そのような元は存在しない．D_3 がアーベル群でないという事実を無視し，補題の証明において構成された元をこの例に対して書けば $\sigma_1 \rho = \sigma_3$ となるが，この位数は 2 であることに注意しよう．

5　原始根

$p > 3$ を素数とする．$U(p)$ の位数は $\phi(p) = p - 1$ で，これは偶数の合成数である．しかしながら，$U(p)$ は巡回群である．$U(p)$ の生成元はまた**原始根**とも呼ばれる．この文脈における**根**という語の使用は，いささか奇異にみえるかもしれないが，容易に正当化できる．フェルマーの定理により，$U(p)$ の元は係数が $\mathbb{Z}_p$ に値をとる多項式方程式 $x^{p-1} - \overline{1} = \overline{0}$ の根である．$U(p)$ の生成元を原始根というのは，他のすべての根が原始根のべきとして得られるからである．複素数係数の方程式を解く際にも同じ現象がある．たとえば，方程式 $x^p - 1 = 0$ は原始根 $\cos(2\pi/p) + i \sin(2\pi/p)$ を持つ．

ここで与える原始根の存在証明は構成的である．言い換えると，証明は実際に p を法とする原始根を計算するアルゴリズムを与える．素数の法に対する原始根の存在は L. オイラーによって推測されたが，その存在の正しい証明は，C. F. ガウスによって彼の『ガウス整数論』において初めて与えられた．Gauss 1986, 73 節および 74 節を参照していただきたい．

原始根定理　p が素数のとき，$U(p)$ は巡回群である．

証明　$p \geq 5$ と仮定することができる．なぜなら定理は $p = 2$ あるいは 3 に対して明らかに真だからである．元 $\overline{a_1} \in U(p)$，ただし $1 < a_1 < p - 1$，を選ぶ．選択は任意であるから常に $a_1 = 2$ で始めることができる．k_1 を $\overline{a_1}$ の位

数とする．$k_1 = p-1$ ならば，すでに $U(p)$ の生成元を見出したことになる．

こうして，$k_1 < p-1$ と仮定することができる．類 $\overline{a_1}$ は $\mathbb{Z}_p$ における $x^{k_1} - 1 = 0$ の解である．p は素数であるから，第5章4節の定理からこの多項式方程式は，k_1 個より多くの相異なる解を持つことができないことになる．他方，
$$H = \{\overline{1}, \overline{a_1}, \overline{a_1}^2, \ldots, \overline{a_1}^{k_1 - 1}\}$$
のすべての元は $x^{k_1} - 1 = 0$ の解である．H は k_1 個の相異なる元を持つから，$x^{k_1} - 1$ のすべての根を含まなければならない．ところが $k_1 < p-1$ であるから，H に属さない元 $\overline{b} \in U(p)$ が存在する．特に，$\overline{b}$ は $x^{k_1} - 1$ の解ではない．したがって主補題により，$\overline{b}$ の位数は k_1 を割り切らない．

r で $\overline{b}$ の位数を表そう．2つの可能な場合がある．$r = p-1$ ならば，$\overline{b}$ は $U(p)$ を生成するから，定理を証明したことになる．ゆえに，$r < p-1$ と仮定することができる．4節の補題により，位数 k_2 が k_1 と r の最小公倍数である元 $\overline{a_2}$ が存在する．

r は k_1 を割り切らないから，$k_2 > k_1$ となる．いまや位数 $p-1$ の元を得るまでこのように続けさえすれば良い．この過程は停止しなければならず，このようにして要求された生成元を生ずることに注意しよう．もし停止しないとしたら，それぞれが $U(p)$ の元の位数であるような，正の整数の無限列 $k_1 < k_2 < k_3 < \cdots$ を構成することが可能になろう．しかしながら，これらの整数は $p-1$ より小さくなければならないはずで，これは矛盾に到る．

この方法は系統的に $U(p)$ の生成元を作るが，しかし必ずしもその最小の生成元ではない．この定理の逆は偽であることに注意しよう．たとえば4は合成数であるが，$U(4)$ は巡回群である．したがって，$U(n)$ が巡回群である事実は n が素数であることを意味しない．実は，n が $1, 2, 4, p^k, 2p^k$ のどれかに等しいときかつそのときに限り，$U(n)$ は巡回群であることを示すことができる．ここに p は奇素数である．この結果の証明については Giblin 1993, 第8章を参照していただきたい．

6 位数を数える

本節では5節で述べたガウスの方法を適用して，$U(41)$ の生成元を見出す．

しかしまず $U(p)$ の元の位数を計算するための簡単な方法を見出さなければならない．

p を奇素数とし，$\bar{a} \in U(p)$ とする．$\bar{a}$ の位数 k を計算したい．ラグランジュの定理により，k は $U(p)$ の位数である $\phi(p) = p - 1$ を割り切らなければならない．$p - 1$ の完全素因数分解

$$p - 1 = q_1^{e_1} \cdots q_m^{e_m}$$

を知っているものと仮定しよう．ただし，$q_1 < \cdots < q_m$ は素数で，$e_1, \ldots, e_m$ は正の整数である．もし $p-1$ を素因数分解することができなければ，どのようにしてもガウスの方法を適用することができないことに注意しよう．k は $p-1$ を割り切るから，

$$k = q_1^{r_1} \cdots q_m^{r_m}$$

かつ $0 \leq r_1 \leq e_1, \ldots, 0 \leq r_m \leq e_m$ のような非負の整数 $r_1, \ldots, r_m$ が存在する．

こうして，k を見出すには，$r_1, \ldots, r_m$ を計算すれば十分である．この手順が r_1 に対してどのように機能するかを見よう．他の指数も同じ方法で計算される．最初に，p を法とする列

$$a^{p-1}, a^{(p-1)/q_1}, a^{(p-1)/q_1^2}, \ldots, a^{(p-1)/q_1^{e_1}}$$

を計算する．列の先頭の元はフェルマーの定理によって常に 1 であることに注意しよう．w は

$$a^{(p-1)/q_1^w} \equiv 1 \pmod{p} \tag{6.1}$$

が成り立つような**最大**の非負の整数であるとする．このとき，$w = e_1$ であるか，あるいは

$$a^{(p-1)/q_1^{w+1}} \not\equiv 1 \pmod{p} \tag{6.2}$$

である．主補題と式 (6.1) から，k は $(p-1)/q_1^w$ を割り切ることになる．他方，式 (6.2) から k は $(p-1)/q_1^{w+1}$ を割り切らないことがわかる．

言い換えると，$k = q_1^{r_1} \cdots q_m^{r_m}$ は

$$q_1^{e_1 - w} q_2^{e_2} \cdots q_m^{e_m} = (p-1)/q_1^w$$

を割り切るが，しかし

$$q_1^{e_1 - w - 1} q_2^{e_2} \cdots q_m^{e_m} = (p-1)/q_1^{w+1}$$

を割り切らない．これが起きるのは $r_1 = e_1 - w$ のときだけであり，これが r_1 を計算するアルゴリズム的方法を与える．

さて，例に戻るとしよう．原始根定理の証明の中で述べたように，ガウスの方法の適用のための出発点として $\overline{2}$ を選ぶと便利である．まず，$\overline{2}$ の位数を計算しなければならない．上に記述したアルゴリズムを使うために，$U(41)$ の位数を素因数分解すると，

$$\phi(41) = 40 = 2^3 \cdot 5$$

を得る．次に

$$\overline{2}^{40/2} = \overline{2}^{20} = \overline{1}$$

そしてまた

$$\overline{2}^{40/2^2} = \overline{2}^{10} = \overline{40} \neq \overline{1}$$

を計算する．こうして，$\overline{2}$ の位数の中の 2 の指数は $3 - 1 = 2$ である．では，素数 5 へ移ろう．簡単な計算で

$$\overline{2}^{40/5} = \overline{2}^8 = \overline{10} \neq \overline{1}$$

が示される．したがって，$\overline{2}$ の位数の中の 5 の指数は $1 - 0 = 1$ であり，$\overline{2}$ の位数は $2^2 \cdot 5 = 20$ である．特に，$\overline{2}$ は $U(41)$ の生成元ではない．

ゆえに，$U(41)$ の別の元，たとえば $\overline{3}$ を選ばなければならない．もう一度その位数を計算する必要があるが，しかし

$$\overline{3}^{40/2} = \overline{40} \neq \overline{1} \quad \text{かつ} \quad \overline{3}^{40/5} = \overline{1}$$

である．第 1 の式から 8 は $\overline{3}$ の位数を割り切ること，第 2 の式から 5 は $\overline{3}$ の位数を割り切らないことを推論する．ゆえに，$\overline{3}$ の位数は 8 である．

次に，$r = 20$（$\overline{2}$ の位数）および $s = 8$（$\overline{3}$ の位数）を 4 節の形に素因数分解しなければならない．$r = 2^2 \cdot 5$ かつ $s = 2^3$ であるから，$r' = 5$ および $s' = 2^3$ と選ぶことができる．これは 4 節の表記法で $u = 2^2$ および $v = 1$ を与える．さて，4 節の補題の証明のステップに従い，$U(41)$ の位数 $r's' = 40$ の元

$$c = \overline{2}^u \cdot \overline{3}^v = \overline{2}^4 \cdot \overline{3}^1 = \overline{7}$$

を構成する．こうして，$\overline{7}$ は $U(41)$ の生成元である．

7 練習問題

1. 2 節の素数判定法を使い，991 が素数であることを示せ．

2. $n > 0$ が奇数で 4 が $n-1$ を割り切らないとき，$(n-1)^{(n-1)/2} \equiv 1 \pmod{n}$ を示せ．

3. 2 節の判定法を使い $M(7) = 2^7 - 1$ が素数であることを示せ．
   ヒント：$p = 2^7 - 1$ なら $2^7 \equiv 1 \pmod{p}$ である．

4. 2 節の判定法と計算機代数系を使い $R(23)$ が素数であることを示せ．

5. p を素数とし $n = 2p + 1$ とする．$2^{n-1} \equiv 1 \pmod{n}$ で，n は 3 で割り切れないとする．

   (1) q が n の素因数のとき，$U(q)$ において 4 の位数は p であることを示せ．

   (2) q はある整数 $k > 0$ に対して $q = kp + 1$ の形であることを示せ．

   (3) $q < n$ であるから $k = 1$ であることを示せ．

   (4) これらの事実を組合せて n は素数でなければならないことを示せ．

   (1)へのヒント：$2^{n-1} = 4^p$．ゆえに，仮定により $4^p \equiv 1 \pmod{n}$．q が n の素因数なら，この合同式は q を法としても成り立つ．

6. 次のことを示せ．

   (1) b が素数で $k \geq 3$ が整数のとき，$b^{2^{k-2}} \equiv 1 \pmod{2^k}$ である．

   (2) $k \geq 3$ のとき $U(2^k)$ は巡回群ではない．

   (1)へのヒント：$k = 3$ で始めて k についての帰納法を使え．

7. この問題の目的は，もう一つの素数判定法を述べることである．これは下の (3) に記すウィルソンの定理に基づいている．

   (1) G を乗法と呼ぶ演算を持つ有限アーベル群とする．G のすべての元の積は G の位数 2 の元の積に等しいことを示せ．

   (2) p を素数とする．$U(p)$ の位数 2 の唯一の元は $\overline{-1} = \overline{p-1}$ であることを示せ．

   (3) (1) と (2) を使い $(p-1)! \equiv -1 \pmod{p}$ を示せ．この結果はウィルソンの定理として知られる．

   (4) n が合成数なら $(n-1)! \equiv 0 \pmod{n}$ であることを示せ．

(5) (3)と(4)を組合わせて，次の素数判定法を得る．正の整数 n が素数であるのは，$(n-1)! \equiv -1 \pmod{n}$ のときかつこのときに限る．これはなぜ素数判定の効率的な方法でないのであろうか．

8. ガウスの方法を使い $U(73)$ の生成元を見出せ．この例はガウスによって『ガウス整数論』の 74 節で計算されている．

9. $p > 0$ を奇素数とする．

    (1) a が奇数で $\bar{a}$ が $U(p)$ を生成するとき，a の類は $U(2p)$ の生成元であることを示せ．

    (2) a が偶数で $\bar{a}$ が $U(p)$ を生成するとき，$a+p$ の類は $U(2p)$ の生成元であることを示せ．

    (3) $U(2p)$ は巡回群であることを示せ．

10. G を g が生成する位数 n の有限巡回群とする．k を正の整数とする．

    (1) g^k が G の生成元であるのは，k が n と互いに素のときかつそのときに限ることを示せ．

    (2) (1)を使い G は $\phi(n)$ 個の生成元を持つことを示せ．

    (3) p が素数のとき $U(p)$ は生成元をいくつ持つか．

11. ペピンの判定法を実装するプログラムを書け．入力は指数 $n \geq 0$ であり，出力は $F(n)$ が素数か合成数であるかを述べるメッセージである．プログラムは実質的に，付録の2節に記述する法演算における，べきを計算するためのアルゴリズムの実装からなることに注意しよう．あなたの書いたプログラムを使うことができる最大の n はどれだけか．

12. 問題7の素数判定法を実装するプログラムを書け．プログラムは実質的に，n を法とする $(n-1)!$ の剰余を見出すアルゴリズムからなる．まず $(n-1)!$ を計算し，ついで n を法として還元すれば，プログラムは非常に小さい値の n にしか適用できない．代わりに，$(n-1)!$ を計算する反復の各ステップごとに n を法として還元せよ．プログラムを $k = 1, \ldots, 6$ に対して 10^k より小さい最大の素数に適用するとき，停止するのにどれだけ時間がかかるか．これらの結果から外挿して，ある 100 桁の数が素数であることを示すため，あなたの書いたプログラムではどれくらい時間がかかるか決定せよ．

第11章 RSA暗号系

RSA暗号系を記述するときがきた．どのように RSA 暗号系が機能するかを説明するほかに，その安全性を詳しく論じなければならない．言い換えると，RSA を使って暗号化されたメッセージを解読することがなぜそれほど困難であるのかを．

1 総論

一人の利用者のために RSA 暗号系を実装するには，2つの異なる素数 p と q を選び，$n = pq$ を計算することが必要である．素数 p と q は秘密にしなければならない．整数 n は**公開鍵**の一部になる．5節でこれらの素数の選択の方法と，この選択が系の安全性とどのように関連するのかをを詳細に議論することにする．

さて，メッセージは n を法としてべき乗して暗号化される．そこで，まず"平文"メッセージを n を法とする剰余類の集合として表現する方法を見出さなければならない．これは実は暗号化の過程の一部ではなく，単にメッセージが暗号化できるように準備する手段に過ぎない．

できるだけ事柄を簡単にするため，"平文"メッセージは大文字で書かれた単語だけを含むと仮定する．つまり，メッセージは結局文字と空白の列である．第1段階はメッセージの各文字を次の対応関係を使って数で置き換えることからなる．

A	B	C	D	E	F	G	H	I	J	K	L	M
10	11	12	13	14	15	16	17	18	19	20	21	22

N	O	P	Q	R	S	T	U	V	W	X	Y	Z
23	24	25	26	27	28	29	30	31	32	33	34	35

単語の間の空白は 99 で置き換えられる．こうした後で一つの数を得るが，これはメッセージが長いとき非常に大きくなり得る．しかしながら，欲しいのは数でなく，n を法とする類である．したがって，メッセージの数値表現を分割して，それぞれが n より小さい正の整数の列にしなければならない．これらはメッセージのブロックと呼ばれる．

たとえば "汝自身を知れ(Know thyself)" という格言の数値表現は

$$202{,}324{,}329{,}929{,}173{,}428{,}142{,}115$$

である．もし素数 $p = 149$ と $q = 157$ を選べば，$n = 23{,}393$ である．こうして，上のメッセージの数値表現は 23,393 より小さいブロックに分解しなければならない．そうする一つの方法は次の通りである．

$$20{,}232 - 4329 - 9291 - 7342 - 8142 - 115$$

もちろん，ブロックの選択は一意ではないが，完全に任意というわけでもない．たとえば，復号段階での曖昧さを避けるために 0 で始まるブロックを選択することはできない．

RSA 暗号化されたメッセージが復号されるとき，ブロックの列が得られる．それからこのブロックはつなぎ合わされて，メッセージの数値表現になる．上の表に従って数を文字で置き換えた後で初めて元のメッセージを得ることになる．

曖昧さを避けるために，各文字を 2 桁の数に対応させたことに注意しよう．というのは A が 1 に，B が 2 になどと対応するように，文字を番号付けたとしよう．すると 12 が AB を表すのか，あるいはアルファベットの 12 番目の文字である文字 L を表すのかわからなくなろう．もちろん曖昧さのない規則ならどれでも上のものに代えることができる．たとえば，文字の変換が計算機で自動的にされるという理由で，ASCII 符号を好む人がいるかもしれない．

2 暗号化および復号

1節の方法を使って準備されたメッセージは，それぞれが n より小さい数であるブロックの列からなる．さて，各ブロックがどのように暗号化されるかを説明しなければならない．これをするために，2 つの素数の積である n と，もう一つの正の整数 e が必要になる．後者は $\phi(n)$ を法として可逆でなければならない．言い換えると，$\gcd(e, \phi(n)) = 1$ である．p と q がわかっていれば $\phi(n)$ を計算することは易しいことに注意しよう．実際

$$\phi(n) = (p-1)(q-1)$$

である．対 (n, e) は実装しようとしている RSA 暗号系の**公開鍵**あるいは**暗号化鍵**である．b をメッセージのブロックとする．すると，b は整数で $0 \leq b \leq n-1$ である．b に対応する暗号化されたメッセージのブロックを $\mathbf{E}(b)$ で表すことにする．$\mathbf{E}(b)$ を計算する方法は次の通りである．

$$\mathbf{E}(b) = n \text{ を法とする } b^e \text{ の剰余}$$

メッセージの各ブロックは別々に暗号化されることに注意しよう．つまり，暗号化されたメッセージは，実は暗号化されたブロックの列である．その上，暗号化されたメッセージのブロックを再結合して一つの数にすることはできない．もしそうすれば，メッセージを正しく復号できなくなる．どうしてそうなのかまもなくわかる．

1節で考えた例に戻ろう．$p = 149$ および $q = 157$ を選んだから，$n = 23{,}393$ および $\phi(n) = 23{,}088$ となる．ここで e を選ばなければならない．e は $\phi(n)$ と互いに素でなければならないことを想い起こそう．23,088 を割り切らない最小の素数は 5 であるから，$e = 5$ を選ぶことができる．したがって，1節の最初のメッセージのブロックを符号化するには，23,393 を法とする $20{,}232^5$ の剰余を計算しなければならない．計算機代数系の助けを借りて，剰余は 20,036 であることがわかる．ゆえに，$\mathbf{E}(20{,}232) = 20{,}036$ となる．メッセージ全体を暗号化して，次のようなブロックの列を得る．

$$20{,}036 - 23{,}083 - 11{,}646 - 4827 - 4446 - 13{,}152$$

第11章 RSA暗号系

暗号化されたメッセージのブロックがどのようにして復号されるかをみよう．復号手続きを適用するために，n および $\phi(n)$ を法とする e の逆元を知らなければならない．この数は正の整数で d と書くことにする．対 (n,d) は実装しようとしている RSA 暗号系の**秘密鍵**あるいは**復号鍵**と呼ばれる．a が暗号化されたメッセージのブロックであれば，$\mathbf{D}(a)$ は対応する復号されたメッセージのブロックを表し，

$$\mathbf{D}(a) = n \text{ を法とする } a^d \text{ の剰余}$$

である．

例に戻る前にいくつかコメントが必要である．第 1 に，$\phi(n)$ と e が既知のとき，d を計算することは非常に易しい．実際，これは拡張ユークリッドアルゴリズムの単なる適用である．第 2 に，b が元のメッセージのブロックなら，我々は $\mathbf{D}(\mathbf{E}(b)) = b$ であることを期待する．言い換えると，暗号化されたメッセージのブロックを復号すると，対応する元のメッセージのブロックを見出すことを期待する，ということである．これは上に与えた方法からすぐに明らかなことではないので，次の節で詳しい証明を与える．

最後に，RSA 暗号系を破るためには n を素因数分解する必要がある，と本書の序章および別のところでも主張してきた．なぜならメッセージを復号するためには p と q を知る必要があるからである．この系がどのように機能するかを詳細に記述し終えると，この主張が完全には正しくないという事実に直面しなければならなくなる．n 自身のほかには $\phi(n)$ を法とする e の逆元である d を知りさえすれば，復号手続きを適用することができる．つまり，系を破るには，n と e がわかっていれば d を計算するだけで十分である．4 節でわかるように，これは n を素因数分解することと同値である．

これまで議論してきた例では，$n = 23{,}393$ および $e = 5$ である．d を計算するため，$\phi(n) = 23{,}088$ と 5 に対し拡張ユークリッドアルゴリズムを適用する．

剰余	商	x	y
23,088	*	1	0
5	*	0	1
3	4617	1	-4617
2	1	-1	4618
1	1	2	-9235

こうして，$23{,}088 \cdot 2 + 5 \cdot (-9235) = 1$ である．ゆえに，23,088を法とする5の逆元は -9235 であり，$d = 23{,}088 - 9235 = 13{,}853$ である．これは23,088を法として -9235 と合同な最小の正の数である．したがって，暗号化されたメッセージのブロックを復号するためには，それらを23,393を法として13,853乗しなければならない．この例では最初の暗号化されたブロックは20,036である．23,393を法として $20{,}036^{13{,}853}$ の剰余を計算して，$\mathbf{D}(20{,}036) = 20{,}232$ と結論する．このような小さな数に対してさえRSA暗号文を復号するのに必要な計算は，ほとんどのポケット電卓の能力を越えてしまうことに注意しよう．

3 それはなぜ機能するのか

既に観察したように，上に述べたステップは，暗号化されたメッセージのブロックに復号手続きを適用するとき，対応する元のメッセージのブロックが得られる限り，暗号系として実際に役立つことになる．暗号化鍵 (n, e) および復号鍵 (n, d) を持つRSA暗号系の実装を考えているとしよう．2節の表記法において b が整数で $0 \leq b \leq n-1$ のとき，$\mathbf{DE}(b) = b$ であることを示さなければならない．

実際は，$\mathbf{DE}(b) \equiv b \pmod{n}$ を証明すれば十分である．その理由を理解するため，$\mathbf{DE}(b)$ と b はともに n より小さい非負の整数であることに注意しよう．こうして，もしこれらが n を法として合同なら，等しくなければならない．これが，メッセージの数値表現を n より小さい数へと分解する必要があることを説明している．また，なぜ符号化されたメッセージのブロックが分離されなければならないかの説明でもある．そうでなければ上の議論が破綻してしまう．

さて，暗号化と復号の方法から

$$\mathbf{DE}(b) \equiv (b^e)^d \equiv b^{ed} \pmod{n} \tag{3.1}$$

が成り立つ．しかしながら，d は $\phi(n)$ を法とする e の逆元である．ゆえに，$ed = 1 + k\phi(n)$ のような整数 k が存在する．e と d は2より大きい整数で $\phi(n) > 0$ であるから，$k > 0$ であることに注意しよう．式(3.1)で ed を

$1 + k\phi(n)$ で置き換えて，
$$b^{ed} \equiv b^{1+k\phi(n)} \equiv (b^{\phi(n)})^k b \pmod{n}$$
を得る．ここでオイラーの定理が役立つことになる．$b^{\phi(n)} \equiv 1 \pmod{n}$ であるから，$b^{ed} \equiv b \pmod{n}$ となる．こうして
$$\mathbf{DE}(b) \equiv b \pmod{n}$$
となり，完全には正しくないという事実を除けば証明は完結する．

上の議論を注意深く読み直すと，オイラーの定理が適用できる仮定を考慮に入れていないことに気づくはずである．実際，定理を適用するには，n と b が互いに素であることがわかっていなければならない．このことはメッセージをブロックに分割するとき，ブロックが n と互いに素であることを確かめるべきであることを意味するように思われる．幸いこれは実は不必要である，というのはこの合同式はどのブロックに対しても成り立つからである．証明したい結果が偽であるのではなく，我々の証明に欠陥があるというだけである．正しいアプローチでは，第 6 章のコーセルトの定理の証明に使った議論を適用する．

p と q を**相異なる**正の素数として，$n = pq$ であることを思い起こそう．p および q を法とする b^{ed} の剰余を計算することにする．両方の素数に対して計算は同様であるから，p についてだけ詳しく行うことにする．ある整数 $k > 0$ に対して
$$ed = 1 + k\phi(n) = 1 + k(p-1)(q-1)$$
であることを見た．したがって
$$b^{ed} \equiv b(b^{p-1})^{k(q-1)} \pmod{p}$$
である．フェルマーの定理を適用したいが，p が b を割り切らないときのみこれができる．これが成り立つとする．このとき $b^{p-1} \equiv 1 \pmod{p}$ であるから，$b^{ed} \equiv b \pmod{p}$ と結論する．

オイラーの定理の代わりにフェルマーの定理を使ったが，見たところ前と同じ問題を抱えている．合同式は一部のブロックに対してだけ成り立つ．しかしながら，残されたブロックは p で割り切れるものである．そこで，もし

p が b を割れば，b と b^{ed} はともに p を法として 0 と合同である．こうして，この場合にも合同式は成り立つ．ゆえに，$b^{ed} \equiv b \pmod{p}$ は任意の整数 b に対して成り立つ．n に対してオイラーの定理を適用したとき，類似の議論を使うことができなかったことに注意しよう．事実，$\gcd(n,b) \neq 1$ は $b \equiv 0 \pmod{n}$ を意味しない．それは n が合成数であるからである．

こうして，$b^{ed} \equiv b \pmod{p}$ を証明した．同様の議論により $b^{ed} \equiv b \pmod{q}$ が示せる．言い換えると，$b^{ed} - b$ は p によっても q によっても割り切れる．しかし，p および q は相異なる素数であるから，$\gcd(p,q) = 1$ である．こうして，第 2 章 6 節の補題によって，pq は $b^{ed} - b$ を割り切る．$n = pq$ であるから，任意の整数 b に対して，$b^{ed} \equiv b \pmod{n}$ となる．言い換えると，$\mathbf{DE}(b) \equiv b \pmod{n}$ である．節の冒頭で指摘したように，等式の両辺は n より小さい非負の整数であるから，$\mathbf{DE}(b) = b$ を証明するにはこれで十分である．このことは前節の方法が役に立つ暗号系を生成することを示している．ここでそれが安全かどうかを考えなければならない．

4 それはなぜ安全か

RSA は公開鍵暗号系であることを想い起こそう．公開鍵は $n = pq$ および別の正の整数 e とからなる．ここで，p と q は相異なる正の素数であり，e は $\phi(n)$ を法として可逆である．もしわかっているものが対 (n,e) だけであるとすると，RSA を破るために何をしなければならないか，詳しく考察してみよう．

RSA 暗号化されたブロックを復号するためには，$d > 0$, すなわち $\phi(n)$ を法とする e の逆元を知る必要がある．問題は，d を知るための実用的な唯一の知られた方法として，e と $\phi(n)$ に拡張ユークリッドアルゴリズムを適用することしかないことである．しかしながら，第 8 章 4 節の公式で $\phi(n)$ を計算するには，p と q を知らなければならない．これは RSA を破るためには n を素因数分解しなければならないという，もとの主張を確認するものである．この素因数分解問題は一般に非常に難しいので，RSA は安全である．

とはいえ，いつの日か誰かが，n の因数の知識を要しない d の計算アルゴリズムを考案する，と想像するのは自由である．たとえば，n と e とから直

接 $\phi(n)$ を見出す効率の良いアルゴリズムに出くわしたらどうだろうか.これはまた,単に n の素因数分解法の姿を変えたものであることがわかる.言い換えれば,もし

$$n = pq \quad \text{および} \quad \phi(n) = (p-1)(q-1)$$

がわかると,p と q を簡単に計算することができる.これを証明するのは易しい.まず

$$\phi(n) = (p-1)(q-1) = pq - (p+q) + 1 = n - (p+q) + 1$$

であるから,$p+q = n - \phi(n) + 1$ がわかることに注意しよう.しかし,

$$(p+q)^2 - 4n = (p^2 + q^2 + 2pq) - 4pq = (p-q)^2$$

であるから,$p - q = \sqrt{(p+q)^2 - 4n}$ もわかる.しかし,$p+q$ および $p-q$ がわかると,容易に p と q を見出すことができる.こうして,n を素因数分解したことになる.

したがって,$\phi(n)$ を計算するアルゴリズムは,実は n を素因数分解するアルゴリズムであり,これで振り出しに戻った.しかしながら,話はそれで終わらない.さらに進んで,誰かが n と e から直接 d を計算するアルゴリズムを考案したと想像しても良い.しかし,$ed \equiv 1 \pmod{\phi(n)}$ である.こうして,n, e, d がわかれば,$\phi(n)$ の倍数を知ることになる.これもまた n を素因数分解するに十分である.まさにこれを行う確率的アルゴリズムが,Koblitz 1987a, p. 91 に見出せる.ラビンの暗号系を破ることができると仮定した上での,類似の(しかしより簡単な) n の素因数分解アルゴリズムが問題 7 にある.この問題によって確率的アルゴリズムとはどのようなものであるか,ということがわかるようになっている.

最後にもう一つの可能性がある.n を法とする b^e の剰余から直接ブロック b を見出す方法である.n が十分大きいとき,すべての可能な候補の中で b を系統的に探索するという方法は問題外であり,いまだにより良いアイディアに思い至った人は誰もいない.これが,事実であるという証明がないにもかかわらず,RSA 暗号系を破ることは n を素因数分解することと同値である,と広く信じられている理由である.

5 素数の選択

RSA の安全性については，前の議論から明らかなことのほかにもたくさんある．一つの重要な点は素数 p と q の選択に関わる．もちろん，それらが小さければ系を破るのは易しい．しかし，大きな素数を選ぶだけでは不十分である．実際，p と q は大きいが，差 $|p-q|$ が極端に小さいとき，フェルマーのアルゴリズムを使って $n=pq$ を素因数分解することは容易である（第 2 章 4 節を参照していただきたい）．

これは無駄な話ではない．1995 年アメリカの大学の 2 人の学生が，公けに使用されていたある種の RSA を破ったのである．これが可能になったのは，その系のための素数の不適切な選択のためであった．他方，RSA は長年使われてきており，素数を注意深く選べば，実際非常に安全であることがわかっている．こういうわけで，RSA をプログラムしようとする人の道具箱には，適切な素数を選択する効率的方法が必須である．

n がおよそ r 桁の整数であるような公開鍵 (n,e) を持つ RSA 暗号系を実装したいものとする．n を構成するため，$4r/10$ ないし $45r/100$ 桁の間で素数 p を選び，それから $10^r/p$ に近い q を選ぶ．目下のところ個人的使用の場合の推奨鍵サイズは 768 ビットであり，これは n が約 231 桁であることを意味する．このような n を構成するため，たとえば 104 桁と 127 桁の 2 つの素数を必要とする．フェルマーのアルゴリズムによる n の素因数分解を非実用的にするほどに，これらの素数は十分離れていることに注意しよう．しかしながら，数 $p-1, q-1, p+1, q+1$ が小さい因数しか持たないということのないことも確かめなければならない．そうでないと，n はいくつかの周知の素因数分解アルゴリズムの恰好の餌食になるからである（Riesel 1994, 第 6 章, pp. 174-177 を参照していただきたい）．さて，そのような大きな素数を見出すことができる方法を考えよう．

しかしながら，まずは素数の分布についての簡単な結果が必要である．$\pi(x)$ が x 以下の正の素数の個数を表すことを想い起こそう．素数定理によれば，x が大きいとき $\pi(x)$ は近似的に $x/\log x$ に等しい．ここに，$\log$ は e を底とする対数を表す．第 3 章 5 節を参照していただきたい．さて，x を非常に大きな数とし，ϵ を正の数とする．x と $x+\epsilon$ の間の素数の個数，すなわち $\pi(x+\epsilon)-\pi(x)$

の近似値がほしい．素数定理と対数の性質から，$\pi(x+\epsilon) - \pi(x)$ が近似的に

$$\frac{x+\epsilon}{\log x + \log(1+x^{-1}\epsilon)} - \frac{x}{\log x}$$

に等しいことになる．$x^{-1}\epsilon$ が非常に小さいと仮定すれば，$\log(1+x^{-1}\epsilon)$ を 0 で置き換えても，なお $\pi(x+\epsilon) - \pi(x)$ の妥当な近似を得ることができる．x と $x+\epsilon$ の間の素数の個数は近似的に $\epsilon/\log x$ に等しいと結論する．もちろん，x が大きく ϵ が小さいほど近似は良い．さらに詳しい議論については，Hardy and Wright 1994，第 XXII 章，22.19 節を参照していただきたい．

さて，整数 x の近くで素数を選びたいものとしよう．話を具体的にするため，x は 10^{127} 程度の大きさとする．x と $x+10^4$ の間の区間でこの素数を探索することにする．この区間内に素数がどれだけ見つかりそうかあらかじめわかっていれば，役立つであろう．ここで前の段落の結果が助けになる．この例では $x^{-1}\epsilon$ は 10^{-123} 程度の大きさで，実は極めて小さいことに注意しよう．こうして，上の公式を使って，x から $x+10^4$ の区間には近似的に

$$[10^4/\log(10^{127})] = 34$$

個の素数があると結論する．第 10 章 2 節の終わりで，与えられた奇数 n が素数であることを証明するための戦略を簡単に記述した．それは 3 つのステップからなっている．

(1) n が 5000 より小さい素数で割り切れるかを調べる．

(2) n がこれらの素数のどれによっても割り切れないと仮定して，最初の 10 個の素数を底として使って，ミラーの判定法を n に適用する．

(3) これらの底すべてに対するミラーの判定法の出力が "判定不能" であると仮定して，第 10 章 2 節の素数判定法を n に適用する．

x から $x+10^4$ の区間の素数を見出すために，この戦略を採ることにする．最初に，$5 \cdot 10^3$ より小さい素数を使って，与えられた区間の奇数をふるいにかける．ついで，ふるいの後で残った数のそれぞれに対して，素数が見つかるまで (2) と (3) を適用する．

これがどれだけの仕事を要するかを見出すため，$5 \cdot 10^3$ より小さい素数で

区間をふるった後，近似的にどれくらいの整数が残るかを決定することを試みてみよう．m を正の整数とする．$x \leq km \leq x + 10^4$ のとき，
$$[\frac{x}{m}] \leq k \leq [\frac{x+10^4}{m}]$$
である．こうして，x から $x + 10^4$ の区間には
$$[\frac{x+10^4}{m}] - [\frac{x}{m}]$$
個の m の倍数がある．これは近似的に $[10^4/m]$ に等しいが，これはまた m の正の倍数で 10^4 より小さいものの個数でもある．このことは，区間 $[x, x+10^4]$ および $[0, 10^4]$ における $5 \cdot 10^3$ より小さい正の素数の倍数である整数の個数が，近似的に同じであることを意味する．後者の数を計算することは難しくない．まず，10^4 より小さい合成数は，$\sqrt{10^4} = 100$ より小さい素数の倍数でなければならないことに注意しよう．こうして，区間 $[0, 10^4]$ 内の整数は，もしそれが合成数であるか，あるいはそれ自身 $5 \cdot 10^3$ より小さい素数であれば，$5 \cdot 10^3$ より小さい素数の倍数であることに注意しよう．2 が唯一の偶素数であることを考慮すると，10^4 より小さい**奇数の合成数**の個数は $5000 - \pi(10^4) + 1$ であることになる．ゆえに，x から $x + 10^4$ の区間を $5 \cdot 10^3$ より小さい素数でふるった後残る奇数の総数は，近似的に
$$5000 - (5000 - (\pi(10^4) - 1)) - (\pi(5 \cdot 10^3) - 1) = 560$$
に等しい．$\pi(10^4)$ と $\pi(5 \cdot 10^3)$ は，エラトステネスのふるいを使って容易に計算されることに注意しよう．

こうして，与えられた区間にふるいの過程を適用した後に残る 560 個の整数全体の中で，平均して 34 個の素数が見つかることが期待される．

6 署名

もしある会社が銀行取引を計算機で行えば，会社と銀行の双方とも，取引内容が計算機の間で転送される前に暗号化されることを要求することは明らかである．しかし，これだけでは実は十分ではない．銀行は，メッセージが会社の正当な利用者が発したものであることを確かめるための，何らかの方法を持たなければならない．問題は，銀行の暗号化鍵が公開されているので，

誰でも，たとえば会社の資金のすべてをその人自身の口座へ転送するように，という暗号化されたメッセージを送ることができることである．銀行は受け取ったメッセージが本物であることを，どのようにして確認できるのであろうか．言い換えると，電子メッセージにはどのようにして署名できるのか．

電子メッセージに署名する方法は，いたって簡単でどんな公開鍵暗号系に対しても機能する．$\mathbf{E}_c$ と $\mathbf{D}_c$ を会社の暗号化関数と復号関数とし，また $\mathbf{E}_b$ と $\mathbf{D}_b$ を銀行の対応する関数とする．a を会社が銀行に送りたいメッセージのブロックとする．メッセージが盗聴者に読まれないことを確かにするためには，会社は銀行に暗号化されたブロック $\mathbf{E}_b(a)$ を送らなければならないことを見てきた．メッセージが署名されてもいることを確かにするために，会社は銀行にブロック $\mathbf{E}_b(\mathbf{D}_c(a))$ を送る．言い換えると，メッセージはまず会社の秘密鍵を使って暗号化され，ついでその結果が再び暗号化されるが，ただし今度は銀行の公開鍵を使ってである．

ブロック $\mathbf{E}_b(\mathbf{D}_c(a))$ を受け取った後，銀行は銀行の復号関数を適用して $\mathbf{D}_c(a)$ を得，それからこのブロックに会社の暗号化関数を適用して a，すなわちもとのメッセージのブロックを得る．$\mathbf{E}_c$ は公開されており，したがって銀行はこれを知っていることに注意しよう．

なぜこれでメッセージがその会社の外部から発し得なかった，と確信するのに十分なのであろうか．銀行は受け取るメッセージに対し，関数の列

$$\mathbf{E}_c \mathbf{D}_b$$

を適用しなければならない．その結果のメッセージが意味をなせば，元のメッセージのブロックは列

$$\mathbf{E}_b \mathbf{D}_c$$

で暗号化されたに違いない．しかしながら，$\mathbf{D}_c$ は会社の復号関数である．したがって，それは秘密であり，そのアクセスは会社のために取引業務をする権利を持つ社員に制限されている．いうまでもなく，メッセージが $\mathbf{E}_c \mathbf{D}_b$ を使って復号されて意味をなすならば，$\mathbf{E}_b \mathbf{D}_c$ 以外の関数を使って暗号化された確率は無視できる．

上の方法を適用することには小さいながらも一つの欠点がある．(n_c, e_c) を会社の，そして (n_b, e_b) を銀行の公開鍵とする．a が元のメッセージのブロッ

クとすると，$0 \le \mathbf{D}_c(a) < n_c$ である．いま，$n_b < n_c$ とする．この場合，前もって $\mathbf{D}_c(a)$ が n_b よりも小さいかどうか知る方法はない．もしそれがより大きいなら，$\mathbf{D}_b$ を適用する前に $\mathbf{D}_c(a)$ を n_b より小さいブロックに分割する必要が生ずる．それをしないと，結果のメッセージを正しく復号することが不可能になる．これは**再ブロック化**と呼ばれている．

この問題を回避する簡単な方法は次の通りである．n_b と n_c はともに公開されているから，どちらがより小さいかあらかじめ決めることができる．$n_c < n_b$ なら $\mathbf{E}_b \mathbf{D}_c$ を使ってそのブロックを暗号化し，メッセージに署名する．しかしながら，$n_b < n_c$ なら 2 つの関数を逆順にし，$\mathbf{D}_c \mathbf{E}_b$ を使ってブロックを暗号化する．このようにすれば，小さい方の n に対応する関数が必ず先にきて，したがって再ブロック化は不必要である．

7 練習問題

1. $n = 3{,}552{,}377$ を 2 つの相異なる素数の積とし，$\phi(n) = 3{,}548{,}580$ とする．n を素因数分解せよ．

2. RSA 暗号系を使ってメッセージを符号化するために，トゥールーズにある銀行が使う公開鍵が，$n = 10{,}403$ および $e = 8743$ であるとする．最近，銀行の計算機が発信元不明の次のメッセージを受け取った．

$$4746 - 8214 - 3913 - 9038 - 8293 - 8402$$

メッセージは何といっているのであろうか．

3. メッセージ

$$4199 - 215 - 355 - 1389$$

が，公開鍵 $n = 7597$ および $e = 4947$ の RSA 暗号系を使って暗号化された．さらに，$\phi(n) = 7420$ であることがわかっている．メッセージを復号せよ．

4. p および q を奇素数とし，公開鍵 (n, e) の RSA を実装したとする．ただし，$n = pq$ である．さてこの実装のもとで，ブロック b がそれ自身に暗号化されることがある．言い換えると，$\mathbf{E}(b) = b$ ということが起こり得る．そのようなブロックは，鍵 (n, e) の RSA のもとで**不動**といわれる．$p = 3, q > 3, e = 3$ のとき，RSA のもとでいくつのブロックが不動であるかを決定せよ．

ヒント：b が公開鍵 (n, e) の RSA のもとで不動なら，$b^e \equiv b \pmod{n}$ である．こうして，$b^e \equiv b \pmod{p}$ かつ $b^e \equiv b \pmod{q}$ である．$p = 3, q > 3, e = 3$

のとき，これらの方程式のそれぞれを解き，中国式剰余定理を使え．

5. もう一つのよく知られた公開鍵暗号系は，**エルガマル**暗号系である．この系を構成するためには，大きな素数 p と p を法とする原始根 g を選ぶことが必要である．これらは，本暗号系のある与えられた実装のすべての利用者に共通である．さて，各利用者は $p-1$ より小さい正の整数を選ぶ．この数は秘密にしなければならない．なぜならそれはこの利用者の復号鍵になるからである．復号鍵が a である利用者の公開鍵は $\bar{g}^a$ となる．b を暗号化されるメッセージのブロックとする．ここで，$1 \leq b \leq p-1$ でなければならない．b を暗号化するため，乱数 k を選び，対 $(\bar{g}^k, \bar{b}\bar{g}^{ak})$ を送る．

   (1) a と g がいずれもわかっているとき，メッセージを復号することはなぜ易しいのか．
   (2) この暗号系を破るために何が要求されるか．

   (2)に対する答えは**離散対数問題**として知られる．この問題を解くことは，大きな整数を素因数分解することと同じくらい難しいと信じられている．

6. 1979年マイケル・ラビンによって発明された暗号系は，RSA に酷似している．まず，2つの相異なる奇素数 p と q を選び，$n = pq$ とする．b を暗号化したいメッセージのブロックとする．ここで，$0 \leq b < n$ でなければならない．ブロック b は n を法とする b^2 の剰余として暗号化される．a が暗号化されたメッセージのブロックのとき，方程式 $x^2 \equiv a \pmod{n}$ を解いて復号する．$u = (p^{q-1} - q^{p-1})$ とする．

   (1) $u^2 \equiv 1 \pmod{q}$ および $u^2 \equiv 1 \pmod{p}$ を示せ．
   (2) $u^2 \equiv 1 \pmod{n}$ を示せ．
   (3) x_0 が $x^2 \equiv a \pmod{n}$ の解なら，$-x_0, ux_0, -ux_0$ もまた，同じ方程式の解であることを示せ．

   こうして，暗号文の各ブロック a は，4通りに復号することができるが，これは明らかに不利な点である．

7. $n = pq$，ただし p と q は相異なる奇素数とする．RSA を破ることは，おそらく n を素因数分解することと同値であることを4節で見た．これから，ラビンの暗号系を破るアルゴリズムを見出すことができれば，n を素因数分解する確率的手続きが得られることを証明する（4節を参照していただきたい）．言い換えると，整数 a を入力として持ち，$x^2 \equiv a \pmod{n}$ の解を出力する機械を持てば，容易に n を素因数分解できて p と q を見出すことができることを示したい．まず，ランダムな整数 b を選び，n を法として b^2 を計算する．それから，上の機械を使い

$x^2 \equiv a \pmod{n}$ の解を見出す．ただし a は n を法とする b^2 の剰余である．4つの解があるから，$x \not\equiv \pm b \pmod{n}$ のような解 x を機械が見出すチャンスが2回に1回ある．この場合，$\gcd(x, b)$ は p か q でなければならないことを示せ．このことは，もしこのような機械を持ったとしたら，b を2つランダムに選択するだけで，n を素因数分解することが期待できることを意味する．

8. p と q を4で割ると剰余3となる素数とし，$n = pq$ とする．a は公開鍵 n のラビン暗号系を使って暗号化されたメッセージのブロックであるとする．a と n を入力として持ち，問題6で説明した方法を使って a を復号するプログラムを書け．これをするために，プログラムは次のことをしなければならない．

(1) n を素因数分解し p と q を見出す．
(2) 方程式 $x^2 \equiv a \pmod{n}$ を解く．

両方の段階はともに前出の問題，すなわち第2章の問題12，第5章の問題19，第7章の問題10の主題であった．公開鍵 $n = 20{,}490{,}901$ のラビン暗号系を使って暗号化された下のメッセージを，あなたの書いたプログラムを使い復号せよ．

$2{,}220{,}223 - 18{,}957{,}657 - 11{,}291{,}133 - 2{,}180{,}507 - 41{,}1224{,}784$

$4^5 = 1024$ 個の可能な復号を得るが，そのうちただ一つが意味をなす．

終　章

　1710年出版された『人知原理論』[1]において，ジョージ・バークリは数論と数論研究者について次のことをいっている．

> 数の本性が理論的に純粋で知的であるという意見のゆえに，数は哲学者から尊重されることになった．哲学者は思考の尋常でない繊細さと高揚を好んでいるかのようである．この意見は実用的には無用で楽しみのためでしかないくだらない数の考察に価値をおいてきた...

数行後に付言している．

> 我々はおそらく，このように思考を高揚させ抽象化することに対し低い評価を抱き，実用に役立ち生活の利益を促進させない限り，数についてのあらゆる研究を単なる *difficiles nugae* と同様のものとして見るだろう．

ついでに言えば，ラテン語の表現 *difficiles nugae* は "難しくもとるに足らぬもの" の意である．

　数論はあらゆる形の数学の中でも最も役立たないというバークリの意見は，20世紀にまで生きつづけた．こうしてG. H. ハーディは，科学は良い目的に

---

[1] [訳注] 原題は "*A Treatise Concerning the Principles of Human Knowledge*" で，邦訳として大槻春彦訳『人知原理論』，岩波書店，1958年がある．ここでの引用は第119節からである．

も悪い目的にも使われることがあると注意した後で，こういっている．[2]

> ガウスも彼以下の数学者も，とにかくここに一つの科学が存在し，通常の人間の諸活動から遠く隔っているがゆえに，穏やかで清潔に保たれていること，彼ら自身の科学がそのような科学であることを喜ぶのは正当なことであろう．

引用はハーディの有名な『ある数学者の弁明』(Hardy 1988, p. 120)からである．しかしこれは常に確信に満ちた平和主義者でありつづけた人が第 2 次世界大戦中に書いた，ということを忘れるべきではない．ハーディならば本書で記述した数論の応用に対してどのように反応したかは，推量するしかない．だが確かなことが一つある．すなわち，現代暗号は数論の応用の可能性についての我々の観方を完全に変えた．

　本書で議論しなかったが，今後の勉強の指針になるであろう数論と暗号の両方の話題を指摘して，本書を終えるのが最良の方法であろう．

　本書で明らかに欠落していることは，RSA の暗号解析の突っ込んだ議論である．言い換えると，RSA 暗号系の与えられた実装を破ることについて適用できる方法に関する議論である．この分野のほとんどの研究は，公開鍵を素因数分解する方法に関連する．その上，近年いくつかのめざましい素因数分解アルゴリズムが発見されたが，その中に**レンストラの楕円曲線アルゴリズム**，**2 次ふるい**および**数体ふるい**がある．

　楕円曲線は非特異平面曲線である．すなわち各点できちんと定義される接線を有する，2 変数の 3 次多項式方程式によって記述される曲線である．たとえば，方程式 $y^2 = x^3 + 17$ を満たす平面の点 (x, y) は楕円曲線を成す．代数学の基本定理の結果として，楕円曲線の 2 点を通って引かれるほとんどの直線は曲線と第 3 の点で交わる．この事実を使って，曲線の点の集合上に加法と呼ばれる演算を定義することができる．さらに曲線の点はこの加法のもとで群をなす．

　これ以降，考えている楕円曲線は整数係数の多項式によって定義されていると仮定しよう．このような曲線の**有理点**とは，曲線に属しかつその座標が

---

[2] [訳注] 訳文は参考文献にある邦訳書『ある数学者の生涯と弁明』第 21 節から引用した．

有理数である平面の点である．こうして $(-1,4)$ は方程式が $y^2 = x^3 + 17$ である楕円曲線の有理点である．楕円曲線の有理点の集合は，曲線全体の点の群の部分群であることを証明することができる．こうして楕円曲線の2つの有理点が与えられるとき，それらを加えることによってもう一つの点を得ることができる．

楕円曲線上の有理点を見出す問題は，本書で議論したディオファントス問題と密接に関連している．この問題は多くの有名な数学者によって研究され，数論の発展の最前線でありつづけている．楕円曲線はまた，A. ワイルスのフェルマーの最終定理の解決にとって中核をなすものでもある．事実ワイルスが証明したのは，フェルマーの言明を含意することが示されていた楕円曲線に関する有名な予想であった（Gouvêa 1994 を参照していただきたい）．

1987年に発表された論文で，H. W. レンストラは楕円曲線の群の性質が大きな数を素因数分解するために使うことができることを示した．レンストラのアルゴリズムは，試行除算で分解するのが困難な30桁以下の整数に対して非常に有効である．幸いレンストラのアルゴリズムの詳細な議論を含む見事ながらもまこと初等的な楕円曲線への入門書がいまは手に入る．それはシルヴァーマンとテイトの『楕円曲線論入門』(1992)である．レンストラのアルゴリズムは最初 Lenstra 1987 に現れたが，Bressoud 1989 および Cassels 1991 でも議論されている．

前に述べた2番目の素因数分解アルゴリズム，2次ふるいはレンストラのアルゴリズムで扱うには大きすぎる数に対して使うのが最も良い．2次ふるいは，序章の2節で記した RSA-129 への挑戦の公開鍵を素因数分解するのに使われたアルゴリズムであった．このアルゴリズムは，多くの計算機に素因数分解の仕事を分散し易くするという大きな利点を有する．こうして人々は，自身のパーソナルコンピュータの空き時間を巨大な素因数分解の努力のために喜んで使うことができる．もちろん，インターネットの到来前には，少なくとも RSA-129 に対してなされた規模では，このようなことは可能ではないであろう．

2次ふるいは，M. クライトチックが1920年代に提案したフェルマーのアルゴリズムの強化から育った．これは，間違いなくすべての数論愛好家の大のお気に入りの定理である，ガウスが1796年に証明した**2次相互法則**に関

連する考え方と方法を利用する.多くの数学者がクライトチックの方法の改良を示唆し,それらをもとに 1981 年に C. ポメランスが 2 次ふるいを提案するにいたった.ここでふるいという語を使うのは理由あってのことである.実際,その方法を高速化するためのポメランスの主要なアイディアは,エラトステネスのものと非常に似たふるいを使うことであった.

2 次ふるいへの初等的アプローチは Bressoud 1989 に見ることができる.それはすべての必要な準備事項とさらに 2 次相互法則の証明を含んでいる.ふるいの物語がポメランス自身によって Pomerance 1996 に語られている.

数体ふるいは我々を 2 次数体の世界へと導く.これはこれまでに述べたものよりもう少し高度な話題である.もとのアイディアは 1988 年 J. ポラードの手紙で回覧された.このアルゴリズムの最初の大きな収穫は 1990 年のことであって,155 桁の数である 9 番目のフェルマー数の素因数分解であった.Lenstra et al. 1993 を参照していただきたい.この論文は数体ふるいの記述を含むが,これは Pomerance 1996 でも議論されている.1996 年 4 月の RSA-130 の素因数分解は,このアルゴリズムをさらに改良して行われた.2 次数体の詳細については,Ireland and Rosen 1990, 第 13 章を参照していただきたい.

RSA を越えた話題に移る前に,この暗号系を破ることは実用的には公開鍵を素因数分解することと違うことを明らかにしておこう.この事実の今日までの最良の証拠は,生物学で学士号を得たばかりの独立安全コンサルタント P. コーチャーによって 1995 年に提出された.彼は正当な受信者がメッセージを復号するのにかかる時間の長さに関する情報を使って,いくつかの RSA を破ることが可能であることを示した.Kocher 1996 を参照していただきたい.このことは RSA およびその他の暗号系の安全性は,単により良いアルゴリズムとより強力な計算機を開発する問題ではないことを示している.

第 11 章で見たように,RSA は解くことが難しい数論の問題が示唆する唯一の暗号系ではない.前述の例の一つエルガマル系もまた使われてきた.同じ成熟度を誇る優れた別の系が,1987 年 N. コブリッツによって発明された.その系では楕円曲線の点の倍数の計算が,RSA とエルガマルの双方で起きる n を法とする指数計算の代わりをする.コブリッツのもとの提案については,Koblitz 1987b を参照していただきたい.

最後に，数論はジョージ・バークリがきびしく非難した美しくもほとんど無用の結果を，今なお盛んに産みつづけている．最も大切にされた初等的な数論の本は，ハーディとライトの古典『数論入門』に違いない．そこにはガウスの 2 次相互法則の証明，整数の分割の研究，フェルマーの最終定理の $n=3$ のときの証明，2 次体に関する多くの情報，および素数の分布についての多くの初等的事実が見られる．

多くの人がこの本から数論を学んだ．数理物理学者フリーマン・ダイソンは 14 歳のとき賞としてこの本をもらったが，そういう一人であった．彼は 1994 年のインタビューでハーディとライトについて次のように言わないわけにはいかなかった（Albers 1994, p. 7 を参照していただきたい）．

> それは驚嘆に値する本だ．私の知る限り最高にすばらしい数論の本だ．教科書ではない，が主題に関する驚くほど読みやすい説明であり，すばらしい様式で書かれていておそらくこれまでに書かれた最良の数学への入門書である．

数論のもう少し現代的な入門はアイルランドとローゼンの *Classical Introduction to Modern Number Theory* である．これはごく最近の発展を含むが，より初等的な章を読むためにさえ現代代数（群，体，環）のしっかりした理解が必要になる．

最後に歴史への傾向を持つかたがたには，A. ヴェイユの『数論 歴史からのアプローチ』がある．世に認められた数論の巨匠は，数学の歴史に関する業績でもよく知られているが，その手になるこの本はフェルマー，オイラー，ラグランジュ，ルジャンドルの寄与を扱っている．これは魅惑的な本であり，それが与えてくれるご馳走への純粋な喜びを求めてたびたびそこへ戻っていくであろう．

付録　根とべき

この付録で本書に記した素因数分解アルゴリズムおよび素数判定の実装に必要となる2つのアルゴリズムを記述する．1節のアルゴリズムは与えられた正の整数の平方根の整数部分を計算する．また2節のアルゴリズムは法演算におけるべきを計算する．

1　平方根

第2章の素因数分解アルゴリズムは，2つとも平方根の計算を必要とする．本節では正の整数の平方根の整数部分を計算するために使うことができる手続きを記述する．これはまさに第2章2節の試行除算アルゴリズムに必要とされたものである．しかしながら，フェルマーのアルゴリズムの場合必要とされるのは，与えられた正の整数 n が完全平方かどうかを決める手続きである．ところで n は $n - [\sqrt{n}]^2 = 0$ のときかつそのときに限り完全平方である．であるから，本節のアルゴリズムはこの問題を解決するためにも使うことができる．

手続きは正の整数の減少列

$$x_0, x_1, x_2, \ldots$$

の計算からなる．ただし，ある $k \geq 0$ に対して $x_k = x_{k+1}$ のとき，$x_k = [\sqrt{n}]$ である．この数列は

$$x_0 = \left[\frac{n+1}{2}\right] \quad \text{および } i \geq 0 \text{ に対して,} \quad x_{i+1} = \left[\frac{x_i^2 + n}{2x_i}\right]$$

によって再帰的に定義される．数列は $(n+1)/2$ に始まり $[\sqrt{n}]$ に達するまで減少するという考えである．ここで次の言明を考えよう．

(1) $[(n+1)/2] \geq [\sqrt{n}]$
(2) $x_k > [\sqrt{n}]$ のとき $x_k > x_{k+1}$
(3) $x_k = x_{k+1}$ のとき $x_k = [\sqrt{n}]$

こうして各 x_k は $(n+1)/2$ で上に有界な正の整数である．ゆえに数列にはたかだか有限個の相異なる元しかありえない．特に，$x_r = x_{r+1}$ となるある r がなければならず，このとき (3) は $x_r = [\sqrt{n}]$ を含意する．

したがって上の3つの言明を証明しさえすればよい．$y \geq x$ が実数のとき $[y] \geq [x]$ であることに注意しよう．こうして $(n+1)/2 \geq \sqrt{n}$ を証明すれば (1) がでる．しかしこの不等式は

$$\left(\frac{n+1}{2}\right)^2 = \frac{n^2+2n+1}{4} \geq n$$

の直接の帰結である．(2) を証明するため，定義によって $x_{k+1} = [(x_k^2+n)/2x_k]$ であることを想い起こそう．x_k は整数であるから，$x_k > [\sqrt{n}]$ から $x_k > \sqrt{n}$ となる．不等式の両辺を2乗して $x_k^2 > n$ をえる．ゆえに $2x_k^2 > x_k^2 + n$ となり，

$$x_k > \frac{x_k^2+n}{2x_k} \geq x_{k+1}$$

である．(3) を証明するため，$x_k = [(x_k^2+n)/2x_k]$ であるとしよう．これは

$$0 \leq \frac{x_k^2+n}{2x_k} - x_k < 1$$

と同値であり，

$$0 \leq n - x_k^2 < 2x_k$$

を含意する．こうして $n \geq x_k^2$ かつ $n < x_k^2 + 2x_k$ である．しかし後の方の不等式から $n < (x_k+1)^2$ となる．したがって

$$x_k^2 \leq n < (x_k+1)^2$$

であり，これは $x_k = [\sqrt{n}]$ を含意するから，こうして (3) が証明された．

平方根の整数部分を見出すこの方法は，次のアルゴリズムにおいて容易に実装される．

平方根アルゴリズム

入力： 整数 $n > 2$.
出力： n の平方根の整数部分．

Step 1 初めに $X = n$ および $Y = [(n+1)/2]$ と設定してから，Step 2 へ行く．
Step 2 $X = Y$ なら停止し，X を書く．そうでなければ Step 3 へ行く．
Step 3 X の値を Y の値で，Y の値を $[(X^2+n)/2X]$ で置き換えて，Step 2 へ戻る．

2　べき乗アルゴリズム

3つの正の整数 a, e および n をもっているとしよう．本節で n を法とする a^e の剰余を見出すアルゴリズムを記述する．このアルゴリズムは非常に効率よくべき乗を計算するために，指数の2進展開を使う．また実装が容易でもある．

係数 $b_0, b_1, \ldots, b_n$ が0あるいは1として

$$e = b_n 2^n + \cdots + b_1 2 + b_0$$

であるとしよう．よって

$$a^e = (a^2)^{b_n 2^{n-1} + \cdots + b_2 2 + b_1} \cdot a^{b_0}$$

となる．a^{b_0} は $(b_0 = 0$ のとき$) 1$, あるいは $(b_0 = 1$ のとき$) a$ であることに注意しよう．$P_1 = a^{b_0}$ なら，

$$a^e = (a^4)^{b_n 2^{n-2} + \cdots + b_3 2 + b_2} \cdot (a^2)^{b_1} P_1$$

である．さて $P_2 = (a^2)^{b_1} P_1$ とする．よって

$$a^e = (a^8)^{b_n 2^{n-3} + \cdots + b_4 2 + b_3} \cdot (a^4)^{b_2} P_2$$

である．これを続けると，整数の列 $P_1, P_2, \ldots, P_n$，ただし $P_n = a^e$ を得る．

もちろん $\mathbb{Z}_n$ で計算するときは，計算の段階ごとに積のそれぞれを n を法として還元する．

どの段階においても数を平方するか，$i = 1, 2, \ldots, n$ に対して積 $a^{2^i} P_i$ を計算することに注意しよう．さらに Step i で $b_i = 0$ なら，$a^{2^i} P_i$ を計算しなくてよい．

実際には，アルゴリズムはべきを計算しながら e の 2 進展開を見出す．こうして e が奇数なら $b_0 = 1$，e が偶数なら $b_0 = 0$ である．同様の手続きを

$$b_n 2^{n-1} + \cdots + b_2 2 + b_1$$

に適用して b_1 を見出すことができる．上の数は e が偶数なら $e/2$ に，そして e が奇数なら $(e-1)/2$ に等しいことに注意しよう．そして後も同様である．アルゴリズムは次の通りである．

べき乗アルゴリズム

入力： 整数 a, e, n，ただし $a, n > 0$ かつ $e \geq 0$.
出力： n を法とする a^e の剰余．

Step 1 まず $A = a, P = 1, E = e$ と設定する．
Step 2 $E = 0$ なら，"$a^e \equiv P \pmod{n}$" と書く．そうでなければ Step 3 へ行く．
Step 3 E が奇数なら，P に n を法とする $A \cdot P$ の剰余の値を，そして E に値 $(E-1)/2$ を与え，Step 5 へ行く．そうでなければ Step 4 へ行く．
Step 4 E が偶数なら，E に値 $E/2$ を与え，Step 5 へ行く．
Step 5 A の現在の値を n を法とする A^2 の剰余で置き換え，Step 2 へ行く．

参考文献

Akritas, A. G.
1989 *Elements of computer algebra with applications.* John Wiley & Sons, New York.

Albers, D. J.
1994 Freeman Dyson: Mathematician, physicist, and writer. *The College Mathematics J.* **25**, 3–21.

Alford, W. R., Granville, A., and Pomerance, C.
1994 There are infinitely many Carmichael numbers. *Ann. of Math.* **140**, 703–722.

Arnault, F.
1995 Constructing Carmichael numbers which are strong pseudoprimes to several bases. *J. Symbolic Computation* **20**, 151–161.

Artin, M.
1991 *Algebra.* Prentice-Hall, Englewood Cliffs.

Bateman, P. T., and Diamon, H. G.
1996 A hundred years of prime numbers. *The Amer. Math. Monthly* **103**, 729–741.

Bressoud, D. M.
1989 *Factorization and primality testing.* Undergraduate Texts in Mathematics. Springer-Verlag, New York.

Bruce, J. W.
1993 A really trivial proof of the Lucas-Lehmer test. *The Amer. Math. Monthly* **100**, 370–371.

Carmichael, R. D.
1912 On composite numbers P which satisfy the Fermat congruence $a^{P-1} \equiv 1 \pmod{P}$. *The Amer. Math. Monthly* **19**, 22–27.

Cassels, J. W. S.
1991 *Lectures on elliptic curves.* London Math. Soc. Student Texts 24. Cambridge University Press, Cambridge.

Davies, W. V.
1987 *Egyptian hierogliphs*. British Museum Publications, London.

Davis, M.
1980 What is computation? In *Mathematics Today*, edited by L. A. Steen. Vintage Books, New York, 241–267.

Dickson, L. E.
1952 *A history of the theory of numbers*. Chelsea Publishing Company, New York.

Edwards, H. M.
1977 *Fermat's last theorem*. Graduate Texts in Mathematics 50. Springer-Verlag, New York.
1984 *Galois theory*. Graduate Texts in Mathematics 101. Springer-Verlag, New York.

Gauss, C. F.
1986 *Disquitiones Arithmeticæ*. Translated by A. A. Clarke. Revised by W. C. Waterhouse with the help of C. Greither and A. W. Grotendorst. Springer-Verlag, New York.
邦訳：ガウス(高瀬正仁　訳)『ガウス整数論』, 朝倉書店, 1995

Giblin, P.
1993 *Primes and programming*. Cambridge University Press, Cambridge, England.

Gostin, G. B.
1995 New factors of Fermat numbers. *Math. of Comp.* **64**, 393–395.

Gouvêa, F. Q.
1994 A marvellous proof. *The Amer. Math. Monthly* **101**, 203–222.

Hardy, G. H.
1963 *A course of pure mathematics*. 10th edition. Cambridge University Press, Cambridge, England.

Hardy, G. H.
1988 *A mathematician's apology*. Cambridge University Press, Cambridge, England.
邦訳：G. H. ハーディ, C. P. スノー(柳生孝昭　訳)『ある数学者の生涯と弁明』, シュプリンガー・フェアラーク東京, 1994

Hardy, G. H., and Wright, E. M.
1994 *An introduction to the theory of numbers*. 5th edition. Oxford Science Publications. Oxford University Press, Oxford, England.
邦訳：G. H. ハーディ, E. M. ライト(示野信一, 矢野毅　訳),『数論入門 I, II』, シュプリンガー・フェアラーク東京, 2001

Ingham, A. E.
1932 *The distribution of primes*. Cambridge University Press, Cambridge, England.

Ireland, K., and Rosen, M.

1990 *A classical introduction to modern number theory.* 2nd edition. Graduate Texts in Mathematics 84. Springer-Verlag, New York.

Jaeschke, G.
1993 On strong pseudoprimes to several bases. *Math. of Comp.* **61**, 915–926.

Kang Sheng, S.
1988 Historical development of the Chinese remainder theorem. *Arch. Hist. Exact Sci.* **38**, 285–305.

Knuth, D. E.
1981 *The art of computer programming.* Vol. 2, *Seminumerical algorithms.* 2nd edition. Addison-Wesley Publishing Company, Reading, Massachusetts.
邦訳：D. E. クヌース(中川圭介　訳),『準数値算法／算術演算』, サイエンス社, 1986

Koblitz, N.
1987a *A course in number theory and cryptography.* Graduate Texts in Mathematics 97. Springer-Verlag, New York.
邦訳：N. コブリッツ(櫻井幸一　訳),『数論アルゴリズムと楕円暗号理論入門』, シュプリンガー・フェアラーク東京, 1997
1987b Elliptic curve cryptosystems. *Math. of Comp.* **48**, 203–209.

Kocher, P.
1996 Timing attacks on implementations of Diffie-Helman, RSA, DSS, and other systems. In *Advances in Cryptology-CRYPTO '96*, edited by N. Koblitz. Lecture Notes in Computer Science 1109. Springer-Verlag, 104–113.

Kranakis, E.
1986 *Primality and cryptography.* Wiley-Teubner Series in Computer Science. B. G. Teubner and J. Wiley & Sons.

Lenstra, A. K., Lenstra, H. W., Jr., Manasse, M. S., and Pollard, J. M.
1993 The factorization of the ninth Fermat number. *Math. of Comp.* **61**, 319–349.

Lenstra, H. W.
1987 Factoring integers with elliptic curves. *Math. of Comp.* **126**, 649–673.

Plato
1982 *Plato's Republic.* Translated by B. Jowet. Modern Library, New York.
邦訳：プラトン(山本光雄　編),『プラトン全集7』, 角川書店, 1973
邦訳：プラトン(長澤信壽　訳註),『プラトーン国家 II』, 東海大学出版会, 1971

Poincaré, H.
1952 *Science and hypothesis.* Dover, New York.
邦訳：ポアンカレ(湯川秀樹, 井上健　編, 静間良次　訳),『世界の名著 66 現代の科学 II』, 中央公論社, 1970
邦訳：ポアンカレ(河野伊三郎　訳),『科学と仮説』, 岩波書店, 1959

Pomerance, C.
1996 A tale of two sieves. *Notices of the Amer. Math. Soc.* **43**(12), 1473–1485.

Pomerance, C., Selfridge, J. L., and Wagstaff, S. S., Jr.,

1980 The pseudoprimes to $25 \cdot 10^9$. *Math. of Comp.* **151**, 1003–1026.

Rabin, M. O.
1980 Probabilistic algorithm for testing primality. *J. Number Theory* **12**, 128–138.

Ramanujan, S.
1927 *Collected papers of Srinivasa Ramanujan.* Edited by G. H. Hardy, P. V. Seshu Aiyar, and B. M. Wilson. Cambridge University Press, Cambridge, England.

Ribenboim, P.
1990 *The book of prime number records.* Springer-Verlag, New York.
1994 *Catalan's conjecture.* Academic Press, Boston.

Riesel, H.
1994 *Prime numbers and computer methods of factorization.* 2nd edition. Progress in Mathematics 126. Birkhäuser, Boston.

Rigatelli, L. T.
1996 *Evariste Galois.* Translated by J. Denton. Vita Mathematica. Birkhäuser, Basel.

Rivest, R. L., Shamir, A., and Adleman, L.
1978 A method for obtaining digital signatures and public-key cryptosystems. *Comm. ACM* **21**, 120–126.

Rotman, J. J.
1984 *An introduction to the theory of groups.* 3rd edition. Allyn and Bacon, Newton, Massachusetts.

Silverman, J. H., and Tate, J.
1992 *Rational points on elliptic curves.* Undergraduate Texts in Mathematics. Springer-Verlag, New York.
邦訳：J. H. シルヴァーマン，J. テイト(足立恒雄，木田雅成，小松啓一，田谷久雄　訳)，『楕円曲線論入門』，シュプリンガー・フェアラーク東京，1995

Thomas, I., (訳)
1991 *Greek Mathematical Works I: Thales to Euclid.* Loeb Classical Library 335. Harvard University Press, Cambridge, Massachusetts, and London, England.

van der Waerden, B. L.
1985 *A history of algebra.* Springer-Verlag, Berlin–Heidelberg.
邦訳：ファン・デル・ヴェルデン(加藤明史　訳)，『代数学の歴史』，現代数学社，1994

Weil, A.
1987 *Number theory: An approach through history.* Birkhäuser, Boston.
邦訳：アンドレ・ヴェイユ(足立恒雄，三宅克哉　訳)，『数論—歴史からのアプローチ』，日本評論社，1987

Weyl, H.
1982 *Symmetry.* Princeton University Press, Princeton.

訳者あとがき

　情報の秘密を守ったり，情報の真正性を保証したりなど，あらゆる意味での情報の安全性に関わる諸事万般，またそれを実現するための技術と学問分野を情報セキュリティという．そして暗号は情報セキュリティの中核となる素材である．近年計算機と通信の進歩発展に伴い，暗号は決して暗い話題ではなく技術者，研究者にとって興味尽きない対象になってきた．学問分野としていえば，数学，情報，電気通信など様々な領域からの人々によって，それぞれの背景からより優れた暗号を目指して活発に研究が進められている．

　英語の cryptograph という言葉は，暗号，暗号文，暗号装置を意味する語であるが，crypto（隠れた）と graph（書かれたもの，書く道具）とからなっている．普通に意味の分かる平文を一見意味の分からぬ暗号文に変換し，その意味を隠すからそう呼ばれるのであろう．

　Crypto と Eurocrypt は，アメリカとヨーロッパで開かれる暗号に関する2大シンポジウムである．もう20年ほどの歴史がある．クリプトだけで暗号を意味するようだ．そして話は唐突に植物に飛ぶが，クリプトといえば，cryptotaenia japonica とはミツバのことである．タエニアは紐の意で，紐のような油腺が不分明なところからの命名という．また cryptomeria japonica とは日本の代表的な木であるスギのことである．部分を意味する meria すなわち種が実の中に隠れていることによるらしい．

　とにかく暗号は隠すことが本質である．伝えたいメッセージの意味を隠すために，当事者以外には秘密の鍵が必要になる．一口に鍵といっても，暗号化鍵と復号鍵がある．5千年にも及ぶ暗号の歴史において，これら2つの鍵は同一のものであった．したがって両方とも秘密にしておかなければ暗号は成立しない．ところが1976年ディフィーとヘルマンが公開鍵暗号という驚

訳者あとがき

くべき着想を公けにした．復号鍵は秘密にするが，暗号化鍵は公開するというものである．もし暗号化鍵を公開してもそれから復号鍵が暴かれたり，平文が推定されたりしなければそれで構わないわけである．まもなくこの考えを具現化する暗号系として，ナップザック暗号とRSA暗号が考案された．前者はナップザック問題に基づく暗号であるため，後者はリベスト，シャミア，エイドルマンによって発明されたためこう呼ばれることになった．RSA暗号は現在も広く使われている．

本書はRSA暗号を理解するための数学がテーマである．ここで展開された数学が分かればRSA暗号がわかる．単にRSA暗号の原理が一通りわかればよいという向きには，実は本書のような面倒なことは必ずしも勉強しなくともよい．しかしRSA暗号の原理を深く理解し，またこれを実装するに際して必要な周辺の諸事がわかるためには，本書程度の数学を学ぶことが望ましい．さらに言えば，新しい暗号を考案したり，既存の暗号の改良あるいは解読の研究をしようとすれば背景となる数学の知識と運用力と考え方とは必須であると思われる．なにせ現代暗号は小手先の技術でどうにかなるというものではない．

本書の特徴は著者のまえがきに述べられているとおりである．くりかえせば暗号よりは数学の本であり，整数論を展開するにアルゴリズムを重視する姿勢が貫かれている．さらにユークリッド風でなくアルキメデス風に記述し，急がず寄り道をしながらRSAというゴールに向かって話を進めていく．数学の専門家にとってはまだるっこしい展開かもしれないが，数学の利用者ではあるが非専門家である多くの方々には読みやすいのではないかと思う．また暗号を離れても整数論入門の本として楽しく読むことができよう．

さて本書に現れる数学に深く関わるのが，フェルマーとガウスだ．フェルマーはちょうど400年前の1601年に生まれている．ガウスがかの有名な『整数論』を発表したのはちょうど200年前の1801年である．そして公開鍵暗号の概念が発表されたのがちょうど4半世紀前の1976年である．このようなときにこの訳書を世にだすことができ喜ばしい．

翻訳にあたってはシュプリンガー・フェアラーク東京編集部の方々とルイス・バークスデール教授のお世話になった．心からお礼申し上げたい．

いつの日か世界に誇れるクリプトジャポニカが現れることを夢見つつ．

紅葉美しい金沢にて
2001年11月晩秋

林　彬

主なアルゴリズムの索引

アルゴリズム	目的	ページ
除算アルゴリズム	商と剰余を計算する	25
ユークリッドアルゴリズム	最大公約数を計算する	30
拡張ユークリッドアルゴリズム	最大公約数と線形結合の係数を計算する	34, 38
試行除算による素因数分解	与えられた正の整数の最小の因数を計算する	44
フェルマーのアルゴリズム	与えられた正の整数の因数を計算する	48
エラトステネスのふるい	与えられた限界より小さいすべての素数を見出す	78
ミラーの判定法	数が合成数かどうかを決定する	138
中国式剰余アルゴリズム	連立線形合同式を解く	149, 154
フェルマーの方法	素数指数のメルセンヌ数の因数を見出す	193
オイラーの方法	フェルマー数の因数を見出す	195
リュカ–レーマーの判定法	与えられたメルセンヌ数が素数か合成数かを決定する	200
リュカの判定法	与えられた数が素数かどうかを決定する	208
ペピンの判定法	与えられたフェルマー数が素数か合成数かを決定する	209
素数判定(法)	与えられた数が素数かどうかを決定する	212
ガウスの方法	素数 p を法とする原始根を見出す	218

主な結果の索引

定理など	内容	ページ
除算定理	商と剰余の存在と一意性	27
一意素因数分解定理	すべての整数は素数のべき積として一意に書くことができる	42
素数の基本性質	素数が積を割り切るとき因数の1つを割り切る	52
可逆性定理	n を法とする逆元の存在	100
有限帰納法の原理	証明の方法	113, 121
フェルマーの定理	p が素数のとき $a^p \equiv a \pmod{p}$	116, 118
コーセルトの定理	カーマイケル数の特徴づけ	134
中国式剰余定理	連立線形合同式の解	151, 156
ラグランジュの定理	部分群の位数は群の位数を割り切る	179, 184
オイラーの定理	$\gcd(a, n) = 1$ のとき $a^{\phi(n)} \equiv 1 \pmod{n}$	183
主補題	群において $a^k = e$ であるのは a の位数が k を割り切るときかつそのときに限る	192
原始根定理	p が素数のとき群 $U(p)$ は巡回群である	207, 217

索 引

■ア行
アイルランド (K.) 243
ASCII 224
アダマール (J.) 74
アーベル (N. H.) 171
アリアバティア 161
アリストテレス 55
RSA暗号系 1, 16, 39, 47, 51, 63, 177, 223
 RSA-129 5, 241
 RSA-130 5, 242
 ――の安全性 229–231
 ――のための素数選択 231–233
アルゴリズム 21, 23, 63, 71, 78, 79
 確率的―― 230, 236
アルフォード (W. R.) 136, 142
暗号 1–4
暗号化 1
暗号解析 1, 240
暗号化鍵 4, 225
暗号文 1

閾値(整数の有限集合の) 158
位数
 群の―― 165
 元の―― 181
板チョコレート 25
一意素因数分解定理 29, 41–43, 56–59, 72
一行 161
1並び数 59, 130, 210–211
因数 29
インターネット 3, 241

ウィルソンの定理 221
ヴェイユ (A.) 243
ウドレスコ (V. Șt.) 98

衛星 147–149
エイドルマン (L.) 4
nを法とする演算の性質の証明 93–94
nを法とする可逆元 101, 173
 ――の集合 101, 173
nを法とする剰余 90, 102
エラトステネス 74
エラトステネスのふるい 74–81, 127, 144, 233, 242
エルガマル暗号系 236
演算(群の) 163

オイラー (L.) 13–14, 60, 66–70, 72–73, 80, 98, 112, 126, 191, 195, 217, 243
 ――の定理 183, 188, 228–229
 ――の方法 195–198, 203
オックスフォード英語辞典 21, 23, 53, 111

■カ行
階乗 70
回転 166–169, 217
ガウス (C. F.) 197
ガウス (C. F.) 14, 24, 42, 58, 83, 172, 207, 217, 222, 240, 241
 ――の方法 218–219, 222
可逆性定理 100–102, 118, 131, 145
拡張ユークリッドアルゴリズム 38, 40, 51, 52, 101, 146, 150, 226, 229
確率 13
カタランの予想 15
仮定 17
加法 8
 nを法とする―― 91
 楕円曲線における―― 240

索引

カーマイケル (R. D.) 133, 142
——数 132–137, 139–144
カルダノ (G.) 170
ガロア (E.) 171–173, 179
関係 84
　推移的 84, 89
　対称的 84, 89
　同値—— 83–89, 102
　反射的 84, 88
完全数 11, 60–61, 67, 204
簡約した
　——方程式 40

幾何学 11, 14, 55, 165
幾何学的解釈($\mathbb{Z}_n$ の) 90, 152, 175
幾何数列 11
基数 8
擬素数 131, 144
　p^2 形の—— 144, 189
　p^r 形の—— 188
　強—— 140, 144
　すべてを底とする—— 131–132
　底 2, 3, 5 に関する—— 131
　底 2, 3 に関する—— 131
　底 2 に関する—— 131, 143–144, 189
　底 b に関する—— 131, 138, 188
帰納(法) 111
　——の仮定 114, 120
　数学的—— 112
　有限—— 105, 111
基本原理(同値類の) 85, 92
逆
　言明の—— 18
　ラグランジュの定理の—— 186
既約形 54, 90, 201
キュレネのテオドロス 55
鏡映 166–169, 217

クヌース (D. E.) 35
クライトチック (M.) 241
グランヴィル (A.) 136, 142
群 163, 240
　$\mathbb{Z}_n$ における可逆元の—— 173–177, 182, 188, 192, 195
　$\mathbb{Z}_q[\sqrt{3}]$ における可逆元の—— 201–204
　2 面体の—— 169
　アーベル—— 165, 171, 186, 214–217, 221
　巡回—— 187, 221–222
　素数位数の—— 181
　対称の—— 165–169
　有限—— 168, 178, 192, 221–222
クンマー (E.) 58
群論 69, 105, 163, 191

計算機代数 7
計算機代数系 7, 129, 130, 210, 221, 225
　Axiom 142
　Maple 142
計算術 10
計算法 13, 24
桁上げ(加法の) 8
結合則 163
ゲラサのニコマコス 149
原始根 217
　——定理 136, 181, 208, 214–215, 217–220
元の逆元 41
　n を法とする—— 101, 103
　群における—— 164

公開鍵 4, 223–225, 235
公開鍵暗号 4
合成数 41
　連続した—— 59
合成数判定 130
合同(式)
　$\mathbb{Z}[\sqrt{3}]$ における—— 104, 201
　n を法とする—— 88–91
　線形—— 102
　部分群を法とする—— 184–186, 200
公理 17
コーシーの定理 186
ゴスティン (G. B.) 198
コーセルト (A.) 134
　——の定理 136, 214, 228
コーチャー (P.) 242
語標音節書字体系 3
語標書字体系 2
コブリッツ (N.) 242
コール (F. N.) 194
ゴールドバッハ (C.) 13–14
　——の予想 15

■サ行
最小公倍数 60, 215–216
最大公約数 10–11, 16, 29–30
再ブロック化 235
座標(表の) 151, 176
3 次曲線 240
3 次方程式 170
試行除算アルゴリズム 44–46, 132, 193, 245
シーザー 1
指数公式(素数を導く) 66–70
実数 54, 72
シャミア (A.) 4
シャンポリオン (J.-F.) 2
シュヴァリエ (A.) 172

周期	88
出力（アルゴリズムの）	22
主補題	192–195, 202, 208, 212–214, 216–218
商	24
集合	86, 89
証拠	129
乗法	9
n を法とする——	93
表（群の）	168, 186
証明	23
構成的——	100, 217
背理法による——	53, 56, 71, 98, 135, 189, 202, 208
非構成的存在——	20
有限帰納法による——	114–117, 120–123
除算	
n を法とする——	99–102
——アルゴリズム	21
——定理	27
除数	24, 30–34
シルヴァーマン（J. H.）	241
秦九韶	149
人知原理論	239
推移律	84, 89, 184
数値表現（メッセージの）	224
数体ふるい	240–242
数論	6, 10, 11, 16–17, 178, 239–243
スーパーコンピュータ	5
正 3 角形	166
対称の群	166–169, 179
正四面体	186
——の群	186, 189
整除性規準	94–96
整数論の基本定理	42
生成元（巡回群の）	181, 218, 222
セルフリッジ（J. L.）	212
セールホフ（P.）	68
漸化式	110
漸化公式	246
素数	4, 5, 10, 15, 41, 125
$4n+1$ 形の——	79–81, 126
$4n+3$ 形の——	79–81, 104, 127, 162
ウェブページ	203
——公式	63
——定理	135, 231
——の分布	73–74, 160, 231, 243
——の無限性	11, 72–73, 80
素数階乗	71
素数階乗型素数	71
素数の基本性質	53–56, 119
素数判定（法）	213, 221
孫子	149
孫子算経	149, 161

■タ行

大インターネットメルセンヌ素数探索	203
対偶	19
対称	
元の——	93
対称性	
正 3 角形の——	166, 217
正四面体の——	189
正多角形の——	169
正方形の——	186
対称律	84, 89, 184
対数	
10 を底とする——	83, 204
e を底とする——	231
代数	24
代数学の基本定理	240
ダイソン（F. J.）	243
楕円曲線	240
——アルゴリズム	240
互いに素な数	29, 40
対ごとに——	157
多角形	123, 165, 169, 197
多項式	7, 66, 119
——公式（素数を導く）	63–66
——方程式	98, 119, 170, 218, 240
多倍精度整数	8
タルタリア（N.）	170
ターレス	17
単位元（群の）	164
単精度整数	8
中国式剰余	
——アルゴリズム	149, 154–155, 157, 162
——定理	151–152, 155–159, 162, 236
長除算アルゴリズム	26
重複度	42
調理法	21
テアイテトス	55
底	131, 137–138
ディオファントス	11–12, 58, 98
ディオファントス方程式	98–99
ディオファントス問題	241
テイト（J.）	241
ディフィー（W.）	3
定理	17
ディリクレ（L.）	16
電子署名	3, 234
電卓	27, 196, 227

索引

天文学	147
同値類	85–90
部分群を法とする——	185
時計	91
トーシェント	189
トーラス	152

■ナ行

2次	
——数体	242
——相互法則	209, 241
——多項式	65
——ふるい	240–242
——方程式	169
ニックル（L.）	203
入力（アルゴリズムの）	22, 24
ニロポリスのホラポロ	2
ノル（C.）	203

■ハ行

パイ（π）関数	73, 80, 231–233
倍数	29
バークリ（G.）	239, 243
バシェ（C. G.）	11, 12
バスカラ	149
パスカル（B.）	11–13, 112
ハーディ（G. H.）	239, 243
ハノイの塔	105–116
ハルター-コッホ（F.）	98
反射律	84, 88, 184
反復による推論	112–114
反例	20
ヒエログリフ	2–3
非常に合成的な数	61
被除数	24
ピタゴラス	17, 55
ビッグバン	46
秘密鍵	4, 226
表（および中国式剰余定理）	151–155, 175
平文	1, 223
頻度解析	2, 3
ファイ（φ）関数	174–177
フィオール（A. M.）	170
フィボナッチ数列	32, 39, 124
フィンケルシュタイン（R.）	98
フェッロ（シピオーネ・デル）	170
フェラリ（L.）	170
フェルマー（ピエール・ド・）	11, 14, 15, 58, 66, 98, 104, 105, 112, 126, 191, 204, 243
——の最終定理	12, 58, 98, 241–243
サミュエル・ド・フェルマー	12
——の小定理	116
——数	67, 68, 80, 103, 191, 196–198, 203–205, 209, 242
——の素因数分解アルゴリズム	47–51, 61, 231, 241
——の定理	116–119, 125–130, 135, 137, 156, 183, 193–195, 217, 219, 228
——の方法	193, 203–205
復号	1, 226
復号鍵	4, 226, 236
複素数	58, 217
双子素数予想	16
部分群	177–189, 241
巡回——	181–183
真——	182
非巡回——	183
プラトン	10, 55
フランクリン（B.）	158
ブリルハート（J.）	212
フレニクル（B.）	68, 112, 204
プログラミング言語	7
ブロック	224
不動の——	235
分割	86
分身（秘密鍵の）	158
分数	7, 54–55, 86–87
分配則	93
ペアテルセン（N. P.）	132
平方根アルゴリズム	245–247
べき	
n を法とする——	96–97, 155–157
群における——	179
べき根による方程式の解法	171
べき乗	
——アルゴリズム	247–248
ベクトル	77
——積	163–164
ベシコビッチ（A. S.）	99
ペピン（J. F. T.）	209
——の判定法	209, 222
ベルビシン（J.）	68
ヘルマン（M. E.）	3
ヘロドトス	55
ベン・ムサ	23, 24
変数	25
ポアンカレ（H.）	113
法	88
法演算	83
方程式の理論	169
補題	32

ポメランス (C.)	136, 142, 242
ポラード (J.)	242

■マ行
マークル (R. C.)	3
ミラー (G. L.)	137
——の判定法	137–144, 213
無理数	54
メタポントゥムのヒッパソス	55
メルセンヌ (M.)	12–13, 67, 204
——数	16, 67–69, 103, 191–194, 199–205

■ヤ行
ヤコビ (C. G. J.)	172
有理点	240
有限帰納法(の原理)	112, 120
ユークリッド	10, 17, 20, 21, 29, 51–52, 67, 72
——アルゴリズム	21, 29–30
完全数	67, 204
指折りで数える術	91
余因数	29

■ラ行
ライト (E. M.)	243
ライプニッツ (G. W.)	24, 130
ラグランジュ (J. L.)	178, 243
——の定理	184–186, 202, 208, 213, 219
ラビン (M. O.)	140, 236
——の暗号系	230, 236–237
——の確率的素数判定	141
——の定理	140–141
ラマヌジャン (S.)	61
離散対数問題	236
リーズ	147–149
リスト	8
リトルウッド (J. E.)	81
リベスト (R. L.)	4
リーマン (B.)	73
リューヴィル (J.)	173
リュカ (F. E. A.)	199, 208
——の判定法	207–212
リュカ–レーマーの判定法	68, 194, 199–203
ルイス (D. J.)	98
ルジャンドル (A. M.)	243
ループ	25
レコード (R.)	91
レーマー (D. H.)	199, 208, 212
レンストラ (H. W.)	241
連立合同式	145–162
6角数	123
ローゼン (M.)	243
ロベルバル (G. P. de)	12, 104
ロンドン (H.)	98

■ワ行
ワイル (H.)	173
ワイルス (A.)	58

【著者】
S. C. コウチーニョ (S. C. Coutinho)
Depatment of Computer Science
Federal University of Rio de Janeiro
Rio de Janeiro, Brazil

【訳者】
林　彬（はやし　あきら）
1964 年金沢大学工学部電気工学科卒業.
1973 年ミネソタ大学大学院修士課程修了.
1976 年ハワイ大学大学院博士課程修了, Ph.D.
東芝 (1964～70) を経て, 金沢工業大学工学部情報通信工学科教授 (2013 年退職).
金沢大学名誉教授.
専攻：暗号理論, 情報セキュリティ, 情報理論
著書に大矢雅則ほか編『数理情報科学事典』朝倉書店（分担執筆),
電子情報通信学会編『改訂電子情報通信用語辞典』コロナ社（分担執筆),
訳書に N. コブリッツ著『暗号の代数理論』,
D. ミッチアンチオ, S. ゴールドヴァッサー著『暗号理論のための格子の数学』
などがある.

暗号の数学的基礎　数論と RSA 暗号入門

平成 24 年 2 月 20 日　発　　　行
令和 6 年 3 月 20 日　第11刷発行

訳　者　　林　　　　　彬

編　集　　シュプリンガー・ジャパン株式会社

発行者　　池　田　和　博

発行所　　丸善出版株式会社
〒101-0051 東京都千代田区神田神保町二丁目17番
編集：電話 (03)3512-3266／FAX (03)3512-3272
営業：電話 (03)3512-3256／FAX (03)3512-3270
https://www.maruzen-publishing.co.jp

© Maruzen Publishing Co., Ltd., 2012

印刷・製本／大日本印刷株式会社

ISBN 978-4-621-06286-9　C3041　　　　Printed in Japan

本書の無断複写は著作権法上での例外を除き禁じられています.

本書は, 2001年12月にシュプリンガー・ジャパン株式会社より
出版された同名書籍を再出版したものです.